Soziologie und Sozialpolitik

Herausgegeben von Bernhard Badura,
Christian von Ferber, Franz-Xaver Kaufmann,
Eckart Pankoke, Theo Thiemeyer

Band 9

R. Oldenbourg Verlag München 1990

Lokale Handlungsebene und Jugendarbeitslosigkeit

Ein Forschungsbeitrag zur wohlfahrtsstaatlichen Dezentralisierungsdebatte

Von
Jürgen Krüger
Manfred Pojana
Roland Richter

R. Oldenbourg Verlag München 1990

CIP-Titelaufnahme der Deutschen Bibliothek

Krüger, Jürgen:
Lokale Handlungsebene und Jugendarbeitslosigkeit : ein Forschungsbeitrag zur wohlfahrtsstaatlichen Dezentralisierungsdebatte / von Jürgen Krüger ; Manfred Pojana ; Roland Richter. – München : Oldenbourg, 1990
(Soziologie und Sozialpolitik ; Bd. 9)
ISBN 3-486-55781-5

NE: Pojana, Manfred:; Richter, Roland:; GT

Gesamtherstellung: WB-Druck, Rieden

ISBN 3-486-55781-5

Inhalt

VORWORT

Die hier vorgelegte Publikation enthält die zentralen Ergebnisse eines zweijährigen, an der Universität-GH-Duisburg durchgeführten und von der Deutschen Forschungsgmeinschaft (DFG) dankenswerterweise finanziell geförderten Forschungsprojekts. Das Projekt ist verortet im Rahmen des DFG-Schwerpunktprogramms "Gesellschaftliche Bedingungen sozialpolitischer Intervention. Staat, intermediäre Instanzen und Selbsthilfe" (dazu Kaufmann 1981). Das Manuskript des Originalberichts (Krüger, Pojana, Richter, 3 Bde. 1988) wurde für diese Veröffentlichung überarbeitet, es mußte aus verlagspolitischen Gründen vor allem sehr stark gekürzt werden. Gleichwohl wurde, angesichts der immer noch unbefriedigenden Forschungslage zur örtlichen Sozialpolitik, angestrebt, möglichst viel des sehr umfangreichen empirischen Materials der Diskussion zugänglich zu machen. Diese Absicht bestimmte auch die folgende Darstellung mit: Zentrale empirische Daten der einzelnen Untersuchungsschritte wurden so zu präsentieren versucht, daß sie für andere Forschungszusammenhänge leicht aufnehmbar sind. In diesem Sinne hat die vorgelegte Publikation auch Kennzeichen eines Forschungsberichts (hier) zur aktuellen wohlfahrtsstaatlichen Dezentralisierungsdebatte behalten.

Der Forschungsgruppe gehörten, neben den Autoren, als Studentische Hilfskräfte u.a. Roland Heckhausen und Uwe Mähler an. Roland Heckhausen hat wesentlich die computergestützte Aufbereitung und Darstellung der Erhebungsdaten, Uwe Mähler die Zeitungsauswertung besorgt. Ihnen danke ich für Ihre engagierte Mitarbeit. Evelin Conradi, Birgit Roeder und insbesondere Christel Quasigroh haben die Hauptlast der technischen Fertigstellung des Manuskripts getragen. Auch ihnen danke ich sehr.

Die empirischen Erhebungen wären nicht ohne die vielfältige Kooperation in den untersuchten Kommunen, ohne die auskunfts- bzw. zeitintensive Interviewbereitschaft der Vertreter des lokalen Sozialsektors möglich gewesen. Ihnen sei besonders gedankt. Der Deutsche Städtetag hatte freundlicherweise sein Interesse an diesem Vorhaben bekundet und in einem entsprechenden Empfehlungsschreiben die Kommunen um Unterstützung gebeten. Diese Empfehlung hat den Zugang zum Forschungsfeld deutlich erleichtert.

Duisburg, im Juli 1989

Jürgen Krüger

I. KRISE DES WOHLFAHRTSSTAATES GLEICH RENAISSANCE DEZENTRALER SOZIALPOLITIK? ZUR THEORETISCHEN VERORTUNG EINES EMPIRISCHEN FORSCHUNGSPROJEKTS

1. Zum Entdeckungszusammenhang des Forschungsthemas

Die aktuellen, sowohl wissenschaftlichen wie politischen Diskussionen um die Wohlfahrtsstaaten westlicher Prägung konvergieren weithin in zweifacher Weise: Zum einen wird eine fundamentale Krise der tradierten Sozialstaatlichkeit diagnostiziert. Zum anderen werden in vielfältigen Dezentralisierungsstrategien Lösungswege aus dieser behaupteten Krise thematisiert. Die dezentrale Handlungsebene erscheint damit gleichsam als Hoffnungsträger einer zukünftigen Sozialpolitik (zur internationalen Debatte vgl. OECD 1981). Insoweit ist immer noch zutreffend, daß das Stichwort Dezentralisation "wohl die entscheidende Diskussionsfront" (Prätorius 1983: 199) über die Zukunft der Wohlfahrtsstaaten kennzeichnet. Andere Autoren gehen inzwischen weiter. Dort wird die dezentrale Ebene bereits als "Aufbruchsebene" (vgl. Bullmann/Gitschmann 1985), als "Gegenmacht" oder doch mindestens als "Experimentierfeld" qualifiziert; wird eine "Zweite Stadt" (Blanke et al. 1986) identifiziert. Nevermann (1983: 12; Hervorhebg. d.V.) behauptet, daß die im Bericht "Global 2000" genannten Probleme nicht auf "globaler, sondern <u>nur</u> auf lokaler Ebene in den Griff zu bekommen sind". Rohe (1982: 50) konstatiert bündig: "Staaten werden unwichtiger, Kommunen dagegen wichtiger".

Plausibel - noch diesseits einer materiellen Prüfung - wird dieser nun verbreitete sozialpolitik-theoretische wie politische Perspektivenwechsel nur vor dem Hintergrund der genannten ersten Diskussionskonvergenz: einer verbreitet konstatierten fundamentalen wohlfahrtsstaatlichen Krise. Denn tatsächlich werden die Krisendiagnosen nicht in Randbereichen, sondern an den Basiselementen der Wohlfahrtsstaaten festgemacht, an ihren zentralen Funktionsmodi. Also an deren <u>zentralstaatlicher</u> (oder parastaatlicher) Organisation, ihrer bürokratischen Verfassung, ihrer dominant durch professionelle Akteure erfolgenden Steuerung vermittels der zentralen Regulierungsmedien Recht und Geld.

Ausgehend von dieser Kritik der Fundamente tradierter Sozialstaatlichkeit - der ersten Konvergenz der Debatten um den etablierten Wohlfahrtsstaat - erscheint es zunächst durchaus naheliegend, wenn, wie es verbreitet geschieht, sozialstaatliche Lösungsstrategien gleichsam in einer positiven Umkehrung der jeweiligen Defizitindikatoren gesucht werden: Entstaatlichung, Dezentralisierung, Entbürokratisierung, Entprofessionalisierung, weniger Geldleistungen und weniger Normierung. Dies ist, in Stichworten, die zweite Diskussionskonvergenz. Sie schließt sich in den vielstimmigen Dezentralisierungsforderungen zusammen. Die Radikalität und Intensität der Wohlfahrtsstaatskritik wie die programmatische Reorientierung sollen in der Bewertung ihrer Protagonisten wissenschaftlich einen sozialpolitischen Paradigmawechsel signalisieren, praktisch den Beginn einer ordnungspolitischen Reorientierung markieren. Die theoretische Legitimität wie die (sozial-) politische Tragfähigkeit dieses Perspektivenwechsels, richtiger: die erlaubte Radikalität eines solchen Perspektivenwechsels, umreißen selbst allerdings im wesentlichen noch Forschungsaufgaben.

Damit ist der Entdeckungszusammenhang des Forschungsprojekts, über das hier berichtet wird, angedeutet. Hieraus entwickelte sich schließlich das Untersuchungsinteresse, empirisch die jetzt wissenschaftlich wie politisch formulierte These vom (notwendigen ?) Relevanzgewinn dezentral verankerter sozialpolitischer Handlungssysteme zu überprüfen. Diese Überprüfung erfolgt am Beispiel des nunmehr über zehnjährigen zentralen gesellschaftlichen Problemsyndroms, der Jugendarbeitslosigkeit. Untersucht wurde, welche Reaktionen dieses Problem seitens (welcher) dezentral verankerter sozialpolitischer Akteure auslöste, wieweit Erwartungen, die mit den Dezentralisierungspostulaten formuliert sind, hier Bestand gewinnen konnten.

2. Untersuchungsinteresse, Untersuchungsgegenstand und Untersuchungsansatz

2.1 Das Untersuchungsinteresse

Alle aktuellen wohlfahrtsstaatlichen Krisenszenarien führen in den Bewertungen ihrer jeweiligen Protagonisten zu einer Aufwertung dezentral verankerter sozialpolitischer Handlungssysteme (systematisch dazu Krüger, 1985). Wie oben durch ausgewählte Zitate gleichzeitig deutlich gemacht wurde, mischen sich in den Dezentralisierungspostulaten ein zukunftsgerichteter Optimismus vielfach mit einem verbalen Rigorismus im Abschied vom wohlfahrtsstaatlichen status quo. Diese Stimmungslage überdeckt jedoch die zentrale, zugleich theoretisch wie politisch entscheidende Frage, anstatt sie systematisch zu entfalten. Es ist die Frage nach den aktuellen bzw. potentiellen Handlungschancen einer dezentral verankerten Sozialpolitik bzw. dezentral verankerter funktionaler Äquivalente für den etablierten Wohlfahrtsstaat.

Zum Forschungsgegenstand muß also gemacht werden, was in der wohlfahrtsstaatlichen Transformationsdebatte explizit oder implizit unterstellt, aber - gerade auch angesichts bisheriger sozialwissenschaftlicher Thesen und Befunde über die kommunale Ebene - kaum plausibel gemacht wird. Sinn gewinnt das Dezentralisierungspostulat nur, wenn, aktuell oder potentiell, auf dezentraler Ebene sozialpolitische Ressourcen verfügbar sind, die quantitativ (fiskalisch) und/oder qualitativ tatsächliche oder behauptete Grenzen des (zentralistischen) wohlfahrtsstaatlichen status quo kompensieren oder gar zu überschreiten vermögen. Theoretisch-analytisch ist dieser Zusammenhang zum einen wesentlich mit der Kategorie des kommunalen Handlungsspielraums aufzuschließen. (Vgl. Kapitel II. 1. - 4.).

Das empirische Forschungsinteresse war es zu prüfen, wieweit - untersucht am Beispiel der Jugendarbeitslosigkeit - die Postulate von der Realität gedeckt würden. In theoretischer Hinsicht wurde das Forschungsinteresse gerade angesichts des nun erkennbaren wohlfahrtsstaatlichen Paradigmawechsels verstärkt (vgl.

oben). Denn die jetzige sozialwissenschaftliche Entdeckung der dezentralen Handlungsebene stand und steht ja in einer unübersehbaren Spannung zu besonders resonanzstarken sozialwissenschaftlichen Theoriepositionen der letzten eineinhalb Jahrzehnte. Auffallend ist, daß in vielen gegenwärtigen sozialwissenschaftlich- und sozialpolitiktheoretischen Beiträgen zur Dezentralisierungsprogrammatik eine Auseinandersetzung mit diesen prominenten disziplinären Positionen der jüngeren Vergangenheit kaum systematisch geschieht. In diesem Sinne ersetzt das Dezentralisierungs-Postulat vielfach die Analyse. Dies trifft zum einen gegenüber dem sozialwissenschaflichen Siegeszug der strukturtheoretischen Argumentation der 60er und 70er Jahre zu. Dort waren die Funktionsbedingungen des <u>Zentral</u>staates zum Fokus gesellschaftstheoretischer Argumentation gemacht worden. Nachgeordnete, also dezentrale Politikebenen wurden darin zugleich und keineswegs zufällig, sondern staatstheoretisch argumentierend, als vernachlässigbar qualifiziert. Sind mit den jetzigen Dezentralisierungspostulaten jene Positionen unzutreffend - sind sie es seinerzeit gewesen oder inwischen geworden? Darauf ist systematischer im Kapitel II. einzugehen.

Deutlich ist, daß der etablierte Wohlfahrtsstaat <u>schon heute</u> dezentral existent ist. Zum einen wird er durch den <u>kommunalen öffentlichen Sozialsektor</u> repräsentiert: Administrativ durch funktional differenzierte Ämter (Jugendamt, Sozialamt, Gesundheitsamt), politisch durch die aus Wahlen hervorgegangenen Leitungsgremien bzw. durch die jeweiligen Rats- bzw. Kreisparlamente. Neben diesem öffentlich verantworteten kommunalen Sozialsektor wird zum zweiten der etablierte Wohlfahrtsstaat dezentral wesentlich durch die sogenannten <u>Freien Träger der Wohlfahrtspflege</u> geprägt. Zugleich ist deren Tätigkeit als Ausfluß des Subsidiaritätsgrundsatzes verfassungsrechtlich geschützt.

Auch zu diesen <u>beiden</u> sozialpolitisch zentralen Akteurstypen auf dezentraler Ebene hatte die sozialwissenschaftlich angeleitete Sozialpolitik-Forschung Thesen und Befunde formuliert, die - jedenfalls bisher - eher Skepsis als Hoffnung auf eine höhere sozialpolitische Rationalität durch Dezentralisierungsstrategien zu nähren vermögen. Die bisherigen Daten lassen sich dahin kondensieren (vgl. dazu systematisch Kap. II.), daß die örtliche, öffentlich wie verbandlich organisierte Sozialpolitik, gleichsam maßstabsverkleinert, Strukturparallelen zum zentralistisch verfaßten Wohlfahrtsstaat ausgebildet hat. Auch diese ist bürokratisch organisiert, in Zuständigkeiten administrativ segmentiert und politisch fragmentiert. Sie ist ebenfalls weithin professionell organisiert und auch sie arbeitet wesentlich mit den in den wohlfahrtsstaatlichen Krisenbildern problematisierten Steuerungsmedien Recht und Geld. Auch für die kommunale Ebene wurde (bisher?) eher eine Unterausstattung hinsichtlich sozialwissenschaftlich-sozialpädagogisch gestützter Handlungskompetenz gesehen. Können angesichts dieser Diagnosen des kommunalen, öffentlich wie verbandlich getragenen sozialpolitischen status quo die in den Dezentralisierungspostulaten formulierten Erwartungen Bestand haben, können sie Bestand gewinnen? Auch dazu sollte das Forschungsprojekt empirisch gesicherte Informationen liefern.

Neben diesen beiden - im doppelten Wortsinn etablierten - Akteuren lokal verankerter Sozialpolitik wird, wie gezeigt, in den Dezentralisierungsstrategien eine dritte Handlungsressource identifiziert: die örtlich verankerten Potentiale sozialer Selbsthilfe/sozialer Selbstorganisation. Die aktionsbezogene Vielfalt und die quantitative Ausweitung dieses sehr heterogenen Sektors dürfen den Blick jedoch nicht dafür verstellen, daß nach den vorliegenden empirischen Befunden im sozialpolitischen Kontext diesen Aktivitätsformen (bisher) ganz überwiegend keine substitutive, sondern eher eine additive, u. U. auch wichtige innovative wohlfahrtsstaatliche Funktion zukommt. Welches Gewicht ist für diese - radikale - Variante sozialpolitischer Entstaatlichungsstrategien empirisch und gerade auch in ihrem Verhältnis zu den beiden zuvor unterschiedenen Akteurstypen kommunaler Sozialpolitik für den Untersuchungsgegenstand nachzuweisen?

2.2. Der Untersuchungsgegenstand: Dezentrale Reaktionen gegenüber der Jugendarbeitslosigkeit

Damit sind - in Stichworten - die wesentlichen sozialwissenschaftlichen bzw. sozialpolitik-theoretischen Zusammenhänge genannt, zu denen das empirische Forschungsvorhaben möglichst Informationen liefern sollte. Diesem Ziel mußte der zu wählende Forschungsgegenstand wie das schließliche Forschungsdesign gerecht werden. Die Entscheidung ging dahin, die Reaktionen auf dezentraler Ebene angesichts und gegenüber dem Problem der Jugendarbeitslosigkeit zu untersuchen. Die Wahl dieses Untersuchungsgegenstandes könnte Skepsis hervorrufen. Etwa in dem Sinne, daß in der Bundesrepublik Deutschland die interventionspolitische Verantwortung des Zentralstaates für die Beschäftigungspolitik so evident sei, daß die Analyse dezentraler Reaktionsmuster im Horizont der Wohlfahrtsstaatskritik keinen Erkenntnisgewinn verspreche; das Thema gleichsam wegen einer Nichtzuständigkeit der lokalen Ebene entfalle.

2.2.1 Zur Begründung des gewählten Untersuchungsgegenstandes

Vor dem Hintergrund des oben charakterisierten Entdeckungszusammenhangs des Forschungsinteresses erscheint jedoch diese Argumentationsfigur kaum überzeugend. Denn wohlfahrtsstaatlich wird mit der (Jugend-) Arbeitslosigkeit das sowohl wissenschaftlich wie auch politisch als zentral behauptete soziale Problem der Gegenwart zum Thema gemacht. Forschungsstrategisch eröffnet die Analyse der Jugendarbeitslosigkeit einen angemessen komplexen Zugang zur empirischen Qualifizierung dezentraler Handlungsspielräume in seiner doppelten Konstitution: Das Thema der Jugendarbeitslosigkeit verweist sowohl auf die Dimension der vertikalen Politikverflechtung (Kommune-Umwelt-Relationen) sowie auf die Binnenstruktur des kommunalen Sozialsektors (= horizontale Politikverflechtung; zur theoretisch-analytischen Entfaltung dieser Zusammenhänge vgl. Kapitel II. 1. - 3.).

Die Jugendarbeitslosigkeit ist überkommunal generiert (Kommune-Umwelt-Relation), ihre Folgeprobleme werden aber unmittelbar lokal sichtbar, erzeugen (vielleicht) einen kommunalen Handlungsdruck. Wachsende, dezentral anfallende Problembestände werden sozialwissenschaftlich als das zentrale Begründungsmoment für einen kommunalen Potentialgewinn bewertet (vgl. dazu II. 2.). Offen ist jedoch, ob und wieweit ein solcher Potentialgewinn in einen realen politischen Bedeutungszuwachs transformiert wird, transformiert werden kann. Für den hier gegebenen Forschungsgegenstand heißt dies: Läßt sich am Beispiel der Jugendarbeitslosigkeit ein (sozial-) politischer Bedeutungszuwachs der dezentralen Handlungsebene nachweisen, eröffnet der Problemdruck Jugendarbeitslosigkeit dezentral verankerten Akteuren Handlungschancen? Welcher Art, wie und durch wen werden diese mit welchen Konsequenzen für die Betroffenen und für die tradierten Muster horizontaler wie vertikaler (Sozial-) Politikverflechtung genutzt?

Negativ formuliert ist die Jugendarbeitslosigkeit zunächst ein besonders eindrücklicher und drückender Beleg für die politikwissenschaftliche These der (jedenfalls faktischen) Externalisierung sozio-ökonomischer Folgelasten durch den Zentralstaat unter Knappheitsbedingungen: Aus dem interventionspolitisch primär zentralstaatlich verantworteten - und dort nun nicht mehr hinreichend steuerbaren - Produktionssektor resultieren mit der Arbeitslosigkeit dezentral wirksame Lasten. Zugleich wird damit das überkommene Muster wohlfahrtsstaatlicher Funktionsteilung zwischen der zentralstaatlichen Ebene einerseits und der kommunalen Ebene andererseits brüchig.

Dies läßt sich am geltenden Jugendwohlfahrtsgesetz (JWG) illustrieren. Danach hat die Kommune "darauf hinzuwirken, daß die für die Wohlfahrt der Jugend erforderlichen Einrichtungen und Veranstaltungen ausreichend zur Verfügung stehen" (§ 5 JWG). Nun impliziert diese gesetzliche Anweisung wesentlich allerdings eine gedachte Normalitätssituation Jugendlicher, d.h. bezogen auf das hier zentrale Interesse:

Diese werden als in Ausbildungs- bzw. Arbeitsverhältnissen integriert begriffen. Mit der strukturellen und lang andauernden Jugendarbeitslosigkeit entfällt diese unterstellte lebensweltliche Normalität für breite Gruppen. Das tradierte Muster vertikaler wohlfahrtsstaatlicher Politikverflechtung trägt nicht mehr (hinreichend). Die überkommene Aufgabenteilung, wonach der primär zentralstaatlich (interventionspolitisch) verantwortete Produktionssektor den Kommunen jugendpolitisch wesentlich nur Funktionen im Reproduktionssektor - und zwar komplementär zu bestehenden Arbeits- bzw. Berufsausbildungsverhältnissen - zuweist, wird relativiert. Kennzeichnend für diesen Wandlungsprozeß im jugendpolitischen Problempanorama und zugleich ein Hinweis auf politische Lernprozesse ist die Feststellung des Vierten Jugendberichts des Landes Nordrhein-Westfalen (Der Minister für Arbeit, Gesundheit und Soziales des Landes NW, 1982: 285):
"Im Berichtszeitraum hat sich gegenüber der Darstellung im 3. Landesjugendbericht (des Jahres 1979, d.V.) insoweit ein gewisser Bewußtseinswandel vollzogen, als deutlich wurde, daß die Eingliederung sozial benachteiligter junger Menschen in das Berufsleben nicht ein kurzfristig bis zur Mitte der 80er Jahre zu lösendes Problem sein wird, sondern daß sich hier für die Jugendhilfe auf längerer Sicht ein über das tradierte Angebot der Jugendsozialarbeit hinausgehendes Tätigkeitsfeld ergibt" (Hvhg. n.i.O.).

Dieses Zitat stützt die eben formulierte These des Zerbrechens oder doch der Relativierung der überkommenen jugendpolitischen Funktionsteilung zwischen dem interventionspolitisch wesentlich zentralstaatlich verantworteten Produktionssektor einerseits und dem darauf komplementär bezogenen und kommunal verantworteten Reproduktionssektor andererseits. Welche Konsequenzen werden daraus gezogen - zentralstaatlich und dezentral? Werden die im Produktionssektor nicht mehr hinreichend kontrollierbaren Beschäftigungsprobleme Jugendlicher in Aufgaben des dezentral ressortierenden Reproduktionssektors umdefiniert, also gleichsam entlang der tradierten Funktionsverteilung? Oder wird diese Aufgabenteilung gelöst, indem dezentral nun auch im Produktionssektor operiert wird? Beide möglichen Reaktionsstrategien verweisen für die kommunale Ebene politisch auf eine neue (Mit-) Verantwortung, (sozial-) politisch wird ihr ein Potentialgewinn eröffnet. Ob, mit welchen Strategien und Wirkungen, die dezentrale Handlungsebene diese Aufgabe, diese Herausforderung annimmt, ist im empirischen Sinne offen.

Deutlich muß allerdings sein, daß ein jugendpolitischer Verweis auf den Reproduktionssektor günstigenfalls die sozialstaatliche Qualität eine sekundäre Bedürfnisbefriedigung erreichen kann. Eine solche Politik hat notwendig den Charakter der Ersatzprogrammatik für das wohlfahrtsstaatlich-(arbeitsgesellschaftlich) aktuell nicht (mehr) hinreichend erreichbare primäre Ziel: die Bereitstellung ausreichender Arbeits- bzw. Berufsausbildungsplätze für Jugendliche (vgl. in diesem Sinne den 5. Jugendbericht der Bundesregierung, Bundesminister für Jugend, Familie, Gesundheit 1980: 79 ff.). Allerdings kann auch diese sekundäre bedürfnisbezogene Politik, wenn sie im Sinne wirksamer Hilfs- und Unterstützungsprogramme angesichts der vieldimensionalen psychosozialen Gefährdungen jugendlicher Arbeitsloser (vgl. für andere etwa Heinemann, 1978) gelingt, sozialpolitisch äußerst gewichtig sein.

Chancen eines möglichen kommunalen Relevanzgewinns, kennzeichnen somit beide hier unterschiedenen Politikformen, kompensatorische Politiken im Reproduktionssektor wie Politiken im Produktionssektor. Im letzten Fall wären zugleich die Grenzen einer im charakterisierten Sinne "nur" sekundären, sozialpolitischen Bedürfnisbefriedigung überschritten.

Allerdings: Wie realistisch sind Erwartungen an die Erweiterung bzw. Nutzung solcher Handlungsspielräume im Horizont der Jugendarbeitslosigkeit? Im Jahre 1978 - also etwa vier Jahre nachdem das Problem der Jugendarbeitslosigkeit quantitativ drastisch zugenommen hatte - konstatierten Becher u.a. (1978: 15), daß die kommunalen Jugendämter generell auf den akuten Problemdruck der Jugendarbeitslosigkeit vielfach zunächst "zurückhaltend und abweisend" reagiert hätten. Erklärt wird diese Negativdiagnose im Sinne der eben beschriebenen tradierten Funktionsteilung zwischen dem primär zentralstaatlich verantwortlichen Produktionssektor einerseits und dem kommunal verantwortlichen Reproduktionssektor andererseits. Das Problem der Jugendarbeitslosigkeit sprenge die überkommene Aufgabe kommunaler Jugendhilfeplanung und Jugendfürsorge, es sei nicht mit den traditionellen jugendpolitischen Handlungsorientierungen einzufangen. Auch in einer deutlich später erschienenen "Dokumentation regionaler Initiativen gegen Arbeitslosigkeit (Kommunalverband Ruhrgebiet, 1983), die keine Qualifizierung der verschiedenen Bemühungen und ihrer Effekte versucht, werden die bisherigen kommunalen Aktivitäten gegenüber der Arbeitslosigkeit ebenfalls eher zurückhaltend bewertet. Bezeichnenderweise wird dort festgestellt, daß "mehr als Abwarten" auf lokaler Ebene möglich sei, kommunale Einrichtungen und Ressourcen könnten eine "relevante Rolle" (Kommunalverband Ruhrgebiet, 1983: IX) angesichts der Arbeitslosigkeit übernehmen. Zugleich wird konstatiert, daß sowohl das bisher erkennbare Aktivitätsniveau wie die jeweiligen Aktivitätsschwerpunkte kommunal sehr unterschiedlich ausgeprägt seien. Nicht thematisiert wird, worin diese Befunde erklärbar erscheinen.

Grundsätzlich müssen zwei Programmtypen dezentraler Reaktionsmuster gegenüber dem Problem der Jugendarbeitslosigkeit analytisch getrennt werden: (1) Aktivitäten und Maßnahmen, die als eigeninitiative Reaktionen dezentraler Akteure zu kennzeichnen sind und (2) solche Programme und Aktivitäten, die (aus lokaler Sicht) als fremdinitiiert zu qualifizieren sind. Im Verlaufe der letzten Jahre wurden entsprechend Programme sowohl der Bundesebene wie Landesebene (hier: Nordrhein-Westfalen) initiiert. Mit diesen Programmen sollten, im Sinne einer vertikalen Politikverflechtung, die Kommunen zu einer aktiven Mitwirkung, zu einer örtlichen Umsetzung zentralstaatlicher bzw. auf Landesebene initiierter Arbeitsmarktpolitik angereizt bzw. zu einer solchen Kooperation befähigt werden.

Diese fremdinitiierten Sonderprogramme variieren hinsichtlich ihrer Initiatoren (Bund/Land), ihrer Zielgruppen (Programmspezifität), ihrer Träger (Öffentliche und/oder verbandliche und/oder private Akteure) sowie hinsichtlich der Vergabeprozeduren. Sie umfassen Mittel für sozialpädagogische Flankierungsmaßnahmen, die finanzielle Förderung bildungs-/berufsmäßiger Qualifizierungsinitiativen sowie die (Teil-) Alimentierung zusätzlicher Ausbildungs- bzw. Arbeitsplätze. Deutlich ist damit zugleich, daß sich diese Programme in unterschiedlicher Nähe bzw. Distanz zur tradierten, wesentlich reproduktionsorientierten lokalen Jugend-/Sozialpolitik bewegen. In diesem Sinne also kann auch mit fremdinitiierten Arbeitsmarktprogrammen den Kommunen ein quantitativer wie qualitativer politischer Bedeutungsgewinn eröffnet werden, der über den Reproduktionssektor hinausweist.

Insbesondere erscheint jedoch die Frage nach eigeninitiativen Politiken dezentraler Akteure gegenüber dem und angesichts des Dauerproblems der Jugendarbeitslosigkeit als empirischer Testfall für die positiven Attribute, die der dezentralen Handlungsebene im Horizont der wohlfahrtsstaatlichen Krisenszenarien zugewiesen bzw. für diese reklamiert werden (vgl. oben). Das wohlfahrtsstaatliche Problemfeld Jugendarbeitslosigkeit erscheint in diesem Sinne als ein tragfähiger Testfall für die tatsächliche Verlagerung von Handlungspotentialen zur dezentralen Ebene. Zu untersuchen war, wieweit dies quantitativ und qualitativ geschah, durch welche Akteure, mit welchen Programmen und mit welchen Wirkungen sowohl für die Betroffenen wie für die Muster vertikaler und horizontaler Politikverflechtung im Wohlfahrtsstaat. Das nunmehr darzustellende Untersuchungsdesign sollte diese vieldimensionalen Aspekte einzufangen erlauben.

2.3 Der Untersuchungsansatz

Die Untersuchungseinheiten bildeten ingesamt sechs Kommunen. Es sind dies die Ruhrgebietskommunen Dortmund, Duisburg, Essen, Hamm, Oberhausen sowie die Stadt Krefeld.

Mit der Auswahl der Ruhrgebietskommunen wird somit ein altindustrieller Ballungsraum untersucht, der als dieser durch vielfache sozioökonomische Problemlagen belastet ist. Gleichwohl repräsentieren die ausgewählten Kommunen ein unterschiedliches Spektrum in der Problemintensität wie auch hinsichtlich ihrer Größenverhältnisse. Die ausgewählten Städte umfassen solche innerhalb des zentralen Ruhrgebietsraumes wie Kommunen an seiner westlichen und östlichen Grenze. Die Kommune Krefeld gehört nicht zu den Ruhrgebietskommunen, liegt aber linksrheinisch an seiner (westlichen) Peripherie. Sie teilt nicht unmittelbar die industrielle Geschichte des Ruhrgebiets; diese strahlt aber in mehrfacher Weise nach Krefeld aus. Zudem wird Krefeld von einer anderen parteipolitischen Mehrheitsfraktion als die genannten Ruhrgebietskommunen angeführt. Krefeld gewinnt damit für die geplante Untersuchung Merkmale einer Kontrolleinheit. Dabei ist jedoch offensichtlich, daß die Tatsache nur einer Kontrollkommune hinsichtlich der empirischen Ergebnisse eine entsprechende Interpretationszurückhaltung verlangen wird.

Der <u>Untersuchungszeitraum</u> umfaßt die <u>Jahre 1975-1984</u> (z.T. bis 1985), also insgesamt zehn Jahre.

Das Problem der (Jugend-) Arbeitslosigkeit trat zur Mitte der 1970er Jahre auf. Hier setzt die Analyse ein. Die Betrachtung einer Zehn-Jahres-Sequenz erlaubt, die kommunalen Aktivitäten gegenüber der Jugendarbeitslosigkeit im Zeitablauf nachzuvollziehen. Hier ist besonders interessant festzustellen, wann welche <u>Mobilisierungs- bzw. Lerneffekte</u> hinsichtlich der Grenzen bisheriger Problembearbeitung und Zuständigkeiten, also hinsichtlich der etablierten vertikalen wie horizontalen politischen Funktionsteilung kommunal durchschlagen (vgl. oben). Die <u>Anpassungsgeschwindigkeit</u> dezentraler Akteure an veränderte Umweltbedingungen wird damit kontrollierbar. Wie einleitend gezeigt, wird in den Dezentralisierungspostulaten lokalen Akteuren eine gegenüber dem Zentralstaat höhere Reaktionsfähigkeit unterstellt. Prüfbar ist ebenfalls, wie weit die allgemeine politikwissenschaftliche <u>These</u> (vgl.für andere Hesse

1983:19 ff), wonach ein wachsender dezentraler Problemdruck wesentlich für einen kommunalen Relevanzgewinn bestimmend ist, im Zeitablauf bestätigbar erscheint.

2.3.1. "Objektive" Untersuchungsdimension (issue approach): Kommunale Reaktionen gegenüber der Jugendarbeitslosigkeit

Der empirische Teil des Forschungsvorhabens umfaßt zwei Erhebungsdimensionen: die "objektive" Erhebungsdimension (issue approach) und die "subjektive" Erhebungsdimension (high-position approach). Mit dem issue approach waren die tatsächlichen Reaktionen und Aktivitäten lokaler Akteure gegenüber dem Problem der Jugendarbeitslosigkeit zu erfassen. Die empirische Aufschließung der "objektiven" Erhebungsdimension erfolgte durch insgesamt fünf Untersuchungsschritte, die gleichsam zu kumulativen Informationen über den jeweiligen kommunalen Aktivitätsrahmen gegenüber der Jugendarbeitslosigkeit führen sollten.

2.3.1.1. Erster Untersuchungsschritt: Lokaler Problemdruck Jugendarbeitslosigkeit

Hier ging es darum, den objektiven Problemdruck, den die Jugendarbeitslosigkeit darstellt, für jede der untersuchten Kommunen quantitativ (absolut und relativ) über den gesamten Untersuchungszeitraum (zehn Jahre) sichtbar zu machen. Als Quellen zur Einlösung dieses Untersuchungsschritts waren die offiziellen Arbeitslosenstatistiken der kommunalen Arbeitsämter auszuwerten (s. III. 1.).

2.3.1.2. Zweiter Untersuchungsschritt: Kommunale Sozialhaushalte und Jugendarbeitslosigkeit

Die Analyse der öffentlichen kommunalen Sozialhaushalte im Rahmen des issue approach sollte mögliche Veränderungen des kommunalen Sozialaufwandes im Zeitablauf vor dem Hintergrund der Jugendarbeitslosigkeit aufzudecken suchen. Zu erforschen war also, ob, in welchem Ausmaß und zu welchen Zeitpunkten das Problem der

Jugendarbeitslosigkeit zu haushaltsmäßig identifizierbaren Ausgabeverschiebungen (zu absoluten Veränderungsraten und/oder zur Umwidmung von Mitteln) geführt hat. Wenn öffentliche Haushalte das in Zahlen geronnene politische Prioritätenschema vermitteln, ist die Analyse der kommunalen Sozialhaushalte als ein Untersuchungsschritt in der Untersuchungskette des issue approach unverzichtbar. Eingelöst wurde dieser Untersuchungsschritt durch die Auswertung der jeweiligen kommunalen Haushaltspläne, Statistischen Jahrbücher und weiterer (detaillierterer) haushaltspolitischer Dokumente (s. III. 2.).

2.3.1.3. Dritter Untersuchungsschritt: Kommunale Verlautbarungen zur Jugendarbeitslosigkeit (im Spiegel der Lokal- und Verbandspesse)

Mit diesem Untersuchungsschritt im Rahmen des issue approach sollte identifiziert werden, zu welchen Zeitpunkten in den untersuchten Kommunen welche Akteure auf welche Weise den Tatbestand der Jugendarbeitslosigkeit mit welchen Intentionen und gegenüber welchen Adressaten zum öffentlichen Thema machten. Es interessierte die örtliche Themenkarriere Jugendarbeitslosigkeit. Dazu gehörte auch die Frage, welche politischen Zuständigkeiten bzw. Verantwortlichkeiten in diesen Verlautbarungen definiert bzw. zugewiesen werden. Dieser Untersuchungsschritt erfaßte also noch nicht (vgl. dazu insbesondere den Fünften Untersuchungsschritt) konkrete adressatenbezogene Programme kommunaler Akteure gegenüber der Jugendarbeitslosigkeit. Es wurde vielmehr davon ausgegangen, daß solche öffentlichen Verlautbarungen (möglichen) konkreten politisch-programmatischen Aktivitäten auf lokaler Ebene vorausgehen bzw. Hinweise für evtl. Nicht-Handeln (non decisions) zu liefern vermögen. Anhand von Dokumentenanalysen sollte dieser Untersuchungsschritt eingelöst werden (s. III. 3.).

2.3.1.4. Vierter Untersuchungsschritt: Kommunale Jugendwohlfahrtsausschüsse und Jugendarbeitslosigkeit

Dieser Untersuchungsschritt erscheint im Rahmen des issue approach theoretisch besonders interessant. Der Jugendwohlfahrtsausschuß soll, nach dem geltenden Jugendwohlfahrtsgesetz, die zentrale ("politische") Koordinationsinstanz der örtlichen Jugend(hilfe)politik sein. Entsprechend sind in ihm die Vertreter des lokalen administrativen, des politischen wie des verbandlichen Systems der Jugendpolitik vertreten. Gleichwohl ist, nach der einschlägigen Literatur, durchaus problematisch, wieweit der Jugendwohlfahrtsausschuß eine koordinationsmächtige Instanz allgemein und hinsichtlich neuer Problemlagen (hier der Jugendarbeitslosigkeit) zugleich flexibel und innovativ sein kann. Die Untersuchung der Rolle des Jugendwohlfahrtsausschusses zielt dahin (wie auch schon der Dritte Untersuchungsschritt), die evtl. kommunalen Aktivitäten (oder das kommunale Nicht-Handeln) gegenüber der Jugendarbeitslosigkeit generell einzuschätzen und zugleich die Initiatoren dieser Aktivitäten zu identifizieren wie die Zielrichtung jeweils geforderter oder vorgeschlagener Politikschritte herauszuarbeiten. Die Einlösung dieses Untersuchungsinteresses erfolgte durch die Auswertung der Sitzungsprotokolle der Jugendwohlfahrtsausschüsse für alle Untersuchungseinheiten und über den gesamten Untersuchungszeitraum (s. III. 4.).

2.3.1.5. Fünfter Untersuchungsschritt: Programme gegenüber der Jugendarbeitslosigkeit

Die Untersuchung, ob, zu welchem <u>Zeitpunkt</u>, welche konkreten <u>Programme</u> gegen die Jugendarbeitslosigkeit bzw. gegen Folgen der Jugendarbeitslosigkeit mit welchen <u>Zielsetzungen</u> <u>durch</u> <u>wen</u> <u>initiiert</u> <u>bzw.</u> <u>implementiert</u> sowie <u>finanziert</u> und mit welchen, von den Trägern selbst gemessenen <u>Wirkungen</u> auf kommunaler Ebene umgesetzt wurden, stand schließlich am Ende der Untersuchungsschritte innerhalb des issue approach. Diese Daten wurden durch eine schriftliche Befragung örtlicher Träger der Jugendpolitik erhoben. Im Bedarfsfall wurden darüber hinaus Zusatz- und Kontrollbefragungen durch Experten-Intensivinterviews durchgeführt (s. III. 5.).

2.3.2. "Subjektive" Untersuchungsdimension (high position-approach): Kommunale Eliten und Jugendarbeitslosigkeit

Mit Hilfe des high position-approach sollte wesentlich die lokale Perzeption einer Krise des Wohlfahrtsstaates, daraus folgende Einschätzungen des dezentralen sozialpolitischen Handlungsbedarfs, des dezentralen sozialpolitischen Handlungsspielraums wie geforderte oder dezentral erwünschte Reformstrategien zugunsten der lokalen Ebene generell und schwergewichtig in Bezug auf die Problematik der Jugendarbeitslosigkeit erfragt werden. Befragte waren ausgewählte Eliten des kommunalen Sozialsektors. Dazu gehörten insbesondere die Sozialdezernenten, die Jugendamts- und Sozialamtsleiter, Jugendwohlfahrtsausschußvorsitzende, Vertreter der Freien Wohlfahrtspflege und weitere Experten des kommunalen Sozialsektors. Der high position-approach sollte auch Kontrolldaten wie Informationen für die mit Hilfe des issue approach (III. 1. - 5.) ermittelten Tatbestände liefern.

Die zusammenfassenden Auswertungen und Interpretationen der Untersuchungsergebnisse des issue approach und des high position-approach zentrieren um die Bewertung (der Reichweite) lokaler sozialpolitischer Handlungsspielräume bzw. sozialpolitischer Dezentralisierungstrategien. Dazu wurde ein interkommunaler Vergleich der Aktivitäten gegenüber der Jugendarbeitslosigkeit hinsichtlich der Analyseebenen Initiatoren/Träger, Zeithorizont und Programmtypik wie der Wirkungsdimension (selbsteingeschätzt) vorgenommen.

Mit der Frage nach den Initiatoren/Trägern solcher Aktivitäten wurden zwei Untersuchungskomplexe im Horizont der wohlfahrtsstaatlichen Dezentralisierungspostulate berührt: Zum einen ist thematisiert, ob die lokale Ebene allgemein (im Vergleich zum Zentralstaat bzw. der Landesebene) "problemsensibler", "flexibler" und "innovativer" angesichts neuer oder verschärfter gesellschaftlicher Problemlagen zu reagieren vermag. Zum anderen war zu prüfen, ob die einschlägigen Aktivitäten auf der lokalen Ebene zwischen öffentlichen, verbandlichen oder selbst-organisierten Akteuren ungleich verteilt sind und worin ggfs. solche Unterschiede begründet liegen (Wirksamkeit "traditioneller" oder "neuer" Subsidiarität?)

Die Untersuchung des Zeithorizonts sollte Hinweise darauf liefern, welche Reaktionsfristen kommunale Akteure/Initiatoren benötigen, bis, angesichts der offensichtlichen Erfolgsgrenzen tradierter Politikformen (vertikaler und horizontaler Problembearbeitung), kommunal neue Zuständigkeiten/Verantwortlichkeiten entdeckt, beansprucht bzw. zugewiesen werden.

Die Frage nach der Programmtypik zielt zum einen auf die Differenzierung zwischen Aktivitäten bezogen auf den Produktions- vs. Reproduktionssektor (vgl. auch II. 6.). Zugleich war zu prüfen, wieweit der Problemdruck (hier der Jugendarbeitslosigkeit) innovative Programme (und durch wen etabliert) hervorgebracht hat oder ob vielmehr auch dezentral eher die Routine entlang tradierter Formen kommunaler Sozialpolitik vorherrschte.

Die (seitens der jeweiligen kommunalen Akteure selbst gemessenen) Wirkungen der jeweiligen Aktivitäten gegenüber der Jugendarbeitslosigkeit schließlich verweisen auf den faktischen Handlungsspielraum, auf den möglichen Relevanzgewinn der kommunalen Ebene angesichts eines überkommunal generierten gesellschaftlichen Problems.

Schließlich sollten mögliche interkommunale Differenzen hinsichtlich der Erhebungsdimensionen zur weiteren Einschätzung kommunaler Handlungsspielräume ermittelt werden. Zu prüfen war, wie solche möglichen Differenzen erklärbar erscheinen. Etwa durch Differenzen im kommunalen Problemdruck, in parteipolitischen Vorzeichen, durch den personalen Faktor, die "subjektive Dimension"?

II. ZUR THEORETISCHEN AUFSCHLIEẞUNG DES PROJEKTS

1. Kommunale Handlungsspielräume? Die Schlüsselfrage der Dezentralisierungsdebatte

Der sozialwissenschaftliche mainstream der 1970er Jahre hatte die dezentrale politische Handlungsebene wesentlich aus seinem theoretischen und empirischen Aufmerksamkeitskreis ausgegrenzt. Dies geschah keineswegs zufällig. Die Vernachlässigung der kommunalen, der lokalen Ebene wurde mit deren fehlender oder günstigenfalls äußerst reduzierter ökonomischen, politischen, fiskalischen und sozialen Autonomie begründet (nachdrücklich Offe 1975: 303 ff.).

Ihre Pointe gewann diese Position in einer Folgethese: Aus der unterstellten materiellen Aushöhlung dezentraler Entscheidungskompetenz müsse die damit möglich gewordene Auflösung dezentraler politisch-administrativer Handlungsysteme nicht notwendig folgen. Es könnte, so die These, im Interesse des Zentralstaats liegen, im Sinne seiner Legitimationsinteressen, die Fiktion kommunaler Zuständigkeit und Verantwortlichkeit aufrechtzuerhalten. Die Kommune solle als krisenbestimmte "Puffer- und Filterzone" wirken. Sie solle Konflikte, die in Wahrheit auf Struktur-, also gesamtgesellschaftliche Probleme der Ökonomie und Politik verweisen, dezentral thematisierbar und dezentral adressierbar machen (vgl. Offe 1975: 306 ff). Deutlich ist, daß mit dieser These die schon unterstellte Abhängigkeit des kommunalen politisch-administrativen Systems noch gesteigert wird: Der politisch-materiellen Entleerung zugunsten überörtlicher Instanzen folgt die Instrumentalisierung, im Sinne symbolischer Politik, zugunsten zentralstaatlicher (Legitimations-) Interessen.

Aus der unterstellten fehlenden ökonomischen, politischen und sozialen Autonomie (=fehlender Handlungsspielraum) der kommunalen Ebene wurde somit deren politikwissenschaftliche Vernachlässigung begründet. Die analytische Perspektive war umweltzentriert. Die

Kommune wurde als durch ihre Umwelt(-en) dominiert gesehen. Die Beachtung der Binnenstruktur des kommunalen politisch-administrativen Systems erschien vernachlässigbar, sie fungierte als black-box. Nur eine gesamtgesellschaftlich-strukturtheoretisch ansetzende Analyse erschien forschungsstrategisch angemessen. Der (fehlende) kommunale Handlungsspielraum war in dieser Negativdiagnose der theoretische Schlüsselbegriff.

Zu dieser Schlüsselkategorie müssen nun auch die Befürworter von Dezentralisierungsprogrammen explizit oder implizit Position beziehen. Sie müssen der Überzeugung sein, daß die kommunalen Handlungsspielräume entweder in diesen früheren (skeptischen) sozialwissenschaftlichen Befunden (a) falsch gewichtet oder (b) inzwischen die Handlungsspielräume materiell erweitert wurden oder (c) letzteres möglich und (oder weil ?) nötig ist.

1.1. Zum Begriff kommunaler Handlungsspielraum, kommunale Autonomie, kommunaler Relevanzgewinn

Der Begriff des kommunalen Handlungsspielraumes ist sozialwissenschaftlich nicht eindeutig festgelegt. Allgemein wird er mit "Handlungsmöglichkeiten" übersetzt (vgl. Mayntz 1981: 156; Hucke 1980). Diese Umschreibung verweist auf analytisch und empirisch problematische Implikationen. Handlungs-"Möglichkeiten" sind nicht direkt beobachtbar. Beobachtbar sind nur Realphänomene. Ob die beobachteten Erscheinungen auch das Spektrum aller Handlungsmöglichkeiten, das Handlungspotential, vollständig oder nur zu (welchen ?) Teilen ausschöpfen, bleibt (zunächst ?) unbestimmt.

Im vorliegenden Projekt wurde daher mit zwei Hilfskonstruktionen gearbeitet. Zum einen wurden mehrere (sechs) Kommunen untersucht. Sollte sich dabei (mit Hilfe des issue approach) zeigen lassen, daß in den Kommunen unterschiedliche Aktivitätsfelder (qualitative Dimension) und/oder Aktivitätsniveaus (quantitative Dimension) in der Bearbeitung des Problems der Jugendarbeitslosigkeit oder seiner Folgen beobachtbar sind, wäre dieser Befund zugleich ein Beleg für die

Existenz eines Handlungsspielraumes. Das heißt: der kommunale Handlungsspielraum wäre (bezogen auf den Untersuchungsgegenstand und den Untersuchungszeitraum) dann jedenfalls größer als Null, er wäre nicht (vollständig) durch die kommunale Umwelt oder die binnenstrukturelle Verfaßtheit des kommunalen Systems determiniert. (Auf diese letztgenannte Differenzierung wird unten systematisch einzugehen sein).

Zum anderen wurden im Rahmen des Projekts ausgewählte Experten und Akteure des kommunalen Sozialsektors ("kommunale Eliten" im Sinne des high-position approach) befragt. Dabei gilt die Prämisse, daß die kommunalen Akteure als intervenierende Variable zwischen den Handlungsmöglichkeiten (dem Handlungsspielraum) und den konkreten Handlungen vermitteln (dazu Mayntz 1981: 156). Diese Vermittlungsleistung wird also entweder durch Handeln bzw. durch (bewußten !) Verzicht auf (anderes) Handeln hergestellt. Als zu befragende Experten des Untersuchungsfeldes wissen die Akteure, so die weitere Prämisse, welche der Handlungsmöglichkeiten kommunal (aus welchen Gründen) ausgeschöpt bzw. nicht ausgeschöpft wurden. Erstere können als "aktualisierter", letzterer als "latenter Handlungsspielraum" (aktualisiertes oder latentes Handlungspotential) definiert werden.

Offen ist damit jedoch noch, wie die kommunalen Handlungsspielräume letztlich, also nach Auswertung der empirischen Daten des issue approach und des high-position approach, zu qualifizieren sind. Evident ist dies nur für den Extrempunkt Null: "kein Handlungsspielraum". Wann jedoch "geringe", "mittlere" oder "große" kommunale Handlungsspielräume (bzw. analog: ein... kommunaler Relevanzgewinn) gegeben sind, ist (zunächst) unbestimmt. Zwar geben die möglichen (relativen) Unterschiede zwischen den Kommunen einen ersten Interpretationsansatz. Dieser erscheint jedoch hinsichtlich seiner Informationsqualität begrenzt. Hier sind weitere diskursive Erläuterungen und die Anwendung von Hilfskonstruktionen notwendig (z.B. Zahl der erreichten jugendlichen Arbeitslosen durch die einschlägigen Programme, v.H.-Anteile der Haushaltsmittel für diese u.ä.). Wie zuvor gezeigt, wird der Begriff des (kommunalen) Handlungsspielraums allgemein mit "Handlungsmöglichkeiten" übersetzt. In der Offeschen Argumentation (s.o.) wird vorwiegend von (fehlender) kommunaler "Autonomie" gesprochen. Hesse (zuletzt 1983) verwendet vielfach die Formel des kommunalen "Relevanzgewinns" bzw. "Potentialgewinns". Offensichtlich zielen alle Begriffsvarianten auf parallele Sachverhalte. Gleichwohl sind sie nicht eindeutig. Den Autonomiebegriff präzisiert Luhmann (1970: 156 ff.). Autonomie des politischen Systems zentriere "um Selbstbestimmung, um die Fähigkeit, die selektiven Kriterien für den Verkehr mit der Umwelt selbst zu setzen und nach Bedarf zu ändern". (Luhmann 1970: 156) Dazu zwei Anmerkungen:

(1) Wie später noch zu verdeutlichen sein wird, sind kommunale Handlungsspielräume theoretisch und empirisch angemessen nur in einer Doppelperspektive zu bestimmen: hinsichtlich der "äußeren" kommunalen Umwelt und hinsichtlich der kommunalen "Binnenwelt". Bekanntlich wird der kommunale Sozialsektor nicht nur durch öffentliche (politische) Akteure konstituiert, sondern wesentlich zugleich auch durch die Freien Träger der Wohlfahrtspflege (dazu unter II. 5.). Deren verfassungsmäßig gesicherte, aus dem Subsidiaritätsprinzip hergeleitete relative Autonomie (!) kompliziert die kommunale Realität wie die theoretisch-empirische Analyse. Im Sinne der systemtheoretischen Begrifflichkeit ist somit die Autonomie des kommunalen "politisch-administrativen Systems" in einer doppelten Umweltdimension zu bestimmen, im Sinne der "Innenwelt" und im Sinne der "Außenwelt" (vgl. Willke 1982: 39 ff.). Das fokale System (= kommunales Handlungssystem des Sozialsektors) muß in beiden Dimensionen Abstimmungsprobleme lösen. Die Innenwelt umfaßt die Relation des Systems mit seinen Mitgliedern. Die Außenwelt umfaßt "die externen Relationen des Systems, also - abgesehen vom Bereich der Mitglieder - alle input- und output-Beziehungen des in Frage stehenden Systems. Hier sind drei Dimensionen zu unterscheiden: 1. Die Relationen zu anderen (Teil-) Systemen eines umfassenden Gesamtsystems (horizontale Außenrelationen);

2. die Beziehungen zum umfassenden Gesamtsystem (vertikale Außenrelationen); und 3. die Relationen zu anderen Systemen, mit denen das fokale System in einem sekundären systematischen Gesamtkontext steht (laterale Relationen)" (Willke 1982: 40).

(2) Luhmann bestimmt, wie gezeigt, die Autonomie des politischen Systems in dessen Fähigkeit, die "selektiven Kriterien für den Verkehr mit der Umwelt selbst zu setzen und nach Bedarf zu ändern". Dies ist eine zeitpunktbezogene Bestimmung. Nach ihr ist "Autonomie" dann z.B. nicht gegeben, wenn zentralstaatlich der kommunalen Ebene eine Erweiterung der Handlungschancen (gesetzlich, fiskalisch oder personell) eröffnet wird. Vielmehr wäre in dieser von der Außenwelt bestimmten Aktion gerade ein Beleg für Nicht-Autonomie zu identifizieren. Auf solche Prozesse der Transformation im vertikalen Politikgeflecht zugunsten der dezentralen Ebene zielt aber z.B. Hesse ab, wenn er von deren "Relevanzgewinn" (bzw. "Potentialgewinn") spricht. Im Sinne Luhmanns ist erst nach einer solchen, von der Außenwelt ausgelösten Aktion eine Erweiterung der kommunalen Autonomie gegeben. Solche möglichen Variationen der kommunalen Autonomie erschließen sich nur durch eine Sequenzanalyse. Mit der empirischen Erfassung eines Zehn-Jahres-Zeitraumes für das Projekt konnte dieser forschungsstrategisch interessanten Perspektive nachgegangen werden: Die Kommune-Umwelt-Beziehungen wurden gleichsam im Sinne eines dynamischen Modells konzeptualisiert, Anpassungs-, Lernprozesse wurden damit erfaßbar.

1.2. Die doppelte Bestimmung kommunaler Handlungsspielräume: Kommunale Umwelt(en) und kommunale Binnenstruktur

Wie zuvor gezeigt, wurde die verbreitete sozialwissenschaftliche Vernachlässigung der kommunalen Ebene als Untersuchungsfeld eigenen Rechts mit ihrer Umweltabhängigkeit begründet: Die, wie behauptet, fehlende kommunale Autonomie verweise auf das Erfordernis einer gesamtgesellschaftlichen Strukturanalyse und legitimiere (damit) den Verzicht auf die Erforschung der politisch als inferior definierten kommunalen Binnenstruktur (Innenwelt des fokalen Systems) selbst.

Die gegenwärtige sozialwissenschaftliche Dezentralisierungsdiskussion stellt beide (Teil-) Prämissen, zumindest in deren Generalisierung, explizit in Frage oder sie muß dies implizit tun. So bezweifelt nachdrücklich Mayntz (1981), daß das kommunale Handeln (jedenfalls für alle Politikfelder in gleicher Weise) durch die kommunalen Umwelten soweit determiniert sei, daß es erlaubt wäre, von der Nichtexistenz eines kommunalen Handlungsspielraums auszugehen (so auch schon Fürst 1975: 276). Zugleich dürfe, so argumentiert sie weiter, die kommunale Binnenstruktur (Innenwelt) nicht als ein mögliches Bestimmungsmoment kommunaler Handlungsspielräume aus dem Blick geraten. Erforderlich sei vielmehr in beiden Perspektiven die <u>aufgabenspezifische</u> Analyse. Handlungsspielräume (positive oder negative) seien immer nur hinsichtlich bestimmter Ziel- bzw. Aufgabenkonstellationen theoretisch und/oder empirisch und für bestimmte Akteure zu formulieren. Entsprechend geht die Autorin davon aus, daß sich für spezifische kommunale Aufgabenfelder eine "reflexive Beziehung" zwischen dem Handlungsspielraum und dem Handelnden erkennen lasse: "Die den kommunalen Handlungsspielraum bestimmenden Faktoren sind nämlich wenigstens teilweise durch die Kommune selbst veränderbar, so daß hier das Handeln strukturierend auf den Handlungsspielraum zurückwirkt" (Maynz 1981: 157; ähnlich Savelsberg 1979). Diese analytische Perspektive war auch forschungsleitend für das hier gegebene Projekt: <u>Aufgabenspezifisch</u> wurde zentral der lokale Sozialsektor, präziser: dieser im Horizont des Problems der Jugendarbeitslosigkeit, erforscht. <u>Handlungsspielräume</u> (des lokalen Sozialsektors) sind in der Doppelperspektive von Umwelt(en)/Außenwelt und Binnenstruktur/Innenwelt zu bestimmen. Mögliche Erweiterungen des lokalen Handlungsspielraums (der lokalen Autonomie, des lokalen Relevanzgewinns) im oben unterschiedenen Sinne sind entsprechend als <u>umweltbezogene (außenweltbezogene) Transformationsgewinne</u> und/oder als <u>binnenstrukturelle (innenweltbezogene) Reorganisationsgewinne</u> zu definieren.

Im folgenden sind ausgewählte Aspekte zunächst zum kommunalen Umweltbezug und danach zur kommunalen Binnenstruktur weiter auszuführen.

2. Kommune und Umwelt: Zur systemtheoretischen Differenzierung des Autonomiekonzepts

Im Sinne der systemtheoretischen Logik darf Autonomie nicht mit Autarkie verwechselt werden. Autarkie meint Isolierung von physischen und informationellen Leistungen der Umwelt. "Autonomie setzt im Gegenteil diese Art Abhängigkeit voraus und bezeichnet den Grad der Freiheit, mit dem die Beziehungen zwischen System und Umwelt durch die selektiven Kriterien des Systems selbst geregelt werden" (Luhmann 1970:157). Damit wird auch eine - für das Projekt möglicherweise besonders wichtige - analytische Differenzierung sichtbar: Autonomie des Systems heißt nicht nur dessen Fähigkeit zum positiven Handeln, sondern sie schließt auch die Entscheidungsfreiheit zum Nicht-Handeln (non decisions) ein. Darauf wird später zurückzukommen sein. Wieweit der kommunale Sozialsektor im Untersuchungszusammenhang auch durch diese negativ bestimmte Autonomie zu charakterisieren ist, war auch empirisch auszuloten. Analytisch sind die Autonomiebedingungen des politischen Systems (hier des kommunalen politisch-administrativen Systems im Sozialsektor) in der zeitlichen, sachlichen und sozialen Dimension auszudifferenzieren.

In der Zeitdimension wird die Autonomie darin bestimmt, daß das System "Zeit haben" muß, um auf die Änderung relevanter Umweltbedingungen zu reagieren. Es darf kein Zwang existieren, "immer sofort" handeln zu müssen. Vielmehr muß das politische System "die Zeit haben, eigene Prozesse der Selektion von Ursache und Wirkung anzuwenden" (Luhmann 1970:157; Hervorhg. i.O.). Im Kontext des Projektes war somit zu analysieren, ob überhaupt (s.o.) und wie lange im kommunalen Sozialsektor nach Eintritt des Umweltereignisses "Jugendarbeitslosigkeit" (wie, womit, durch wen) im Sinne eines (Problem-) input- und (Handlungs-) output-Modells reagiert wurde.

In sachlich-sinnhafter Beziehung zwischen System und Umwelt "hängt Autonomie vor allem davon ab, daß die Kontakte auf (mindestens) zwei verschiedenen Ebenen der Generalisierung stabilisiert werden". Zum einen muß das politische System in seiner "relevanten Umwelt" relativ generell anerkannt sein". Unterhalb dieser Ebene der generalisierten Anerkennung liegt, zweitens, die "Ebene der konkreten Interaktionen, die im laufenden Prozeß die Funktion des politischen Systems erfüllen" (Luhmann 1970:157). Für das Projekt waren hier Fragen im Horizont der Legitimationsproblematik anknüpfbar. Wieweit die Kommune im öffentlichen Bewußtsein überhaupt oder mit welchem Rang (dazu Arzberger 1980: 165) als (relativ) eigenständige politische Einheit perzipiert wird, ist sozialwissenschaftlich strittig. Wie (oben) gezeigt, formulierte Offe die These der legitimationsbestimmten Instrumentalisierung der kommunalen Ebene durch den Zentralstaat. Deppendorf/Wicher (1980: 209) dagegen sehen im Rahmen ihrer Untersuchung empirische Belege für eine wechselseitige legitimatorische Entlastungsstrategie in der Krise, also sowohl seitens des Zentralstaates wie der Kommune. Auch dieser Aspekt wird später wieder aufzunehmen sein.

In der Sozialdimension schließlich unterscheidet Luhmann (1970: 158) als wichtigste Autonomiebedingung die Nichtabhängigkeit von nur einer Umweltmacht. Eine Mehrzahl relevanter Umweltbeziehungen erlaubt dem politischen System, "allen Einzelsystemen gegenüber mit Rückendeckung von anderen Umweltbereichen (zu) verhandeln und (es) kann die Art, die Kombination dieser verschiedenen Beiträge ausbalancieren". Wieweit für das Projekt im Sinne dieser Bestimmung relative Kompensations- und/oder Legitimationsstrategien (vgl. II. 4.) des kommunalen Sozialsektors identifizierbar sind, evtl. im Kontext des "korporatistischen Syndroms" (vgl. II. 5.) und im Horizont der Politikverflechtung, wird zu erörtern sein.

2.1. Zentralstaat und Kommune: Politikverflechtung oder Trennungsmodell?

Die bisherige (theoretische) Argumentation hat schon verdeutlicht, daß jeweils radikale Bestimmungen des Kommune-Umwelt-Verhältnisses eher unangemessen erscheinen. Weder überzeugt die These der (fast) totalen kommunalen Umweltabhängigkeit, noch scheint die im Licht der Dezentralisierungsdiskussion vielfach präferierte Gegenthese, die Umkehrung dieses Verhältnisses, angemessen. Wie gezeigt, impliziert die systemtheoretische Begriffsstrategie ohnehin immer nur die Existenz relativer Freiräume, eine relative Autonomie des (kommunalen) politischen Systems. Dabei kann ein bestimmter Autonomiestatus des politischen Systems zum Zeitpunkt x durch Veränderungen in einer oder mehrerer für das fokale System relevanten Umwelten verschoben werden. Prinzipiell kann dies hinsichtlich dreier Systemreferenzen geschehen: In den Beziehungen zum Gesamtsystem, in den Beziehungen zu anderen Teilsystemen und hinsichtlich der Beziehungen des fokalen Systems zu sich selbst. Die gegenwärtige wohlfahrtsstaatliche Krisendiskussion ist unschwer in diesem Sinne relevanter (oder als relevant definierter) Umweltveränderungen für das politisch administrative System bestimmbar und war für das Projekt entsprechend auszudifferenzieren.

Auf der realpolitischen Ebene wird heute in verschiedenen politikwissenschaftlichen Analysen zum Verhältnis von Zentralstaat und Kommune denn auch ein "Ende des Trennungsmodells" (Böhret/Frey 1982: 14) zugunsten eines "Gegenstrommodells" (ebenda: 21) identifiziert. Die Beziehungen zwischen dem Zentralstaat und der Kommune seien danach empirisch und theoretisch angemessen nur noch als Verflechtungszusammenhang darstellbar. Dies impliziere zwar, daß der Raum für eigenständige kommunalpolitische Entscheidungen enger werde - zugleich aber heiße es, daß auch der Zentralstaat Teile seiner Autonomie gegenüber der dezentralen Ebene verloren habe. Auch Böhret/Frey sehen heute entsprechend die Kommunen in den politisch-administrativen Planungs-, Steuerungs- und Leistungsverbund einbezogen. Im Sinne des "Gegenstrommodells" wird eine Verflechtung der Politikbereiche von der Bundes- zur lokalen Ebene "und in umgekehrter Richtung" identifiziert. Darin gewinne die Kommune "neuartige Legitimations-, Umsetzungs- und Gestaltungsfunktionen sowie Innovations- und Rückkopplungsaufgaben" (Böhret/Frey 1982: 21). Dieses Modell ist auch im Sinne eines Komplementaritätsverhältnisses von Zentralstaat und Kommune interpretierbar. Beide bedürfen danach einander zur Bearbeitung bestimmter Probleme (ähnlich schon Savelsberg 1979: 225). Sachlich sei es somit unstatthaft, in einfachen Superioritäts- oder Inferioritätskategorien zu denken. In systemtheoretischer Perspektive sei ohnehin "längst klar", daß "soziale Evolution (der Systeme, d.V.) sowohl von internen wie auch von externen Faktoren bestimmt wird" (Willke 1982: 73). Wieweit das Verflechtungsmodell im Horizont des Projektes empirisch trägt, war zu prüfen.

2.2 Die politikwissenschaftliche These eines kommunalen Potentialgewinns

Ein kommunaler Potentialgewinn, der zu Verschiebungen im Verhältnis von zentralstaatlicher und dezentraler Ebene führt, führen soll oder führen kann, wird heute politikwissenschaftlich im wesentlichen dreifach begründet gesehen (vgl. Hesse 1983:19 ff). Dabei ist deutlich, daß die für diesen konstatierten Potentialgewinn herangezogenen Indikatoren thematisch gut die sozialpolitik-theoretischen Dezentralisierungspostulate abdecken. Der kommunale Potentialgewinn wird (a) in einem wachsenden, dezentral anfallenden Problembestand, (b) in der Aufwertung der Verdichtungsräume und (c) in der Veränderung der politischen Willensbildung identifiziert.

Zu (a): Deutlich ist, daß ein wachsender <u>dezentral anfallender</u> <u>Problembestand</u> auf die Erfolgsgrenzen bisheriger Formen politischer Problembearbeitung (in kommunaler Perspektive: in relevanten Umweltsystemen) hinweist. Zentralstaatlich (durch Bund und/oder Länder) nicht (mehr) lösbare Probleme werden in ihren Folgen (bewußt oder faktisch) dezentralisiert. Diese dezentral anfallenden Folgelasten können politischer, sozialer und/oder fiskalischer Natur sein. Zu erinnern ist hier an die (Offesche) These einer Instrumentalisierung der Kommune zugunsten des zentralstaatlichen Interesses (vgl. oben). Hesse (1983:19) spricht von "umfassenden Entlastungsprozessen zwischen den gebietskörperschaftlichen Ebenen". Neu sei, gleichsam ein Beleg für das gestiegene Selbstbewußtsein der kommunalen Akteure, daß solche Lastenzuweisungen nun öffentlich thematisiert würden.

Zu b): Die Aufwertung der Verdichtungsräume wird in einer doppelten Perspektive gesehen. In den Verdichtungsräumen kumulieren sich zum einen gesellschaftliche Probleme (was für das Ruhrgebiet, die Untersuchungsregion des Projekts, offensichtlich ist). Andererseits entwickeln sich hier, so die These, (auch in Reaktion auf diese Probleme) neue Formen sozialen Protestes (Alternativ-, Selbsthilfebewegungen) wie innovatorische Modelle - teilweise durch letztere getragen oder angestoßen - der Problemlösung oder doch der Problementschärfung. Auch diese Perspektive war für das Projekt einzufangen: Sowohl war die (horizontale) Binnenstruktur des kommunalen Sozialsektors wie mögliche Verschiebungen zwischen den politischen Handlungsebenen (vertikale Umweltperspektive) zu thematisieren.

Zu (c): Veränderungen im Prozeß der politischen Willensbildung. Hier wird ein gestiegenes Selbstbewußtsein der kommunalen Akteure diagnostiziert, das (auch) darin begründet liege, daß der dezentrale Problembestand zentralstaatlich "nur um den Preis sozialer Instabilität von Bund und Ländern negiert werden könne" (Hesse 1983: 20). In die gleiche Richtung würden ebenfalls die in Verdichtungsräumen relativ starken sozialen Bewegungen mit ihren legitimationsgefährdenden Ansprüchen und Forderungen gegenüber etablierten Politikinstitutionen und Politikformen wirken.

Wie gezeigt, spricht Hesse von einem kommunalen "Potentialgewinn". Ob dieser in einen kommunalen Realgewinn transformiert wird, werden kann, wird von ihm als noch offen eingeschätzt. Zwei Einflußmomente werden dabei differenziert, die auch die obige Diskussion des kommunalen Handlungsspielraums bestimmten. Ob der Potentialgewinn realisiert werde, hänge zum einen von den "kommunalen Eigenpolitiken" (= kommunale Binnenstruktur) wie, zum anderen, insbesondere von den Reaktionen und Handlungen von Bund und Ländern (= Kommune-Umwelt-Relationen) ab. So glaubt Hesse erkennen zu können, daß früher vorherrschende "regulative Politiken" durch "persuasive Politiken", also durch Versuche der Konsensbildung auf dem Wege der Überzeugung, ersetzt werden. Dazu gehöre auch die Einsetzung von gemeinsamen Kommissionen wie informelle Formen des Politikverbundes. Insgesamt zielen diese auf die Entlastung für die zentralstaatliche Ebene. Weiter wird die Intensivierung der Dezentralisierungsdiskussion auf der Bundes- wie auf der Landesebene als Beleg des kommunalen Bedeutungsgewinns gesehen. Allerdings seien diese Debatten wesentlich auf den Reproduktionssektor, nicht auf den Produktionsektor bezogen. Insgesamt wird konstatiert, daß der dezentral anfallende bzw. von Bund und Ländern nach dort überwälzte gesellschaftliche Problembestand "nicht respektive noch nicht von einer entsprechenden Dezentralisierung der Strukturen der Problembearbeitung begleitet ist". Die "derzeit laufenden Dezentralisierungsdiskussionen erscheinen bislang zu wenig konkret und stehen in der Gefahr der modischen 'Überhöhung'" (Hesse 1983: 22). Gegenüber dem zweifachen Auftrag an die Kommunen im Horizont der Dezentralisierungsdebatte, 1. als "Umsetzungsebene arbeitsteiliger Politiken" und 2. durch dezentrale Abarbeitung politischer Konfliktpotentiale "systemintegrierend zu wirken, seien die Kommunen noch politisch unvorbereitet. Hinsichtlich der erforderlichen materiellen Ressourcen seien sie unterausgestattet. Zusammengefaßt ergäbe sich damit bisher nur ein "latenter Potentialgewinn" der kommunalen Ebene. Dieser zeige sich strukturell in der Aufwertung der Verdichtungsräume und prozessual in einer Dezentralisierungstendenz als Folge begrenzter zentralstaatlicher Politikerfolge. Inhaltlich präge sich der latente Potentialgewinn eben in dem wachsenden dezentralen Problemdruck aus wie in der Integrationsfunktion/Legitimationsfunktion, die der Kommune zugewiesen werde. Dort, wo bisher (in Ausnahmefällen) der Potentialgewinn auch realisiert sei, zeige er sich im wesentlichen im Reproduktionsbereich und zugleich in einer defensiv-reaktiven Politikform.

3. Kommunale Binnenstruktur und kommunaler Handlungsspielraum

Wenn nunmehr über die Binnenstruktur der kommunalen Handlungsebene gesprochen wird, geschieht dies immer unter Beachtung deren (zuvor diskutierter) Umweltoffenheit. Im Zentrum der binnenstrukturellen Analyse der kommunalen Handlungsebene stehen die (projektrelevanten) Entscheidungsprozesse. Diese sind zu differenzieren, zum einen in ihre strukturellen Merkmale (wesentlich: beteiligte Akteure, Verflechtungsmuster zu vertikalen, horizontalen und lateralen Systemen). Zum anderen sind die Entscheidungsprozesse in ihren prozeduralen Merkmalen (wesentlich: Organisation der Entscheidungsprozesse, Qualität des Informationsverhaltens) zu betrachten.

3.1. Zu strukturellen und prozeduralen Merkmalen kommunaler Entscheidungsprozesse

Den einleitend dargestellten und bereits abstrakt problematisierten optimistischen Erwartungen hinsichtlich eines kommunalen Relevanzgewinns durch Dezentralisierungsstrategien liegt möglicherweise ein unterkomplexes Bild der dezentralen Ebene zugrunde. Das folgende Zitat illustriert diese Vermutung recht gut: "... so erweist sich die Kompetenzdelegation zugunsten lokaler Instanzen als Voraussetzung für die frühzeitige Integration der einzelnen Maßnahme (und der entsprechenden Zuständigkeiten) und für die Einstimmung Außenstehender ('Partizipation'). Lokale Verwaltungen können ihren Problembestand schon aus Gründen des Personaleinsatzes nicht in dem Maße segmentieren wie zentralstaatliche Hierarchien, das bewahrt sie eher vor der Gefahr, Nebeneffekte und Randbedingungen ihrer

Sachbearbeitung zu 'externalisieren'. Dies wiederum erweist sich als günstige Voraussetzung für die Einbringung von Problemsyndromen, die ansonsten häufig an der Schwelle des Koordinierungsaufwandes scheitern. Problemintegration ebenso wie flexible Entscheidungsfähigkeit aber erhöhen bei den Adressaten der Politiken die Bereitschaft, in den dezentralen Instanzen relevante Verhandlungspartner zu erkennen, sie verbessern damit nachhaltig die Chancen für die geforderte 'Partizipation'" (Prätorius 1983: 149/150; Hervorhg. i. O.).
Die Gegenthese zu diesem eher zuversichtlichen Befund lautet, daß die kommunale Ebene - gleichsam maßstabsverkleinert gegenüber dem kritisierten Zentralstaat - ebenfalls durch problematische Strukturmerkmale, Politiksegmentierung und Verwaltungsfragmentierung, Professionalisierung, Bürokratisierung, Justifizierung u.a. gekennzeichnet ist (vgl. Hegner/Schmidt, 1979).

Im Zentrum des Projektes steht der kommunale Sozialsektor. Dies ist realiter allerdings eine Sammelbezeichnung für ein Geflecht von - zugleich jeweils intern u. U. stark differenzierten - Teilsystemen. Im engeren projektrelevantem Sinne wird der kommunale Sozialsektor von Öffentlichen und Freien Trägern der kommunalen Jugend(hilfe-)politik gebildet. Die gesetzliche Zusammenbindung dieser beiden Typen von Akteuren verweist bereits auf u.U. wesentliche Probleme. Bekanntlich ist die Tätigkeit der Freien Träger der Wohlfahrtspflege verfassungsrechtlich im Sinne des Subsidiaritätsprinzips geschützt. Ihr (jugend-) politischer Vorrang vor dem Öffentlichen Träger wird zwar nach dem Jugendwohlfahrtsgesetz (JWG) im Sinne einer politischen Kooperationsanweisung aller Akteure und der Letztverantwortung des Öffentlichen Trägers relativiert. Gleichwohl erscheint eine Politikformulierung und Politikkoordination im Klienteninteresse nicht voraussetzungslos gesichert. In systemtheoretischer Sicht ist das damit thematisierte sozialpolitische Koordinationsproblem ohnehin immer impliziert: Die Mitglieder des Systems (hier des engeren kommunalen Sozialsektors) gehören, mit der Gefahr gespaltener Solidaritäten, zu dessen Umwelt.

Festzuhalten ist damit an dieser Stelle somit zunächst, daß die Öffentlichen und Freien Träger die konstitutiven Strukturmerkmale der projektrelevanten Entscheidungsprozesse auf örtlicher Ebene bilden. Deren mögliche oder tatsächliche Beziehungen werden im Horizont des Korporatismussyndroms" unten systematisch dargelegt (II. 5.). Die folgenden Überlegungen konzentrieren sich also zunächst auf die Öffentlichen Träger der kommunalen Jugendpolitik, auf das politisch-administrative System des kommunalen Sozialsektors. Deutlich muß jedoch sein, daß, wenn im folgenden vom kommunalen bzw. lokalen Sozialsektor gesprochen wird, immer dessen doppelte Konstituierung durch Öffentliche und Freie Träger mitzudenken ist. Damit wird der gesetzlichen und faktischen Bedeutung der Freien Träger auf kommunaler Ebene entsprochen - ohne, dies sei noch einmal hervorgehoben, mögliche oder tatsächliche Konflikte zwischen diesen Akteuren auszublenden oder dort angesiedelte Handlungsdefizite auszuschließen. Vielmehr sind diese Aspekte explizit auch Gegenstand des Projekts.

Das Projekt zentriert zwar um den lokalen Sozialsektor, dies darf jedoch nicht voraussetzungslos zur Ausblendung anderer örtlicher Akteurssysteme führen. Sei es, weil diese als (mögliche, tatsächliche oder notwendige) (Mit-) Träger von Programmen gegenüber der Jugendarbeitslosigkeit bzw. deren Folgen agieren (können). Sei es, daß diese als Konkurrenten um die (knappen) kommunalen Ressourcen (Personal, Finanzen) auftreten. Ebenso ist von der Möglichkeit eines kommuneninternen Machtgefälles zu Lasten des öffentlich verantworteten Sozialsektors auszugehen. So sind die kommunalen Kämmereien und das Hauptamt ("Querschnittsämter") typische kommunale Machtzentren (dazu näher unten).

In diesem Sinne muß also u.U. das weitere kommunale politisch-administrative System - und nicht nur dessen Elemente des Sozialsektors - zum Untersuchungsgegenstand gemacht werden. Die für das politisch-administrative System begriffsbildende doppelte Dimension von "Politik" und "Administration" ist nach politikwissenschaftlichen wie Sozialpolitik-Diagnosen für die kommunale Ebene offenbar (noch) wichtiger als für die zentralstaatliche: Insbesondere hier wird der Einfluß der Verwaltung in der Vorbereitung und Durchführung von Entscheidungen gegenüber den nicht hauptamtlichen politischen Akteuren hoch bewertet. Im Sinne des "high-position approach" waren im Rahmen des Projekts damit als relevante Akteure nicht nur "politische" (über Wahlprozesse auf Zeit in ihre Ämter delegierte), sondern (gerade) auch "administrative" Akteure in die Untersuchungen bzw. Befragungen einzubeziehen. Beide Funktionsträger (wie auch die Spitzen der Freien Träger) gehören im Sinne des Projekts zu den kommunalen Eliten im Sozialsektor.

3.2. Zur Analyse kommunaler Machtstrukturen: Kommunale Eliten

Mit der obigen Bestimmung, daß kommunale Handlungsspielräume durch Umwelt-(Außenwelt-) Relationen wie durch die kommunale Binnenstruktur konstituiert werden, ist impliziert, daß eine kommunale Entscheidungsmacht existiert. Wer ist Träger dieser Macht, wie wird sie ausgeübt, wer bildet die "kommunale "Elite"?1 Im folgenden wird die kommunale Elite im Sinne einer "Funktionselite" verstanden. In Anlehnung an Max Weber ist dies die Personengruppe, die innerhalb angebbarer Sozialbeziehungen ihre Vorstellungen und Anweisungen durchzusetzen vermag (vgl. ähnlich Wildenmann 1968: XII; Laumann/Pappi 1977: 287). Wie deutlich, ist diese Formalbestimmung der Eliten, eben im funktionalen Sinne, von wertbestimmten Attributen gereinigt.

Im Rahmen der community-power-Forschung wurden drei Ansätze zur Bestimmung von Macht-/Entscheidungsträgern entwickelt: der Reputationsansatz (reputational approach), der Entscheidungsansatz (issue/decision-making approach) und der Formaleliten-Ansatz/Posi-

---

1) Dies waren die zentralen Fragen der (zuerst nordamerikanischen) community power-Forschung und ihrer (unentschiedenen) Kontroversen. Zum Inhalt und zur Geschichte dieser Dispute vgl. Zoll 1972.

tionsansatz (high-position approach). Alle drei Ansätze bieten methodische Vorzüge und Nachteile (vgl. zuletzt Gau 1984: 29 ff.).

Für das Projekt wurde daher mit zwei Forschungsansätzen gearbeitet, dem issue approach ("objektive" Erhebungsdimension) und dem high-position approach ("subjektive" Erhebungsdimension). Damit erscheint es möglich, die methodischen Vorteile beider Ansätze zu kombinieren - und zumindest teilweise ihre möglichen Nachteile zu kompensieren (dazu auch Arzberger 1980: 29 ff.). Generell ist an dieser Stelle allerdings anzumerken, daß mit dem Projekt nicht primär ein Beitrag zur community power-Forschung im engeren Sinne intendiert ist. Das Projekt zentriert vielmehr um die Krise wohlfahrtsstaatlicher Steuerungsmöglichkeiten angesichts eines gesellschaftlichen Problemsyndroms, der Jugendarbeitslosigkeit. Es thematisiert die Erweiterungschancen gesellschaftlicher Steuerungspotentiale durch sozialpolitische Dezentralisierungsstrategien. Die Aufnahme von analytischen Kategorien aus anderen Forschungsfeldern bzw. Forschungstraditionen (hier der community power-Forschung) geschieht damit durchaus selektiv, im Sinne eines bewußten, kontextbezogenen Eklektizismus. Angesichts vielfach diagnostizierter Grenzen oder gar Unfruchtbarkeiten traditioneller community power-Forschung (vgl. etwa Herzog 1982: 104 ff; Kevenhörster 1977: 28) scheint ein solches Vorgehen darüber hinaus legitim. So fordert Haasis (1979: 176), die gewisse Sterilität der überkommenen community power-Untersuchungen durch die "Verknüpfung der Analyse kommunaler Entscheidungsprozesse und Machtstrukturen mit Fragen der kommunalpolitischen Praxis" zu überwinden. Darin sieht er eine "Weiterentwicklung der lokalen Politikforschung von enormer Bedeutung". Das Projekt zielt, in der doppelten Analyse (auch) kommunaler Entscheidungsprozesse unter Anwendung des issue approach und des high-position approach, in diese von Haasis geforderte Richtung.

3.3. Administration und Politik: Wer repräsentiert die kommunale Macht?

Politikwissenschaftliche Befunde zur kommunalen Entscheidungsstruktur im Spannungsfeld von Politik und Administration konvergieren weithin in der Diagnose eines Machtvorsprungs der Verwaltung - mit gewissen Einschränkungen bzw. Modifikationen (zum Verhältnis von Rat und Verwaltung vgl. zusammenfassend Holler/Naßmacher 1979: 275 ff). Gleichsam strukturell sei die hauptamtliche, arbeitsteilig differenzierte und bereichsspezifisch zum Teil hoch professionalisierte Verwaltung dem ehrenamtlichen politischen Personal überlegen.

So verweist etwa das System der "Vorentscheider" (Banner 1972) auf die Existenz einer Spitzenelite. Die zuvor zur Identifizierung kommunaler Macht abstrakt formulierten Vorbehalte könnten sich hier möglicherweise konkret zeigen: Welche Macht repräsentierten die formal bestimmten Elite-Angehörigen (hier: des Sozialsektors) tatsächlich? Im Rahmen einer Pilot-Studie für das Projekt (Krüger/Matz 1985) wiesen in der Selbsteinschätzung die befragten Akteure des Sozialsektors diesem günstigenfalls einen mittleren Rangplatz im Geflecht kommunaler Machtbeziehungen bzw. kommunaler Prioritäten zu. Auch Arzberger geht nach seinen empirischen Erhebungen von der Existenz einer "Top-Elite" (1980:52) gegenüber den Teileliten einzelner Funktionsbereiche aus. Durch diese Spitzenakteure werden "bestimmte Pläne ganz einfach gekappt, gestrichen oder nachhaltig verändert". Eine Auswertung der vorhandenen empirischen Gemeindestudien bestätigt denn auch den hohen Zentralitätsgrad der Entscheidungsstruktur. In Anlehnung an Ueltzhöffer spricht Haasis (1979: 187) von einem "elitären Pluralismus", Kevenhörster (1977) von einer "hohen Machtdichte" zwischen Administration und Politik.

Damit waren für das Projekt nicht nur Fragen zu stellen nach dem Problembewußtsein der politisch-administrativen Teileliten des Sozialsektors, sondern auch nach deren Machtressourcen, bestimmte Konzepte gegenüber der Spitzenelite, den "Vorentscheidern", durchzusetzen. Angesichts deren Vetomacht steht somit auch das Problembewußtsein dieser Machtelite zur Debatte. Welche Handlungskalküle, problembezogen oder legitimationsbezogen, bestimmen deren Entscheidungen? Weiter ist implizit mit diesen letzten Hinweisen zugleich die obige Prämisse der Existenz von kommunalen Handlungsspielräumen bestätigt: Kommunales Handeln erscheint nicht völlig durch die kommunalen Umwelt-Systeme determiniert, sondern auch durch die jeweiligen lokalen Machtträger (mit-) bestimmt. Damit ist die Frage verknüpfbar, welches Gewicht politisch-administrativen Einzelpersönlichkeiten auf kommunaler Ebene zukommt. Zwar existieren unterschiedliche Einschätzungen dieses personalen Moments. Fürst (1975: 224 ff.) geht jedoch davon aus, daß durch "starke" Persönlichkeiten Freiräume lokalen politischen Handelns eröffnet werden können. Entsprechend unterscheidet er "sicherheits- vs. gestaltungsorientierte" Eliten. Pankoke/Becher (1985: 17) formulieren gar die These, daß kommunale Sozialpolitik "stark von exponierten Einzelpersonen" bestimmt werde - mit positiven oder negativen Konsequenzen für die (hier) sozialpolitische Klientel.

3.4. Zur Umweltperzeption und Umweltverarbeitung durch kommunale Eliten

Arzberger (1980: 94) resümiert seine empirischen Erhebungen über die kommunalen Eliten dahin, "daß es sich bei den Handlungen und bei Handlungsorientierungen dieses Personenkreises durchaus um ein identifizierbares, der Außenwelt gegenüber abgrenzbares System handelt".

3.4.1. Problemperzeption "Kommunale Handlungsspielräume"

Situationsinterpretationen steuern gemäß dem Thomas-Theorem die Handlungen. Nach den Erhebungen Arzbergers (1980: 68) ist mehr als die Hälfte der befragten kommunalen Akteure (Verwaltungsangehörige zu 75 v.H. ; Abgeordneten zu 63 v.H.; Sonstige zu 42 v.H.) der Ansicht, daß der kommunale Handlungsspielraum durch übergeordnete Ebenen (Bund/Land), durch Regionalverbände oder andere Kommunen "unangemessen eingeschränkt wird". Dabei kommt den finanziellen Restriktionen höchste Einzelbedeutung (58 v.H.) zu. Es folgen planungsbezogene (26 v.H.) und gesetzliche (16 v.H.) Restriktionen. Parteipolitisch wird die SPD als besonders sensibel in Bezug auf die Sicherung kommunaler Handlungsspielräume charakterisiert. Zugleich werden die Chancen der Kommunen, direkten oder indirekten "Einfluß auf Reformprogramme und Fördermaßnahmen" von Bund oder Ländern nehmen zu können, als "eher gering" eingeschätzt (Verwaltung: 75 v. H.; Vertreter von Institutionen: 42 v. H.; Ratsmitglieder: 63 v. H.).

3.4.2. "Strukturelle Macht und non decisions"

Arzberger (1980:66.) fragte ebenfalls nach der Existenz bzw. nach dem Einfluß von "struktureller" oder "Veto-Macht" auf kommunale Entscheidungsprozesse. Diese Dimension ist insbesondere im Horizont von möglichen Nicht-Entscheidungen (non decisions), die bei Anwendung des issue approach methodisch prinzipiell ausgeblendet sind (vgl. oben), wichtig. In den nach Größenklassen unterschiedenen Städten wurde auf die direkte Frage, ob es überhaupt "so etwas wie Veto-Macht gibt" unterschiedlich geantwortet. Die spezifischen, bereichsbezogenen Nennungen lassen jedoch "annehmen, daß mit der wachsenden Größenordnung der Städte und der zunehmenden Interdependenzen der kommunalen Aufgabenfelder auch die Zahl der als Veto-Macht potentiell in Entscheidungsprozessen eingreifenden Instanzen wächst" (Herzog 1982: 106).

Wichtig ist zu sehen, daß sich Veto-Macht in zweifacher Weise ausprägen kann (vgl. Bachrach/Baratz 1977; Offe 1977). Einmal als aktives oppositionelles Handeln gegenüber getroffenen oder geplanten Entscheidungen. Zum anderen als seitens der Entscheidungsträger internalisiertes Druckpotential. Im letzteren Fall werden Entscheidungen, die die (internalisierten) Interessen der jeweiligen Veto-Macht negativ berühren (können), nicht gefällt: non decision. In diesem Sinne werden kommunal mit hoher Priorität die "Erfordernisse der Wirtschaft" genannt. Arzberger hat somit die methodisch schwierig zu erfassenden non decisions hilfsweise als von den Akteuren perzipierte bzw. interpretierte "Sachzwänge" in der Kommune operationalisiert. 82 v.H. der Befragten sind danach der Ansicht, daß Sachzwänge "den Spielraum für politische Entscheidungen immer weiter einschränken" (wobei kaum Unterschiede zwischen den Interviewteilnehmern aus Politik, Verwaltung oder Wirtschaft existieren; zu weiteren Differenzierungen vgl. Arzberger 1980:66 f.).

3.4.3 "Steuerbarkeit des Systems"

Die Einschätzung des kommunalen Handlungsspielraums durch lokale Akteure hat Arzberger weiter mit der "generellen Einstellung" zur "Steuerbarkeit des Systems" zu kontrollieren versucht. Gefragt wurde, wie die kommunalen Eliten die Chancen beurteilen, "die von ihnen wichtig gehaltenen Probleme und Aufgabenstellungen politisch und wirtschaftlich in den Griff zu bekommen" (Arzberger 1980:90). Dabei wurde unterschieden zwischen (jeweils) stadtspezifischen Problemen und "allgemeinen Problemen" der Kommunalpolitik". Zwischen der Einstufung der Aufgabenrelevanz und der Einschätzung ihrer Steuerbarkeit gibt es bei den stadtspezifischen Problemen einen schwachen positiven Zusammenhang. Bei den allgemeinen Problemen der Stadt hingegen einen schwachen negativen Zusammenhang: "Je höher hier die Probleme in ihrer Wichtigkeit eingeschätzt werden, desto geringer werden sie gleichzeitig in ihren Bewältigungschancen veranschlagt" (Arzberger 1980:91). Interessant ist der Hinweis Arzbergers (1980:92) zu den (oben) bereits angesprochenen besonders exponierten Persönlichkeiten der kommunalen Elite. "Die jeweiligen Spitzenfiguren, die die Geschicke ihrer Stadt auch persönlich stärker als andere steuern, glauben auch häufiger, daß 'man' die Dinge in den Griff bekommen wird".

Die Interpretation kommunaler Handlungsspielräume durch die kommunalen Eliten verdeutlicht also insgesamt eine verbreitete Skepsis (mit der zitierten Ausnahme der Spitzenakteue vielleicht): Die kommunalen

Umwelten werden als (über-) mächtig eingeschätzt, die gegebenen (geringen) Einflußgewichte der Kommune als statische interpretiert. Dieses eher in Fatalismus- denn in Aufbruchskategorien zu fassende Selbstbild steht in deutlicher Spannung zu den sozialwissenschaftlichen bzw. sozialpolitik-theoretischen Hypothesen eines (künftigen) kommunalen Relevanzgewinns und der prinzipiell unterstellten dezentral höheren Problemsensibilität, Anpassungsfähigkeit und Innovationsbereitschaft gegenüber zentralstaatlichen Steuerungsinstanzen (vgl. I.). Allerdings werden, wie gezeigt, diese aktuellen Thesen zum kommunalen Relevanzgewinn nun vor dem Hintergrund krisenhafter Entwicklungen, neuer Formen bzw. Intensitäten politischer und kultureller Mobilisierung seit dem Ausgang der 1970er Jahre formuliert. Die zuletzt referierten Daten und Interpretationen zur kommunalen Entscheidungsstruktur und Entscheidungspraxis liegen dagegen wesentlich noch vor diesen realsoziologischen Wandlungsprozessen. Insbesondere der anhaltende dezentral anfallende Problemdruck und die (damit auch) unterstellte Loyalitätsgefährdung des politisch-administrativen Systems werden sozialwissenschaftlich denn auch seither (vgl. oben) als Bewegungsmomente (für sozial-) politische Innovationen thematisiert. Hier kann dieser Zusammenhang leider nur dahin erörtert werden, wieweit es legitim erscheint, von einem "lokalen legitimatorischen System" auszugehen - und wie die kommunalen Eliten dieses perzipieren und ihm gegenüber agieren.

4. Kommunale Eliten und lokale Öffentlichkeit: Gibt es ein lokales legitimatorisches System?

Oben (vgl. II.1-2.) wurde die sozialwissenschaftlich lange vorherrschende These, wonach der kommunalen Ebene <u>keine</u> Autonomiepotentiale und (damit) auch keine politische Qualität eigenen Rechts zuzusprechen sei, diskutiert. Dieser Befund wird doppelt begründet: In den materiellen (ökonomischen, fiskalischen) Abhängigkeiten <u>und</u> in der politisch-legitimatorischen Instrumentalisierung der Kommune zugunsten zentralstaatlicher Interessen. Der Zentralstaat hält danach die kommunalen Apparaturen gleichsam im Sinne einer Fiktion aufrecht, um sich vor legitimationsgefährdenden Ansprüchen und Konflikten zu schützen.

Daraus ergeben sich zumindest zwei Fragenkomplexe: Wie, erstens, perzipiert die lokale Öffentlichkeit das kommunale politisch-administrative System, welche Ansprüche werden an dieses explizit oder implizit herangetragen, welche an den Zentralstaat adressiert? Wird zwischen beiden Ebenen (bzw. drei: also Bund/Land/Kommunen) und worauf bezogen, unterschieden? Wie, zweitens, interpretieren in diesem Kontext auf der Gegenseite die kommunalen Eliten, das kommunale politisch-administrative System, die eigene Situation - und welche Handlungsstrategien folgen daraus? Kalkulieren sie ihr (welches?) Handeln in der Loyalitätsperspektive gegenüber dem kommunalen Publikum? Läßt sich dieses eventuell aufgabenspezifisch differenzieren? U.U. auch in dem Sinne, daß die Kommune selbst versucht, mögliche Loyalitätsbedrohungen durch Verweise auf zentralstaatliche Zuständigkeiten abzuwehren? Das wäre die Umkehrung der Argumentation Offes (vgl. I. 1.).

Die sozialwissenschaftliche Diskussion um die möglichen oder tatsächlichen Verknüpfungen zwischen dem lokalen versus dem zentralstaatlichen legitimatorischen System ist bisher nicht intensiv geführt worden (vgl. aber etwa Nelles (1977), der, im Anschluß an Offe und Habermas, von der Existenz auch eines lokalen legitimatorischen Systems ausgeht und im Horizont der Sicherung von Massenloyalität örtliche Leistungen der sozialen Infrastruktur spezifiziert). Allgemein wird unterstellt, daß die Bundes- und/oder Landesebene vom politischen Bürger wichtiger eingeschätzt wird als die kommunale Ebene. Als Indikator dafür wird auf die Wahlbeteiligung verwiesen, die in aller Regel bei Kommunalwahlen niedriger ist als bei Bundestags bzw. Landtagswahlen (vgl. Arzberger 1980: 165). Auch die These, daß die Bürger zwischen zentralstaatlichen, Landes- und kommunalen Behörden/Einrichtungen nur sehr begrenzt zu differenzieren vermögen, wird im Zweifelsfall als Beleg für deren zentralstaatliche Orientierung gesehen (vgl. Klages 1981:20/21; dazu näher auch unten). Bezogen auf die <u>kommunale</u> Elite resümiert Arzberger (1980: 23) seine empirischen Daten jedoch, daß es sich bei dieser "um einen - was die direkten Kontakte mit dem Bürger und ihren Zielvorstelungen anbetrifft - "unabhängig (und manchmal wohl auch selbstherrlich) agierenden" Personenkreis handelt. Dessen Handlungen und Handlungsorientierungen bilden "durchaus ... ein identifizierbares, der Außenwelt gegenüber abgrenzbares System" (Arzberger 1980: 94). Zugleich aber wird diese Aussage relativiert: Das System der Eliten bleibe doch "immer auch auf diese Außenwelt" bezogen.

Daraus ergibt sich die im Projektinteresse (wie allgemein für die Dezentralisierungsdebatte) wichtige Frage: Wie deckungsgleich oder wie diskrepant sind die Situationswahrnehmungen und die politischen Entscheidungen der lokalen Akteure einerseits und die Ansprüche, die Bedürfnisse der Bürger andererseits? Dieser Frage geht Arzberger nach. Abstrakter ist sie auch so zu formulieren: Wieviel und welche der (Umwelt-) Bedürfnisse des legitimatorischen Systems nimmt das kommunale politsch-administrative System, nehmen die lokalen Eliten auf? Handeln sie repräsentativ im Bevölkerungssinne oder ist etwa ein Schichtbias (vgl. zum Sozialprofil der kommunalen Eliten Gau 1984; allgemein dazu Luhmann 1971) identifizierbar? Kurz: Wie und mit welchen Folgen reduziert das kommunale administrativ-politische System Umweltkomplexität, wie selektiv agiert es?

In der Legitimationsperspektive resümiert Arzberger (1980: 165 ff.) seine empirischen Resultate dahin, die kommunale Ebene als <u>eine</u> Politikebene im vertikalen Politikgeflecht zu interpretieren und ihr zumindest in diesem Sinne auch Legitimationsrelevanz zuzusprechen. Dies gelte auch dann, wenn die kommunale Ebene, im Sinne Offes, eher als "Puffer- und Filterzone" für den Zentralstaat interpretiert wird. Insgesamt sieht Arzberger seitens der Bevölkerung gegenüber dem kommunalen politisch-administrativen System eher "systembejahende" als "systemkritische" Einstellungen. Er neigt dazu, die lokale Legitimationsthematik schichtspezifisch zu differenzieren. Legitimationsdefizite sieht er, soweit überhaupt gegeben, eher bei Mitgliedern oberer Sozialschichten. Unterschichtangehörige seien, bei einem insgesamt niedrigeren Forderungs- (Anspruchs-) Niveau, durch ein generalisiertes Vertrauen in die lokale politisch-administative Führung gekennzeichnet. Wie erwähnt, wurden die Befragungen Arzbergers zwischen 1975 und 1978 durchgeführt. Dieser frühe Erhebungszeitraum könnte, insbesondere bezogen auf die Arbeitslosigkeit, einige Aussagen zur relativen Zufriedenheit mit dem kommunalen politisch-administrativen System beeinflussen. So wurden in einer Repräsentativbefragung im Januar 1983 auf die Frage nach dem jeweiligen Aktivitätsniveau verschiedener öffentlicher und gesellschaftlicher Institutionen gegenüber der Arbeitslosigkeit stark und sehr stark negative Aussagen formuliert (vgl. Bundesminister für Arbeit und Sozialordnung 1983: 75). Von den öffentlichen Institutionen wurde die Bundesregierung am schlechtesten (61 v.H. negative Nennungen) eingeschätzt. Die Landesregierungen (57 v.H.) und die Kommunen (55 v.H.) folgen aber dicht auf. Nur 40 v.H. der Befragten waren der Meinung, daß die Kommunen das "Notwendige und Mögliche" gegen die Arbeitslosigkeit tun.

Unabhängig davon, wieweit diese Einschätzungen "objektiv richtig" - gemessen auch an den realen Handlungsmöglichkeiten der verschiedenen politischen Ebenen - sind, bleiben die Resultate in der allgemeinen Legitimationsperspektive doch interessant: Die Öffentlichkeit nimmt offenbar das kommunale politisch-administrative System als vom Zentralstaat und vom Land abgegrenzte Handlungseinheit wahr - und deren Handeln wird dort bezogen auf das Problem der Arbeitslosigkeit überwiegend negativ bewertet.

5. Der kommunale Sozialsektor: Ein neokorporatistisches Syndrom?

Die Formierung zu korporatistischen Verhandlungs- und Entscheidungssystemen wird sozialwissenschaftlich im Thesen-Kontext der "Regierbarkeit"/"Unregierbarkeit" komplexer, spätkapitalistischer Gesellschaften verortet. So spricht Schmitter (1979: 106) - und dies zugleich in deutlicher Distanz von der Unregierbarkeitsthese - von "relativer Regierbarkeit". Er sieht hier Probleme weniger im Sinne einer unüberbrückbaren Differenz zwischen der Gesamtsumme gesellschaftlicher Ansprüche, die an das politisch-administrative System herangetragen werden, einerseits und der staatlichen Befriedigungschancen dieser Ansprüche andererseits. Diese Differenz sei immer gegeben (und immer gegeben gewesen). Diese Kluft werde entweder durch physische Gewalt oder durch symbolische Manipulation gefüllt. Relative Regierbarkeit sieht er dagegen als "Ergebnis jenes aus einer Vielzahl von Einzelteilen bestehenden Prozesses, wodurch potentielle Ansprüche und Anforderungen identifiziert, zu Paketen geschnürt, eingebracht und in politische Programme umgesetzt werden" (Schmitter 1979: 106/107). Entsprechend lautet Schmitters Folgerung, daß "politische Systeme, in denen Interessen durch formale Vereinigungen hindurchgeschleust werden, die die größte Vielfalt potentieller Interessen mit einem national verzweigten Geflecht von Organisationen vertreten, die einen maximalen Prozentsatz der potentiell Betroffenen als Mitglieder erfassen, deren Beziehung zum Staat monopolistisch, spezialisiert und hierarchisch sind und auf unauffällig-verschwiegene Zusammenarbeit basieren, (diese) sollten eher regierbar, stabil und effektiv sein - zumindest kurzfristig unter den Bedingungen heutiger Regierungstätigkeit" (Schmitter 1979: 133).

Vielfach wurde die Korporatismusthese primär oder gar ausschließlich auf die Bundesebene bezogen. In der jüngeren und jüngsten Diskussion wird dagegen das korporatistische Politikmodell als im Prinzip auf alle Politikebenen (Bund, Länder, Gemeinden) übertragbar behauptet. Eine Fixierung nur auf die Bundesebene wird vielmehr jetzt als theoretisches und empirisches Defizit bewertet. Insbesondere für den kommunalen Sozialsektor wird gleichsam die exemplarische Existenz eines korporatistischen Syndroms unterstellt (Thränhardt 1981: 6 ff). Im folgenden soll versucht werden, den kommunalen Korporatismus im Sozialsektor anhand der Schmitterschen Definitionskriterien in seinen wesentlichen Strukturmerkmalen analytisch und diskursiv aufzuschließen.

Nach der Definition Schmitters (1979: 96 f.) sind korporatistische Systeme dadurch gekennzeichnet, daß sie (1) aus einer begrenzten Anzahl singulärer Zwangsverbände bestehen, die (2) nicht miteinander im Wettbewerb stehen, (3) über eine hierarchische Struktur verfügen, (4) nach funktionalen Aspekten voneinander abgrenzbar sind, (5) über staatliche Anerkennung und Lizenz verfügen und (6) ihnen für ihren Vertretungsbereich ein Repräsentationsmonopol eröffnet wurde, (7) wofür sie als Gegenleistung bestimmte Auflagen bei der Auswahl des Führungspersonals und bei der Artikulation von Ansprüchen oder Unterstützung zu beachten haben. Dabei muß deutlich sein, daß das Korporatismuskonzept weniger ein starres Beziehungsmuster zwischen staatlichen und verbandlichen Akteuren, sondern eine Handlungslogik zu beschreiben beansprucht. Diese Handlungslogik ist projektspezifisch knapp zu konkretisieren.

Die Freien Träger der Kommunalen Sozialpolitik haben sich "nahezu vollständig" den sechs Spitzenverbänden der Freien Wohlfahrtspflege zugeordnet (vgl. Dörrie 1980: 291; Bauer 1985). Es sind dies die Arbeiterwohlfahrt, der Deutsche Caritasverband, der Deutsche Paritätische Wohlfahrtsverband, das Deutsche Rote Kreuz, das Diakonische Werk der Evangelischen Kirche in Deutschland (früher: Innere Mission) und die Zentralwohlfahrtsstelle der Juden in Deutschland. Diese Spitzenverbände wiederum sind auf der Bundesebene in einer zentralen Organisation, der "Bundesarbeitsgemeinschaft der Freien Wohlfahrtsverbände", Bonn, zusammengeschlossen. Die aus dem verfassungsrechtlich geschützten Subsidiaritätsprinzip folgende Privilegierung der Freien Träger der Wohlfahrtspflege wird damit kommunal gleichsam doppelt wirksam: Zum einen darin, daß (gemäß der Grundannahmen der Korporatismusthese) die Spitzenverbände schon an der Vorbereitung entsprechender Gesetze auf der Bundesebene (oder Landesebene) beteiligt waren (dazu Domscheit et al. 1980: 189 f.) - und nun auch, zweitens, "vor Ort", an deren Um- und Durchsetzung mitwirken. Die mit dem Subsidiaritätsgrundsatz postulierte Nachrangigkeit des öffentlichen Engagements im kommunalen Sozialsektor (§ 93 BSHG; § 5 JWG) ist jedoch gesetzlich zugleich mit der Zuschreibung einer Letztverantwortlichkeit des öffentlichen Trägers für ein "ausreichendes" sozialpolitisches Engagement relativiert. Korporatismustheoretisch gesprochen sind damit die Öffentlichen und Freien Träger des kommunalen Sozialsektors gesetzlich in ein Konnubium gezwungen. Die Schmitterschen Definitionskriterien einer begrenzten Anzahl singulärer Zwangsverbände (1), die über eine staatliche Anerkennung (5) und ein Repräsentationsmonopol (6) verfügen, sind erfüllt.

5.1. Zur Funktion und Relevanz der Freien Träger im Bereich Kommunaler Jugendpolitik

Aus dem breiten Tätigkeitsspektrum der Freien Träger ist hier - projektorientiert - nur der jugendpolitisch relevante Bereich näher darzustellen (zum Aufgabenfeld der Freien Träger vgl. "Gesamtstatistik der Einrichtungen der Freien Wohlfahrtspflege" 1981; Gernert 1984; Bauer 1985: 177 ff.). So waren im Jahr 1979 87 v.H. der Jugendverbandsheime/Jugendgruppenheime und 59 v.H. der Jugendfreizeitstätten (HdJ, HOT u.ä.) verbandlich organisiert. Diese Zahlen belegen - hier zunächst nur quantitativ verstanden - die zentrale Rolle, die den Freien Trägern im Horizont auch der "offenen" kommunalen Jugendpolitik generell und zugleich im Rahmen des Projektinteresses zukommt: Sie kontrollieren wesentliche Teile der örtlichen jugendpolitischen Infrastruktur. Sozialwissenschaftliche Einschätzungen konvergieren nun dahin, wesentliche, positiv besetzte Grundpositionen des verbandlichen Selbstverständnisses in deutlicher Spannung zur Realität zu sehen - und damit zugleich wichtige Dezentralisierungserwartungen eher skeptisch zu beurteilen (vgl. etwa Bauer 1985). Die Kritik zentriert dabei um die entgegengesetzten Begriffspaare Ehrenamtlichkeit und

Initiativfunktion versus Professionalisierung und Bürokratisierung sowie pluralistisches Leistungsangebot versus Angebotskartell (vgl. etwa Bauer 1985: 189).

5.1.1 Ehrenamtlichkeit und Initiativfunktion oder Professionalisierung und Bürokratisierung?

Das Strukturprinzip der Ehrenamtlichkeit hat im Selbstverständnis der Freien Träger eine mehrfach positive Funktion. Es soll zum einen mit der Rekrutierung von Laien ein basis- (klientennahes) und (damit) bedürfnisorientiertes Hilfssystem realisieren und so zugleich eine bürokratisch-inflexible Organisationsstruktur, mit ihrer Tendenz zur Klientendistanz, vermeiden helfen wie ein kostengünstig arbeitendes Hilfssystem erzeugen. Zwar existieren nur begrenzt aktuelle Informationen über das ehrenamtliche Hilfspotential bei den Freien Trägern. Aber die wissenschaftliche Einschätzung dominiert, daß dieses Element sowohl quantitativ rückläufig wie auch hinsichtlich seines verbandsinternen Status und (damit) seiner Einflußchancen gegenüber der von hauptamtlich-professionellen Mitarbeiter bestimmten Organisationsrealität eher schwach ist (zu Zahlenangaben Thürnau 1980: 111; Bauer/Storz 1980: 85 f.).

Es erscheint darüber hinaus plausibel, wenn davon ausgegangen wird, daß das ehrenamtliche Engagement räumlich, zeitlich und sozial sehr ungleich verteilt ist. Traditionsgemäß ist die ehrenamtliche Hilfe primär eine solche der Mittelschicht gewesen. Vor diesem Hintergrund formulieren Olk/Otto (1981: 138) die These, daß hier eine Tendenz existiere, wonach das ehrenamtliche Hilfspotential "überall dort unterdurchschnittlich" vertreten ist, wo es "überdurchschnittlich gebraucht" würde. Dies ist eine These von der angenommen werden darf, daß sie im Horizont des gegebenen Projekts bestätigbar ist, in jedem Fall der Erörterung bedarf. Gerade auch im Horizont der Korporatismusthese wird vielmehr von einer faktischen Angleichung der Organisationsrealität Freier Träger an die der staatlichen Sozialpolitik ausgegangen. Dies sowohl hinsichtlich der bürokratisch-hierarchischen Organisationsformen - das Schmittersche Definitionskriterium (3) - wie der Ausprägung zu dominant professionell gesteuerten Hilfesystemen. Heinze/Olk (1981: 110) sehen diesen Angleichungsprozeß spätestens seit Anfang der 60er Jahre. Dabei ist (zunächst) diese Feststellung durchaus neutral zu formulieren. Die theoretisch und empirisch wichtige Frage ist, ob und wieweit Großorganisationen (und zu diesen sind die Freien Träger - auch im Sinne des Korporatismussyndroms - ja geworden) überhaupt einer anderen als der bürokratisch-professionellen Systemlogik folgen <u>können</u>. Daß zudem der Aufbau bzw. der Ausbau bürokratischer Organisationsmaximen den Erfolg verbandlichen Handelns im Sinne eines korporatistischen Kartells erhöht, ist organisationstheoretisch plausibel.

Die bürokratisch-professionelle Organisation des kommunalen Sozialsektors - gleich ob verbandlich oder staatlich verfaßt bzw. ein doppelt gestütztes korporatistisches System bildend - zeitigt jedoch sozialpolitisch problematische Wirkungen, wenn diese tatsächlich als kontraproduktiv bzw. innovationsfeindlich im Sinne des Klienteninteresses zu interpretieren sind. Der lokale Aufstieg der Selbsthilfe-Bewegung, der ja außerhalb und z.T. auch explizit gegen verbandliche Akteure erfolgte, wird denn auch verbreitet in diesem Sinne interpretiert. Jedoch wird andererseits ebenso die Behauptung eines strukturellen Angleichungsprozesses von staatlichen und verbandlichen Organisationen der Sozialpolitik relativiert: Bei letzteren sei "noch immer ein nicht zu unterschätzendes Potential an ehrenamtlicher Mitarbeit, unentgeltliches Engagement und situative Verflechtungen mit Gemeindestrukturen" (Heinze/Olk 1984: 175) gegeben.

Diese (zumindest partiellen) Widersprüche in der wissenschaftlichen Diagnose wie auch der unbestimmte Sprachgebrauch reflektieren offensichtlich die oben abstrakt gekennzeichnete prekäre empirische Forschungslage. Zuletzt hat Bauer diese Intransparenz zumindest <u>indirekt</u> in zwei Untersuchungsschritten zu reduzieren versucht. Zum einen konstatiert er in einer

Analyse der Aufgabenfelder der Freien Träger eine starke Konzentration auf stationäre und teilstationäre Hilfen (dies auch für "generationsspezifische Probleme", also auch für die projekt-relevante jugendliche Problemgruppe): "Die Konzentration der "Freien" auf teilstationäre und stationäre Hilfen für generationsspezifische Probleme und der hohe Anteil, welcher dabei die Betriebs- und Personalkosten haben, lassen es wenig wahrscheinlich erscheinen, daß sie in der Lage sind, flexibel auf den zunehmenden sozialen Problemdruck zu reagieren, der die lokale Sozialpolitik herausfordert, und das entsprechende Arbeitsfeld auszubauen. Der Vergleich der Arbeitsfelder, ihres unterschiedlichen Umfangs und ihrer ungleichmäßigen Entwicklung ist ein erstes Indiz für das starke und wenig problemadäquat erscheinende System der "Freien Wohlfahrtspflege" (Bauer 1985: 182).

Für das hier gegebene Projekt muß jedoch dieses Argument Bauers differenziert werden. Wenn und soweit davon auzugehen ist, daß die existierenden Einrichtungen der Offenen Jugendhilfe (Jugendheime, HOT, Beratungsstellen etc.) Kristallisationspunkte, Stützpunkte jugendpolitischen Engagements für Arbeitslose sind oder seien können, ist die Einbindung sozialpädagogischen Personals in diese "stationären" Einrichtungen nicht grundsätzlich problematisch. Die Untersuchungsfrage lautet dann jedoch, wieweit in und mit diesen bestehenden Einrichtungen spezielle, zielgruppenorientierte sozialpolitische Programme für (hier) arbeitslose Jugendliche durchgeführt wurden bzw. durchgeführt werden.

Die Bauersche Skepsis kann jedoch dann und dort auch für das gegebene Projekt zutreffen, wo unterstellt werden muß, daß arbeitslose Jugendliche nicht (voraussetzungslos) in die Arbeit der existierenden Institutionen offener bzw. teiloffener Jugendhilfe einbezogen werden können (Zugangsbarrieren etc.). Hier müßten dann spezielle Hilfsformen, z.B. sozialarbeiterisches street work, ansetzen. Es müßte also die jugendpolitische Routine, die Bauer im Blick hat, durch zusätzliches und/oder flexibel einsetzbares Personal durchbrochen werden (vgl. dazu für Duisburg, wie generell Opaschowski 1976).

Diese Bemerkungen leiten über zur Analyse des Mitarbeiterpotentials der Freien Träger; sie scheinen eher eine skeptische Einschätzung auch für das Projekt zu stützen. Bauer analysiert (1985: 182 ff.) das Mitarbeiterpotential (neben den schon angesprochenen ehrenamtlichen Helfern), indem er verschiedene Tätigkeitsfelder der Freien Träger und deren jeweilige personelle Ausstattung, differenziert nach Vollzeit- und Teilzeitbeschäftigten, in Beziehung setzt:

Danach sind "die meisten hauptamtlich Beschäftigten im Aufgabenfeld 'Gesundheitswesen, Behindertenhilfe und Rehabilitation' tätig ... Hier ist mit 81,39 % auch der höchste Anteil von Vollzeitbeschäftigten unter den Hauptamtlichen zu verzeichnen. Im Aufgabenfeld 'Familienhilfe und -ersatz' sind mit 28,99 % die meisten Teilzeitbeschäftigten vertreten, anteilig fast so viele wie im Aufgabenfeld 'Soziale Gefährdetenhilfe' mit 30,08 %. Insgesamt beschäftigt das Arbeitsfeld zur sozialen Integration und Resozialisierung die wenigsten Hauptamtlichen (= 4,47 %; bereinigt nur 2,32 % aller Hauptamtlichen bei den 'Freien Trägern'). Dies und der hohe Anteil Teilzeitbeschäftigter - bereinigt fast ein Drittel" - deutet nach Bauer auf eine Schwäche des personellen Leistungspotentials der Hauptamtlichen im Felde der 'klassischen Sozialarbeit' hin. "Die lokale Sozialpolitik kann deshalb bei dem in diesem Bereich anstehenden Problemen wenig Erwartungen in das professionelle Leistungsvermögen der Wohlfahrtsverbände setzen" (Bauer 1985: 183/184).

Schließlich werden von Bauer weitere indirekte Schlußfolgerungen hinsichtlich des personellen Leistungspotentials der Freien Träger dadurch zu gewinnen versucht, indem er die Gruppe der hauptamtlich Tätigen danach unterscheidet, wieweit diese "unmittelbar" (vor Ort) oder "organisationell vermittelt" mit der jeweiligen Klientel in Berührung kommen. Zwar erlauben die hier verfügbaren Informationen keine prozentuale Aufteilung. Bauer (1985: 184) geht jedoch davon aus, daß im Zuge des verbandlichen Bürokratisierungsprozesses die Gruppe der nur mit "organisationell vermittelten" Klientenkontakten befaßten hauptamtlich Tätigen gewachsen ist.

5.1.2. Pluralistisches Leistungsangebot oder Angebotskartell?

Als zweiten Kristallisationspunkt der Diskussionen um den Kommunalen Sozialsektor - im Horizont der Korporatismusthese - wurden oben die Debatten im Spannungsfeld von "pluralistischem Leistungsangebot" versus "Angebotskartell" unterschieden. Nach dem Subsidiaritätsgrundsatz, der, wie gezeigt, verfassungsrechtlich abgestützt, die ordnungspolitische Grundlage der Arbeit der Freien Träger bildet, sollen diese sowohl ein aufgabenbezogen wie weltanschaulich vielfältiges, "pluralistisches" Leistungsangebot bereitstellen. Dahinter steht die konservativ-liberale Idee einer Zurückdrängung der zentralen (staatlichen) Steuerungsgewalt zugunsten altruistischer Hilfe bzw. eines (Markt-) Wettbewerbs um (sozialpolitische) Klienten durch Produktdifferenzierung. Ebenfalls sind von der Idee her hier unschwer die Momente der Innovation und der Flexibilität als erwünschte Kennzeichen des Subsidiaritätsgrundsatzes zu interpretieren.

Diese Idee wird jedoch durch das Korporatismussyndrom - wenn es existiert - unterlaufen oder doch (wie stark?) geschwächt. Wie oben erläutert, ist das korporatistische Syndrom essentiell in einem quasi-exekutiven Zusammenschluß von staatlichen und verbandlichen Akteuren bestimmt, indem gemeinsam politische Ziele formuliert, Programme koordiniert und administrativ umgesetzt werden. Die Frage nach einer "pluralistischen Angebotsstruktur" stellt sich damit zweifach:
(1) Wieweit vermag die begrenzte Anzahl von Freien Trägern (sechs Spitzenverbände im Sozialsektor, vgl. oben) dem Pluralismusgebot prinzipiell gerecht zu werden? Wieweit <u>können</u> diese Verbände die Vielfalt der inhaltlichen Bedürfnisse und Interessen wie der normativ-weltanschaulichen Orientierungen in der Bevölkerung angemessen widerspiegeln und aufnehmen?

(2) Wieweit ist - auch bei der Beschränkung auf die existierenden sechs Spitzenverbände - das weltanschauliche und leistungsbezogene Pluralismusmerkmal (noch) gegeben, wenn, gemäß der Korporatismusprämisse, die jeweilige sozialpolitische Programmatik als Ergebnis eines Aushandlungsprozesses innerhalb dieses Kartells zu bewerten ist? Zum einen ist dabei die Annahme zumindest plausibel, daß der Verhandlungsoutput normativ-weltanschauliche Posititionen tendenziell nivelliert, indem und soweit das korporatistisch gewonnene Politikresultat als kompromißhafter Einigungspunkt zwischen den Verhandlungspartnern anzusehen ist. Zum anderen ist die Frage, wieweit (hier die kommunale) Sozialpolitik inhaltlich überhaupt Raum läßt (in welchen Bereichen, mit welchen Konsequenzen?) für weltanschaulich-normative Optionen. Solche Optionen können zweifach wirksam sein bzw. aktualisiert werden: In verbandlichen Entscheidungen, bestimmte (sozialpolitische) Aufgabenfelder zu besetzen (nicht zu besetzen) oder in der jeweiligen normativen Aufladung im Vollzug bestimmter Leistungen (zur Illustration dieses mehrschichtigen Zusammenhangs vgl. die Kontroversen über die "Frauenhäuser").

Beide hier unterschiedenen Hauptfragen sind nunmehr näher zu erörtern.

5.1.2.1. Zur Repräsentativität der Interessenvermittlung durch Freie Träger

Bauer (1985: 192) glaubt, die Realität des Kommunalen Sozialsektors dahingehend beschreiben zu können, daß die Freien Träger eine <u>einseitig</u> mediatisierende Rolle zwischen den staatlichen Akteuren und den Betroffenen spielen: Die Freien Träger "selektieren und filtern" - und entsprechen insoweit der Funktion, die ihnen korporatismustheoretisch (auch) zugesprochen wird: Die Abschottung des politischen Systems gegenüber Basisforderungen <u>und</u> die Verteidigung und Durchsetzung korporatistisch getroffener Entscheidungen gegenüber der Basis (vgl. oben; auch Definitionskriterium (7)). Verfehlt wird nach dieser Diagnose die Idee eines demokratisch-pluralistischen, flexiblen Vermittlungsprozesses von Basisbedürfnissen an das politische System. Heinze/Olk (1981: 6) sehen dagegen zwar auch einen "Block mächtiger Wohlfahrtsorganisation", charakterisieren das kommunale sozialpolitische Feld gleichwohl noch als "pluralistischen Sektor", der Raum für "lokale Initiativen" lasse. Auch zu diesen unterschiedlichen Einschätzungen soll das Projekt möglichst empirisch gestützte Informationen liefern. Verbreitet wird jedenfalls die Existenz der sozialpolitischen Selbsthilfebewegung auf lokaler Ebene kritisch als Bestätigung eines Verlustes an pluralistischer, offener Organisationen des Sozialsektors gewertet.

5.1.2.2. Zum normativen Pluralismus der Freien Träger

Dazu wurde schon zuvor gefragt, wieweit - gerade unter der Prämisse des korporatistischen Syndroms - die Freien Träger sich noch (primär) auf weltanschauliche Grundüberzeugungen zu berufen vermögen, präziser: wieweit solche Grundüberzeugungen inhaltlich-programmatische Richtschnur des Handelns (noch) sein können. Mit ihrer Einbindung in korporatistische Entscheidungs- und Vollzugskartelle, also mit ihrer faktischen Übernahme gesamtgesellschaftlicher, häufig flächendeckender Steuerungsleistungen (dazu Heun 1981: 144) muß sich (u.U.) wesentlich das weltanschaulich-normative Element verflüchtigen. Das früher ehrenamtliche Engagement eines Vereins von Laienhelfern (was die Träger historisch wesentlich waren) wird jetzt in seiner Leistungsfähigkeit strukturell, quantitativ und qualitativ, überfordert. Die faktische Verrechtlichung des Sozialsektors begünstigt oder fordert die bürokratische wie die professionelle Organisationsmaxime - und schleift zugleich historische wie normative Besonderheiten ab. Die Entwicklung von einfach strukturierten Vereinen zu komplexen, hierarchisch aufgebauten Großorganisationen fördert - im Sinne Luhmanns - die Merkmale der verbandlichen Zweckdifferenzierung, Zweckspezifität und Zweckmotivation (dazu Heinze/Olk 1981: 100).

5.1.2.3. Zur Binnenstruktur des kommunalen Korporatismus

Was aber bedeutet dies für die Beziehung der Verbände untereinander und gegenüber dem öffentlichen Träger, also für die Binnenstruktur des korporatistischen Kartells? Das Schmittersche Definitionskriterium (2) beschreibt das Beziehungsmuster zwischen den staatlichen und Freien Trägern als nicht durch Wettbewerb gekennzeichnet. Die eben formulierten Überlegungen hinsichtlich der Tendenz zur Entleerung normativ-weltanschaulicher (Konkurrenz-) Prinzipien erscheint im Sinne dieses Definitionsmerkmals wirksam. Real ist diese Tendenz geworden, wenn die Träger konsensuell untereinander aufgaben- und/oder adressatenspezifische Reservate abstecken und sich auf diese, ihre jeweiligen Domänen (Levin/White 1961), zurückziehen. Am Beispiel der Betreuung von ausländischen Arbeitnehmern - ohne das diese darauf einen Einfluß gehabt hätten - belegt Thränhardt (1981) dieses kooperative Muster eines korporatistischen Konsenses (Definitionskriterium (4)) .

Gleichwohl kennzeichnet offenbar Nicht-Wettbewerb die Beziehungen zwischen den Akteuren nicht vollständig bzw. nicht für alle Aufgabenfelder. So ist davon auszugehen, daß die - ja staatlich wesentlich alimentierten - Verbände untereinander um die Anteile an dieser Alimentierung konkurrieren (zur Finanzierung der Freien Träger zuletzt Bauer 1985: 186 f.) Im Lichte der Organisationsinteressen, des Organisationserhalts, der Organisationsausweitung, gerade auch in Zeiten knapper werdender fiskalischer Ressourcen, können sich Kooperationsbeziehungen in Konflikt- oder doch Konkurrenz-Konflikt-Beziehungen wandeln. Heinze/Olk (1984: 182 f.) gehen hier soweit zu behaupten, daß die Freien Träger Aufgaben nicht gemäß ihrer jeweiligen Leistungsfähigkeit, sondern "nach den in Aussicht stehenden langfristigen monetären und nichtmonetären benefits" übernehmen. Damit setze sich prekärerweise und begünstigt durch die starke Politikfragmentierung und Verwaltungssegmentierung des kommunalen Sozialsektors (vgl. Krüger 1985) die sozialpolitische Aufgabenzuweisungen bzw. Aufgabenübernahme "quasi naturwüchsig und nicht nach Maßgabe politischer Gütekriterien und inhaltlicher Konzepte" (Heinze/Olk 1984:182) durch.

Grundsätzlich ist jedoch nicht auszuschließen, daß traditionelle, normative Grundmuster in mehr oder minder ausgeprägten Restformen auch in der Gegenwart Konflikt- vs. Kooperationsbeziehungen begünstigen. Empirisch auffindbar sind in einzelnen Kommunen Zusammenschlüsse Freier und/oder Öffentlicher Träger zu "Arbeitsgemeinschaften" hinsichtlich bestimmter Aufgaben. In anderen Kommunen finden sich diese nicht. Offen ist, wieweit daraus auf Kooperations- bzw. Konkurrenz- oder gar Konfliktmuster geschlossen werden kann. So sieht Heun (1981: 144), ein Mitarbeiter eines Freien Trägers, angesichts fiskalischer Probleme, eine wachsende Tendenz zur lokalen und überregionalen Planung, von denen nach seiner Einschätzung die Freien Träger "jedoch zumeist ausgeschlossen" bleiben. Er fordert zugleich, daß sich die Freien Träger "die Fähigkeit zur Planungsmitwirkung weithin erst noch aneignen" müssen. Korporatismustheoretisch übersetzt heißt dies: Sie müssen den staatlichen sozialpolitischen Bürokratien ähnlicher werden! Von dieser Charakterisierung nimmt er jedoch den kommunal traditionsreichen Sektor der (projekt-relevanten) Sozial- und Jugendhilfe aus, hier seien "beide Partner (gemeint sind Öffentliche und Freie Träger, d.V.) miteinander vertraut". Dörrie (1973: 140) glaubt dagegen, ein "Grundspannungsverhältnis" zwischen Öffentlichen und Freien Trägern zu erkennen. Tatsächlich ist jedoch im gesetzlich vorgeschriebenen Jugendwohlfahrtsausschuß diese Zusammenarbeit zumindest formell institutionalisiert. Der Jugendwohlfahrtsausschuß erscheint als besonders eindringlicher Beleg eines kommunalen Korporatismus. Für diesen Ausschuß sieht Thränhardt (1981: 16) das "Prinzip demokratischer Wahlen" relativiert; innovatorische und intersektoral verändernde Politikinhalte "entscheidend behindert." Auch aus diesem Grund hat innerhalb des Projektes die Untersuchung des Jugendwohlfahrtsausschusses einen prominenten Platz (vgl. III.4).

5.2. Zum Leistungsvermögen und zur Zukunft des korporatistischen Politikmodells im kommunalen Sozialsektor

Die bisherigen Darlegungen haben - im Lichte der Schmitterschen Definitionskriterien - wesentliche Belege dafür zusammengetragen, daß der kommunale Sozialsektor als korporatistisches Politikfeld charakterisierbar erscheint. Angesichts der prekären sozialwissenschaftlichen Forschungslage sind die hier herangezogenen sozialwissenschaftlichen Thesen jedoch nur teilweise durch empirische Daten gestützt. Vielfach dominieren eher Impressionen und Plausibilitätsargumente. Widersprüchliche Einschätzungen illustrieren dies. Verschärft wird diese Unbestimmtheit darin, daß realiter der kommunale Sozialsektor ein äußerst heterogenes Politikfeld umschließt. Sowohl hinsichtlich der jeweils beteiligten Akteure, der Organisation der Entscheidungsprozesse und der Implementationsbedingungen können sich die konkreten Sektoren der kommunalen Sozialpolitik sehr unterscheiden - und, gemessen an den Bedürfnissen der jeweiligen sozialpolitischen Klientel, auch möglicherweise unterschiedlich leistungsfähig darstellen. Gleichwohl ist deutlich geworden, daß insgesamt - und im Interpretationshorizont der Korporatismusthese gleichsam konzentriert - heute eher die Negativdiagnosen hinsichtlich des Leistungspotentials des dezentralen Politikfeldes "kommunaler Sozialsektor" überwiegen.

Ein solches Fazit kontrastiert deutlich mit dem sozialwissenschaftlichen und politischen Postulaten, die in sozialpolitischen Dezentralisierungsstrategien wesentliche Leistungsreserven für einen Umbau der wohlfahrtsstaatlichen Systeme sehen (vgl. I.). Unter den Bedingungen des korporatistischen Syndroms - wenn es die kommunale Realität wesentlich richtig beschreibt - erscheinen die mit dem (traditionellen) Subsidiaritätsprinzip intendierten funktionalen Merkmale wesentlich verfehlt. Mit den diagnostizierten Anpassungsprozessen Freier Träger an das staatliche politisch-administrative System im Sinne bürokratisch-professioneller und komplex strukturierter Zweckverbände sind sie von der generellen Wohlfahrtsstaatskritik klientenferner, unflexibler, innovationsfeindlicher Herrschaftsinstanzen nicht mehr auszuschließen.

Im Lichte solcher Befunde erscheint (auf den ersten Blick) eine grün-alternative Sozialstaatskritik konsequent, wenn sie <u>auch</u> den kommunalen Sozialsektor (und hier unterschiedslos dessen öffentliche wie verbandliche Akteure) einschließt (vgl. zuletzt Evers/Opielka: 1985). Sozialpolitische Selbsthilfe-Strategien werden denn dort auch, wie oben verschiedentlich schon berührt, nicht nur als gleichsam manifeste Kritik an staatlichen Instanzen <u>und</u> den Repräsentanten der traditionellen Subsidiarität verstanden, sondern als normativ geladene Fixpunkte einer (künftigen) "ökosozialen" Sozialpolitik vorgetragen (Evers/Opielka 1985). Für das gegebene Projekt erscheint es jedoch forschungsstrategisch angemessener, die Frage nach der Leistungsfähigkeit bzw. nach den Leistungsgrenzen etablierter und neuer sozialpolitischer Akteure offen zu stellen: Am Beispiel der Jugendarbeitslosigkeit ist dann das jeweilige Handlungspotential (die Problemlösungskapazität) zentralstaatlicher, föderaler (hier: Land NRW), kommunaler und selbstorganisierter Akteure auszuloten. Dabei eröffnen - darauf verweisen sowohl empirische Informationen wie auch theoretische Einsichten - jedoch offensichtlich weniger Lösungsmuster im Sinne scharfer Kontrastierungen (zentralstaatliche vs. dezentrale Politik; Professionalisierungsstrategie vs. Laiisierungsstrategie; Bürokratie vs. informelle Netze etc.) tragfähige Perspektiven sowohl für eine sozialpolitische <u>Praxis</u> wie für eine Sozialpolitik-<u>Theorie</u>. Vielmehr erscheinen <u>relative</u> Verschiebungen im traditionellen Geflecht vertikaler und horizontaler Politikverknüpfung notwendig - und dies ist auch schon praktisch erkennbar. Die Zukunft des Wohlfahrtsstaates liegt nicht in seiner Abschaffung, sondern in der Koexistenz alter und neuer Akteure, in alten und neuen sozialpolitischen Handlungskoalitionen der Sektoren der Wohlfahrtsproduktion (dazu Zapf 1979; Hadley/Hatch 1981; Matzner 1982).

Wie oben schon gezeigt, verstehen sich die Verbände der Freien Wohlfahrtspflege als Vermittlungsinstanz zwischen Klienteninteressen und dem politisch-administrativen System. Unter der Geltung des Korporatismussyndroms erscheint diese Vermittlungsaufgabe jedoch prekär. Entsprechend spricht Bauer, wie zitiert, von einer einseitig mediatisierenden Vermittlung durch die Verbände - und dies tendenziell zu Lasten der Klienteninteressen. Dagegen versuchen zuletzt Heinze/Olk das Leistungspotential der Wohlfahrtsverbände positiv gerade in deren "intermediären Stellung" zwischen den (zuvor unterschiedenen) formellen Sektoren und dem informellen Sektor der Wohlfahrtsproduktion zu bestimmen. Allerdings begründen sie ihre Einschätzung im Anschluß an Illich und Habermas offensichtlich wesentlich in einer soziokulturellen, herrschaftskritischen Problemsicht: Ihre These "leitet sich aus der begründeten Vermutung ab, daß die Krise des Wohlfahrtsstaates in der ungleichgewichtigen Beziehung zwischen dem formellen und informellen Sektor eine ihrer zentralen Ursachen hat... (Es sei) von einer Selbstüberlastung des Wohlfahrtsstaates zu sprechen: indem das expandierende System der bürokratischen Regulierung von Lebenszusammenhängen informelle Sozialbeziehungen zerstört, erzeugt es einen Problemstau, der die eigenen Verarbeitungskapazitäten übersteigt" (Heinze/Olk 1984:178). Vor dem Hintergrund dieser Diagnose komme den intermediären Instanzen, also den Wohlfahrtsverbänden, die Aufgabe zu, die Rekonstruktion sozialer Netze zur Förderung der Selbsthilfefähigkeit der Betroffenen zu leisten.

Nun ist das Problem der Jugendarbeitslosigkeit offensichtlich nicht "durch die bürokratische Regulierung von Lebenszusammenhänge" und einer daraus folgenden Zerstörung informeller Sozialbeziehungen entstanden oder so angemessen zu beschreiben. Die Jugendarbeitslosigkeit kennzeichnet vielmehr ein strukturelles Ungleichgewicht des (privat-kapitalistischen) Arbeitsmarktes. Gleichwohl erscheint es legitim zu fragen, wieweit die Träger öffentlicher und verbandlicher Wohlfahrt mit diesen Marktungleichgewichten (also des formellen Sektors und/oder seiner Folgen) umgehen:

Welche Formen "primärer (= Schaffung von Arbeits-/Ausbildungsplätzen) und/oder sekundärer Bedürfnisbefriedigung (= sozialpolitisch-kompensatorischen Leistungen) durch diese erbracht werden.

Heinze/Olk sehen die Spannung zwischen ihrer These einer funktionalen Qualität der Verbände und korporatismustheoretischen Befunden. Gleichwohl glauben sie, die Verbände in einer Doppelnatur aus "formellen" und "informellen" Elementen im oben unterschiedenen Sinne bestimmen zu können: Dort, wo die Verbände auf gesetzlicher Grundlage agieren, herrsche der formelle, dort, wo das ehrenamtliche Elemente dominiere, der informelle Sektor. Ob oder wieweit die Möglichkeit einer solchen institutionellen Spaltung organisationstheoretisch haltbar erscheint, ist hier nicht zu erörtern. Angesichts der obigen Ausführungen zum quantitativen ehrenamtlichen Potential und dessen qualitativen Status im hierarchischen System der Wohlfahrtspflege erscheint diese Trennung jedoch eher künstlich. Und auch das Argument der Autoren, daß das "besondere Leistungspotential der Wohlfahrtsverbände ... bisher anerkanntermaßen darin (lag), Tätigkeiten beider Sektoren relativ konfliktfrei kombinieren zu können" (Heinze/Olk 1984: 180), abstrahiert von den sozioökonomischen Wandlungsprozessen, die (auch) die aktuelle Wohlfahrtsstaatskritik provozierten. Plausibler erscheint die These, daß die Selbsthilfebewegung als praktisch gewordene Wohlfahrtsstaatskritik ein Hinweis auf die faktische Nicht-Vermittlung des formellen und informellen Sektors ist.

Theoretisch fruchtbarer und praktisch wichtiger erscheint dagegen die Perspektive, die Selbsthilfe-Gruppierungen und die Freien Träger nicht (mehr) definitorisch in einen organisatorischen Rahmen zusammenzuschließen, sondern nach den horizontalen Verknüpfungen, nach den möglichen, erwünschten oder notwendigen Beziehungen zwischen Verbänden (unter Geltung der Korporatismusprämisse: zu verstehen als Teil des formellen Sektors der Wohlfahrtsproduktion!) und dem informellen Sektor auf lokaler Ebene zu fragen. Muß - diese These wurde wiederholt formuliert - die Existenz einer sozialpolitischen Selbsthilfe-Bewegung als praktische Kritik an den Wohlfahrtsverbände interpretiert werden, dann lautet die Forschungsfrage: Wie verhalten sich die Freien Träger (und politischen Instanzen) gegenüber diesen Initiativen angesichts massiver sozioökonomischer Probleme und angesichts fiskalischer Krisen? Hält oder verfestigt sich gar das korporatistische Wohlfahrtskartell - gleichsam ein Rückzug in die Wagenburg? Oder öffnet es sich, sei es um dem legitimatorischen Druck zu begegnen, also eher symbolisch - oder öffnet es sich politisch-praktisch, also innovatorisch motiviert angesichts der Grenzen tradierter Politikformen (kritisch: Windhoff-Heretier 1983: 85; Trojan Halves 1984: 160 f.; Grottian 1983; Grunow/Wohlfahrts 1985)?

"Die Zusammenarbeit ... am Ort, aber auch zwischen den Spitzenverbänden, muß im ganzen gesehen als sachlich, vertrauensvoll und außerordentlich erfolgreich gewertet werden." So charakterisierte die 20. Hauptversammlung des Deutschen Städtetages (1979) die Situation im Sozialsektor der Kommunen. Eine Diagnose, die unschwer in korporatistischen Kategorien zu interpretieren - im Horizont des Projektes jedoch empirisch und theoretisch zu überprüfen ist. Es ist eine Umschreibung für die These Schmitters (1979: 133; vgl. oben), wonach korporatistische Systeme "eher regierbar, stabil und effektiv sein sollten - zumindest kurzfristig".

6. Traditionelle vs. innovative lokale Jugendpolitik. Zur Diskussion von Unterscheidungskriterien 1)

Traditionelle Jugendhilfe soll hier in ihrer Funktionsbestimmung dahingehend verstanden werden, daß sie wesentlich um reaktiv-kompensatorische, an dem Indi-

---

1) Diese Diskussion ist aus Raumgründen hier nur sehr beschränkt möglich. Zur ausführlichen Darstellung vgl. Krüger/Pojana/Richter 1988, Bd. II: 176 ff. Dort sind auch - zusammenfassend - individuelle Folgen der Jugendarbeitslosigkeit dargestellt worden.

viduum orientierte Interventionsmuster zentriert ist. Diese Funktionszuweisung geht letztlich von der Normalität einer gelingenden Ausbildungs- oder Arbeitsplatzsituation des Jugendlichen aus. Damit wird zugleich die gesellschaftspolitische Nachrangigkeit des Systems der Jugendhilfe im Vergleich zu anderen Politiksektoren, etwa zur Arbeitsmarkt- und Berufsbildungspolitik, behauptet. Im Problemkontext der Jugendarbeitslosigkeit, d.h. des Zerbrechens dieser Normalität, gewinnt das (kommunale) System Jugendhilfe in doppelter Hinsicht an Bedeutung. Zum einen wird die Reichweite primär zentralstaatlich resp. föderal zu verantwortender Politiken in Frage gestellt, zum anderen ist (jetzt) die Jugendhilfe auf kommunaler Ebene im besonderen Maße in ihrer Problemlösungskapazität angesichts des Problems Jugendarbeitslosigkeit gefordert.

Der Begriff "traditionell" bezieht sich dabei auf das Merkmal, daß Jugendhilfe ausschließlich auf den Reproduktionssektor beschränkt ist, was gleichzeitig die zuvor definierte Funktionszuweisung und die damit einhergehende Handlungsperspektive involviert. Innovative Jugendhilfe und Jugendpolitik dagegen versucht, die Komplexität der gesamten Lebenssituation der Jugendlichen, also den Zusammenhang von Arbeiten-(Wohnen)-Leben, zum Ausgangspunkt ihrer Arbeit zu machen. Innovativ bedeutet dann, daß die (kommunale) Jugendpolitik ihr (traditionelles) Handlungssytem im engeren Sinne überschreitet, um eine angemessene Problemperzeption durchsetzen und flexible Problemlösungsstrategien konzipieren zu können (hierauf wird noch näher einzugehen sein).

Hervorzuheben ist, daß sich innovative Tendenzen auch innerhalb des traditionellen Systems der Jugendhilfe festmachen lassen können. So kann etwa die zielgruppenspezifische Reorientierung von bisher praktizierten Arbeitsmethoden in gewisser Weise als innovativ bewertet werden. Wenn etwa politische, sozialpädagogische Bildungsarbeit auf die Gruppe jugendlicher Arbeitsloser abgestellt wird, so enthält dieser Schritt eine innovative Tendenz.

Die angestrebte kompensatorische Funktion der Jugendhilfe manifestiert sich generell in persönlichkeitsstabilisierende und sozialisationsfördernde Maßnahmen, um die durch die Jugendarbeitslosigkeit entstehenden individuellen negativen Folgen zu verhindern oder doch zu mildern. Der Maßnahmenkatalog läßt sich grob in folgende Elemente differenzieren (zu den Bundes- und Landesprogrammen NW vgl. näher Krüger/Pojana/Richter 1988, Bd. I: 198 ff.): 1. Freizeitmaßnahmen, 2. Beratung und Einzelfallhilfe, 3. Erziehungs- und Bildungsmaßnahmen, 4. Arbeitsmotivierende und berufsvorbereitende Maßnahmen.

Mit dieser Differenzierung sind zugleich die beiden Handlungsmöglichkeiten der Sozialarbeit benannt: individuelle Beratung und Betreuung sowie Gruppenarbeit. Grundsätzlich sind diese Angebotsformen und die damit implizierten Handlungsweisen in methodisch-konzeptionelle Rahmenbedingungen eingebettet, die sich durch eine Mischung von offenen und strukturierten Angeboten auszeichnen (vgl. Bundesminister für Jugend, Familie und Gesundheit 1981: 124; Rosen 1981). Die Einrichtungen mit mehr offenem Charakter sind aus der Erkenntnis heraus gefördert worden, daß Freizeiteinrichtungen inzwischen notwendige Sozialisationsinstanzen für die Jugendlichen geworden sind. Daneben hat sich das sozialpädagogisch-strukturierte Angebot etabliert (Seminare, Förderkurse u.a.). Diese Angebotsstruktur ist dadurch gekennzeichnet, daß dort die Jugendlichen an einer bestimmten Fragestellung kontinuierlich arbeiten und darüberhinaus soziales Verhalten entwickeln.

In einer gleichsam ersten Phase der sozialpädagogischen Arbeit mit arbeitslosen und von Arbeitslosigkeit bedrohten Jugendlichen ist das mit diesen Aktivitäten gesetzte Feld im wesentlichen kongruent mit dem Bereich der klassischen Jugendsozialarbeit, die die Freizeitpädagogik, die außerschulische (politische) Bildung sowie die flankierende Begleitung arbeitsmotivierender und berufsvorbereitender Maßnahmen involviert. Aufgrund der möglichen Programm-Kombination und vor dem Hintergrund der Heterogenität der Trägerstruktur ergibt sich eine hohe empirische Streuung der konkreten, auf kommunaler Ebene implementierten Angebote. Sie weisen aber bezüglich der prinzipiellen inhaltlichen Zielsetzung vielfach keine größeren Unterschiede auf. Die Übersicht 1 faßt die traditionellen Reaktionsmuster der Jugendhilfe zusammen. Die Darstellung der Interventionsformen ist an einem Kontinuum orientiert, das von den primär im Reproduktionsbereich angesiedelten Aktivitätsfeldern ausgeht und die Grenzen des Handlungsrahmens hin zum Produktionsbereich überschreitet. Der Einsicht korrespondierend, daß die Jugendarbeitslosigkeit primär ein strukturelles und nicht ein konjunkturelles Defizit anzeigt, verdichtete sich innerhalb des Prozesses der Selbstthematisierung der Jugendhilfe eine konzeptionell-innovative Perspektive, die versucht, gerade dieses strukturelle Moment angemessen(er) zu berücksichtigen.

Innerhalb der fachtheoretischen Diskussion wie auf der Ebene der praktisch-politischen Ausgestaltung wird die Neuorientierung der Jugendhilfe/Jugendsozialarbeit im wesentlichen hinsichtlich folgender Aspekte thematisiert:

Das innovative Potential kann sich einmal festmachen lassen im Bereich der Maßnahmetypen, die von der Jugendhilfe durchgeführt werden. Das bedeutet, daß die Jugendhilfe, vor dem Hintergrund des multifaktoriellen Bedingungskontextes und der vieldimensionalen Konsequenzen der Jugendarbeitslosigkeit, neben personalbezogenen, pädagogischen Interventionsformen auch das strukturelle Moment des Problems einbeziehende Handlungsformen institutionalisiert. Es ist notwendig, "eine Perspektive auf Arbeits- und Ausbildungsplätze oder auf alternative Formen selbstverantworteter Arbeit und Subsistenzsicherung zu geben" (Becher 1981: 188; vgl. auch Kern et al. 1981: 229). Dieser Aspekt verweist auf die Orientierung der Jugendhilfe/Sozialarbeit an der kommunikativen Lebenswelt der betroffenen Klientel, der arbeitslosen oder von Arbeitslosigkeit bedrohten Jugendlichen. Ganzheitliches, sozialpädagogisch begleitetes Lernen umfaßt also die der

Lebenswelt inhärenten Dimensionen der Arbeit, der Interaktion und der individuellen Kreativität.

Übersicht 1: Traditionelles und systemimmanent innovatives Aktivitätsfeld der Jugendhilfe gegenüber der Jugendarbeitslosigkeit

Funktionale Orientierung	Sozialpädagogische Handlungsstrategien: Traditionell	Sozialpädagogische Handlungsstrategien: Innovativ (systemimmanent)
Reproduktionssektor	- Freizeitpädagogik - Außerschulische politische Bildungsarbeit - Bildungsmaßnahmen (Nachholung des Hauptschulabschlusses/Sprachkurse für ausländische Jugendliche)	- Sozialpädagogische Beratung und Betreuung (Einzelfallhilfe/street-corner-work) - Betreuung im schulischen Bereich (Sozialpädagogik im Berufsvorbereitungsjahr)
Produktionssektor	- Berufsvorbereitende Lehrgänge	- Maßnahmen zur Berufsvorbereitung und sozialen Eingliederung junger Ausländer - Arbeitsmotivierende Angebote - Arbeitsbeschaffungsmaßnahmen mit sozialpädagogischer Begleitung

Ferner bedeutet Innovation auf organisationeller Ebene die Neuorientierung der Koordinations- und Kooperationsformen der von der Jugendhilfe inkorporierten Träger und Akteure. Diese organisationelle Dimension schließt zudem die Interaktion des fokalen Systems Jugendpolitik mit anderen (kommunalen) Teilsystemen ein (Verbundsysteme). Der letzte Aspekt verweist auf die weitere Ebene einer sich innovativ verstehenden Jugendhilfe, nämlich auf die politische Dimension der Macht. In der Literatur wird dieser Gesichtspunkt dahingehend thematisiert, "Jugendarbeitslosigkeit zum Bezugspunkt einer sozialpädagogisch integrierten Kommunalpolitik zu machen" (Becher 1981: 190). Speziell für den Bereich der Jugendhilfe ist dieser Aspekt einer offensiven Handlungsform als "Strategie der Einmischung" (Mielenz 1981) thematisiert worden (vgl. unten). Damit läßt sich das Problemfeld einer innovativ orientierten Jugendhilfe gegenüber Jugendarbeitslosigkeit in drei analytische Dimensionen differenzieren, wie es nachfolgende Übersicht verdeutlichen soll:

Dimension		konzeptuelle Innovation
Programm	--------------------	Sozialpädagogisch orientierte Berufsausbildung/ Alternative Projekte
Organisation	--------------------	Verbundsysteme einschl. Inkorporierung selbstaktiver Felder
"Macht"	--------------------	"Strategie der Einmischung"

Die Idee des "Verbundsystems" ist hier näher zu erörtern. Die Strategie der Einmischung (Mielenz 1981) fordert von der kommunalen Jugendhilfe Anstöße zu einer Koordination von Maßnahmen verschiedener Akteure (= Verfügung über die Ressource Organisation). Dies setzt voraus, daß die (evtl. bisher) vereinzelten, unsystematischen Kontakte zwischen Institutionen und jugendpolitischen Trägern in feste(re) Kooperationsstrukturen überführt werden. Dabei wird von der Voraussetzung ausgegangen, daß die Jugendhilfe als die koordinierende und initiierende Instanz der zu organisierenden Verbundsysteme auf kommunaler Ebenen fungiert, um so die Einbeziehung sozialpädagogischer Aspekte oder allgemeiner: einer jugendpolitischen Kompetenz gewährleisten zu können (vgl. Wagner 1985: 92).

Bevor die programmatische Entwicklung des Verbundsystems dargelegt wird, ist auf der Folie projektrelevanter theoretischer Überlegungen das Beziehungsgeflecht des fokalen Systems der kommunalen Jugendpolitik in seinen wesentlichen Strukturmerkmalen aufzuzeigen. Die Übersicht 2 zeigt das Netz der Politikverflechtung des kommunalen Systems der Jugendpolitik:

Innerhalb dieses komplexen Bildes der Verflechtungsebenen, d.h. der System-Umwelt-Beziehungen, sind nun

Übersicht 2: Verflechtungsnetz des kommunalen Subsystems Jugendpolitik

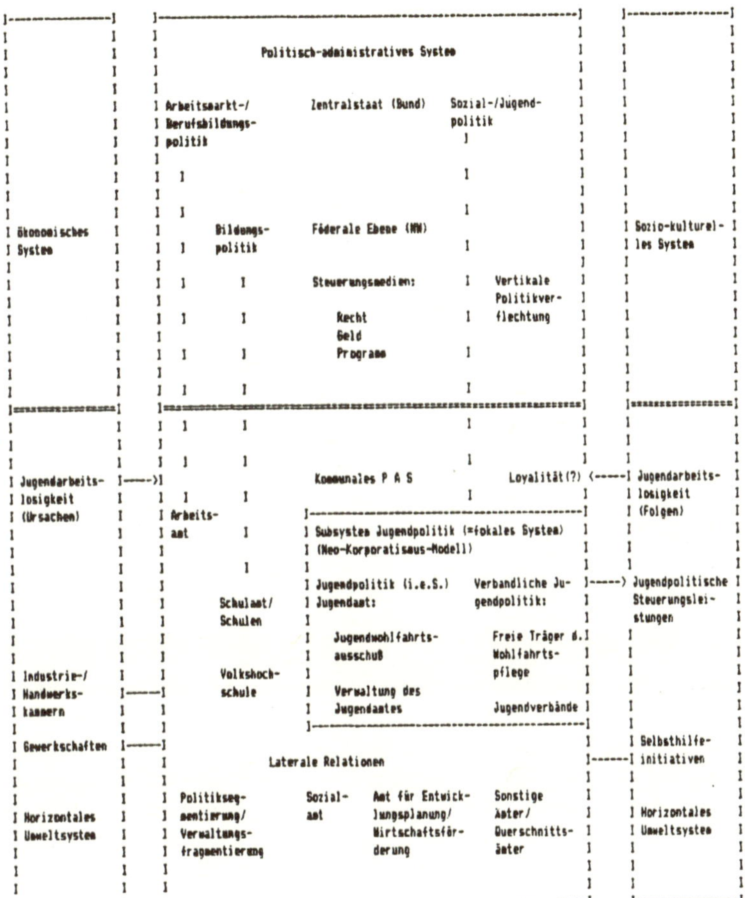

diejenigen Elemente herauszuarbeiten, die von dem Begriff des Verbundsystems erfaßt werden. Zum einen wird seitens der Trägerverbände der Jugendhilfe als ein zentraler Punkt hervorgehoben, daß hinsichtlich der förderungspolitischen Ebenen Bund, Länder und Kommunen eine Verbesserung der Koordination und Planung notwendig sei (vgl. Bundesarbeitsgemeinschaft Jugendaufbauwerk 1982: 342). Das stärkere Koordinationserfordernis auf vertikaler Ebene (zur theoretischen Aufschließung vgl. II. 1. - 2.) beziehe sich hierbei vor allem auf die Finanzierungsmöglichkeiten verschiedener Maßnahmen und Programme. Zum anderen -

zu sehen - zielt die Kategorie Verbundsystem auf die horizontale (kommunale) Ebene der Jugendpolitik ab. (vgl. II. 3.)

Ausgehend von dem fokalen System der kommunalen Sozial- resp. Jugendpolitik verweist der Begriff des Verbundsystems (idealtypisch) auf folgende organisatorische Verbindungslinien resp. Teilsysteme: 1. Die Binnenstruktur des kommunalen Subsystems Jugendpolitik umfaßt wesentlich das Jugendamt und die Freien Träger der Wohlfahrtspflege (Neo-Korporatismus-Modell? vgl. II. 5.). 2. Die lateralen Relationen des jugendpolitischen Systems beziehen sich auf diejenigen Umwelten, mit denen es in einem sekundären systematischen Gesamtkontext steht. Zu den möglichen oder notwendigen Partnersystemen bei n es in einem sekundären systematischen Gesamtkontext steht. Zu den möglichen oder notwendigen Partnersystemen bei der Bekämpfung der Jugendarbeitslosigkeit gehören die dezentral verankerten Bildungseinrichtungen (Schulverwaltungsamt und Schulen, Volkshochschule), das Arbeitsamt, das Sozialamt etc.. 3. Zu den horizontalen Umweltsystemen des politisch-administrativen Systems gehören zum einen das ökonomische System, wobei hier insbesondere die Industrie- und Handelskammern, die Handwerkskammern sowie die Gewerkschaften als relevante Partnerinstanzen fungieren. Zum anderen ist die Interaktion mit dem (lokalen) sozio-kulturellen System zentral (Massenloyalität?). In diesem Umweltsystem sind zudem die Impulse selbstorganisierter Aktivitäten zu lokalisieren.

Dieses um das fokale System der Jugendhilfe zentrierte relationale Netz möglicher Umwelten verweist zugleich auf den Produktions- wie Reproduktionssektor. Das bedeutet auch, daß sich der Produktionssektor nicht ausschließlich auf das formelle ökonomische System erstrecken muß. Vielmehr schließt der Produktionssektor auch das Feld mit ein, das als "nicht-marktökonomisch konstituierter 'zweiter' Beschäftigungssektor" (Pankoke 1985: 338) zu kennzeichnen ist. Dieser kann sowohl durch Handlungen des politisch-administrativen Systems (ABM/Berufsausbildung innerhalb der Jugendhilfe) als auch durch Aktivitäten des Selbsthilfesektors strukturiert (alternative Ausbildungs- und Arbeitsprojekte) werden.

Nach diesem Exkurs zur Verortung der kommunalen Jugendpolitik innerhalb der horizontalen System/Umwelt-Relationen ist die programmatische Entwicklung des Verbundsystems nachzuzeichnen, bevor dann dessen zentrale Strukturelemente konkretisiert werden.

Wie oben ausgeführt, haben in der Zeit von 1976 bis 1983 die Trägergruppen der Bundesarbeitsgemeinschaft Jugendaufbauwerk modellhafte Maßnahmen für arbeitslose oder von Arbeitslosigkeit bedrohte Jugendliche durchgeführt. Als Konsequenz aus den Erfahrungen mit diesen Modellprojekten ist unter wesentlicher Mitwirkung der Bundesarbeitsgemeinschaft Jugendaufbauwerk 1983 ein neues Bundesjugendplan-Programm mit dem Titel "Arbeitsweltbezogene Jugendsozialarbeit für Jugendliche, die von Ausbildungsnot und Jugendarbeitslosigkeit betroffen oder bedroht sind" konzeptualisiert und realisiert worden. Die Konzeption des neuen Förderprogramms ist getragen von der Überzeugung, daß die Jugendarbeitslosigkeit nicht mehr als ein kurzfristig-konjunkturell-demographisches, sondern als ein langfristig-strukturell-gesellschaftliches Problem zu bewerten ist (vgl. Bundesarbeitsgemeinschaft Jugendaufbauwerk 1983: 343). Daraus und auf der Basis der Erfahrungen mit den konventionellen Angeboten der Jugendhilfe ist die Notwendigkeit abgeleitet worden, daß die Jugendsozialarbeit langfristige Strategien zu entwickeln hat. Die Jugendsozialarbeit müsse sich über traditionelle Arbeitsfelder hinausbewegen und innovative Angebote initiieren und umsetzen. Als die zentrale organisatorische Strategie ist die Schaffung von regionalen Verbundsystemen gefordert worden, also die Zusammenfassung der bestehenden und/oder der neu zu institutionalisierenden Angebotsstrukturen der arbeitslosigkeitsorientierten Jugendpolitik zu einem durchlässigen System.

Die Etablierung kommunaler Verbundsysteme wurde auf Landesebene (NW) zuerst im Jahre 1981 thematisiert. Zu diesem Zeitpunkt hat der MAGS im Rahmen der Förderungsposition sozialpädagogischer Hilfen im Übergang von Schule zu Beruf (vgl. oben) ein Programm "Vorangehende Beratung und nachgehende Betreuung arbeitsloser Jugendlicher" eingesetzt. Dieses kann als modifizierte Nachfolgeversion des sogenannten Fachkräfteprogramms charakterisiert werden. Erstmalig wird dort die Idee des Verbundsystems in die Richtlinien aufgenommen. Die Differenz zum vorherigen Maßnahmetyp liegt demgemäß darin, daß das neue Programm in seinen Förderungsvoraussetzungen "im Kernpunkt eine Verklammerung bestehender sozialpädagogisch begleiteter berufsvorbereitender und allgemeinbildender Maßnahmen mit dem neu geschaffenen Beratungsdienst (Verbundsystem) vorsieht" (MAGS NW 1982: 285). Für die Freien Träger der Jugendhilfe wird eine finanzielle Förderung davon abhängig gemacht, ob und inwieweit diese selbst gezielte Maßnahmen für jugendliche Arbeitslose in dem betreffenden Jugendamtsbezirk initiiert haben. Ferner sind in die Förderung Jugendämter einbezogen worden, in deren Bereich ein entsprechendes Maßnahmenangebot existiert. Generell wurden die Jugendämter, in deren Bereich sozialpädagogische Fachkräfte eingesetzt waren, aufgefordert, durch die Erstellung jeweils zu aktualisierender Dokumentationen über lokale Maßnahmen gegen Jugendarbeitslosigkeit diese Fachkräfte in ihren Beratungsmöglichkeiten zu unterstützen. (Inwieweit dieser Aufforderung nachgekommen wurde, muß, angesichts der Erfahrungen im Projekt, eher skeptisch beurteilt werden. Entsprechende Dokumentationen sind in den Untersuchungskommunen überwiegend erst für die Jahre 1985/86 erstellt worden.)

Auf der <u>inhaltlich-(programmatischen) organisatorischen</u> Ebene besteht das Ziel des Verbundsystems darin, durch Verzahnung der verschiedenen Methoden und Träger die vorhandenen und eventuell neu zu entwickelnden Maßnahmen lokal miteinander bzw. aufeinander aufbauend zu koordinieren und damit ihre Effektivität im Sinne der Förderung der arbeitslosen und von Arbeitslosigkeit bedrohten Jugendlichen zu optimieren. Dieses durchlässige, gestufte, aufeinander aufbauende Förderungssystem beginnt bei der schulbezogenen Jugendsozialarbeit und sozialpädagogischen Beratung und führt über berufsvorbereitende Maßnahmen hin zur Berufsausbildung mit sozialpädagogischer Orientierung.

Das Verbundsystem wird nach Einschätzung der Bundesarbeitsgemeinschaft Jugendaufbauwerk (1982:61) als Versuch der Jugendsozialarbeit gewertet, "im beruflichen und sozialen Bildungsbereich einen Stellenwert zu erhalten, der vergleichbar ist mit den übrigen staatlich anerkannten Bildungsinstitutionen". Als innovative Elemente innerhalb des Verbundsystems sind zum einen die sozialpädagogisch orientierte Berufsausbildung zu nennen. Damit dehnt die Jugendhilfe ihre Interventionsreichweite auf den Produktionssektor aus. Zum anderen enthält das Verbundsystem explizit die Förderung und Unterstützung selbstorganisierter Systeme (z.B. alternativer Ausbildungs- und Arbeitsprojekte).

Die Beratungsstellen als integraler Bestandteil des Verbundes sollen im wesentlichen zwei Funktionen erfüllen. Neben der sozialpädagogischen Beratung und Betreuung der Jugendlichen (vgl. oben) ist diesen Stellen die Aufgabe der bedarfsorientierten Planung und Initiierung zugewiesen. In Verbindung mit zu etablierenden oder gegebenen Koordinationsstellen, anderen Trägern, Fachkräften und örtlichen Arbeitskreisen sollen bewährte Angebote erweitert bzw. neue eingeleitet werden (s. Landesjugendamt Rheinland 1985: 7). Damit sind zugleich mögliche Ebenen der Bildung von örtlichen Arbeitskreisen angesprochen.

Denn auf der praktisch-methodischen Ebene soll als Teil des Verbundsystems ein Arbeitskreis der Fachkräfte aus den jeweiligen Maßnahmetypen in enger Verbindung mit den Beratungsstellen konstituiert werden. Im Rahmen lateraler Relationen kann (soll?) sich etwa, zentriert um das Jugendamt, ein verwaltungsinterner Arbeitskreis bzw. eine ressortübergreifende Projektgruppe Jugendarbeitslosigkeit bilden. Akteure dieser Projektgruppe sind dann das Jugendamt, das Arbeitsamt, das Sozialamt, das Schulverwaltungsamt, das Amt für Wirtschaftsförderung und eventuell weitere Ressorts, d.h. Subsysteme des kommunalen administrativen Systems. Weiterhin ist als ein integraler Bestandteil

Übersicht 3:

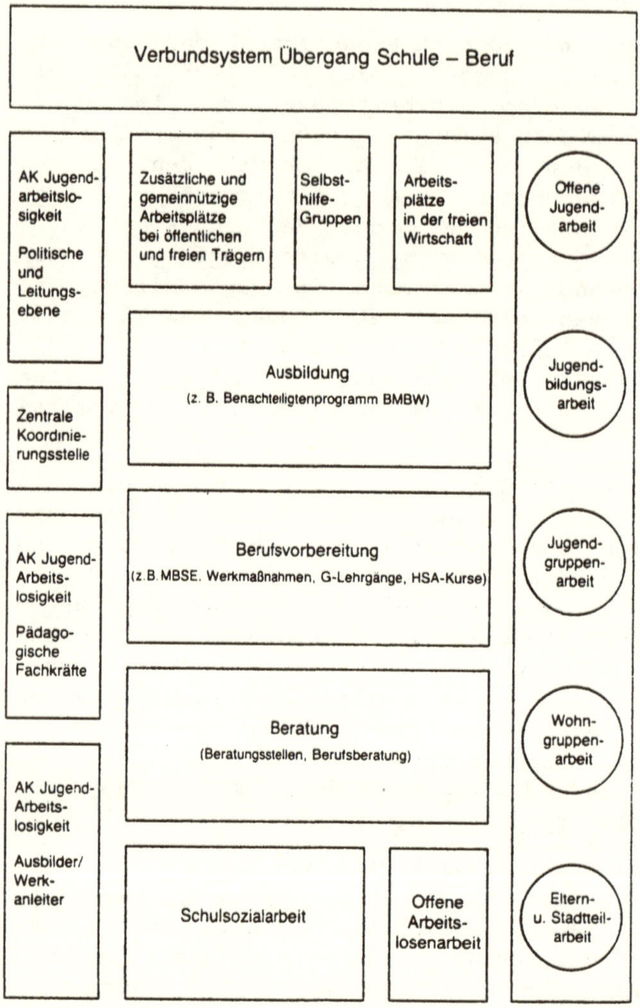

Quelle: Matzdorf (1984:128)

des Verbundsystems ein örtlicher Arbeitskreis der jeweiligen Träger und Institutionen einzurichten. Auf dieser Ebene der Kooperation werden die verschiedenen Verwaltungen, die Volkshochschule, die Freien Träger der Wohlfahrtspflege, Gewerkschaften, Industrie- und Handelskammer, Handwerkskammer und möglicherweise Träger von Selbsthilfeprojekten zusammengeführt. Dieser Typus von Arbeitskreis erfaßt also, ausgehend von dem System der kommunalen Jugendhilfe als sein Zentrum, sowohl die möglichen lateralen Relationen als auch die Beziehungen zu den horizontalen Umweltsystemen. Als eine entscheidende Voraussetzung für den Erfolg dieses Verbundsystems wird somit eingeschätzt, daß die Vertreter der Jugendhilfe gleichsam die "geschäftsführende Aufgabe" für diese Gremien tragen (s. Henkel 1985: 116).

Zusammengeführt werden sollen die Aktivitäten der verschiedenen Ebenen und Arbeitskreise idealtypisch in einer zentralen Koordinierungsstelle. Die allgemeine Intention des Jugendwohlfahrtsgesetzes und die spezifische Logik des Verbundsystems präjudizieren im Grunde, daß das Jugendamt und der Jugendwohlfahrtsausschuß als sein konstitutives Element, als zentrale koordinierende und initiierende Instanz fungieren. Daß diese lokalen Koordinationsstellen bei den öffentlichen Jugendhilfeträgern zu institutionalisieren sind, wird denn auch in einer Empfehlung der Trägerkonferenz Rheinland zu einer Rahmenkonzeption für Beratungsstellen im Landesprogramm des MAGS explizit hervorgehoben (s. Landesjugendamt Rheinland 1985: 9). Zudem ist bereits in den modifizierten Richtlinien zum "Fachkräfteprogramm" von 1980 die Forderung enthalten, daß die jeweiligen Träger der Beratungsstellen darauf hinwirken sollten, daß örtliche Arbeitskreise gebildet werden und/oder Konferenzen der mit dem Problem Jugendarbeitslosigkeit befaßten Ämter und Institutionen stattfinden (vgl. Arbeitsgemeinschaft Heimstatthilfe NW 1980: 79). Denn die innovative Qualität des Verbundsystems besteht ja gerade darin, daß die Jugendhilfe ihren funktionalen Bezugspunkt hinsichtlich der Jugendarbeitslosigkeit sozusagen grenzüberschreitend auf andere Funktionsbereiche, die nicht (primär) in ihrem Verantwortungshorizont liegen, erweitert und somit eine Reorganisation etablierter Handlungsmuster (Politiksegmentierung und Verwaltungsfragmentierung) in Gang setzt.

Im Horizont des Projekts wird später (auch) zu analysieren sein, wieweit örtliche Initiativen zum Verbundsystem primär Reflex auf Bundes- oder Landesforderungen waren oder eher auf (frühere) kommunale Initiativen zurückzuführen sind. Zu welchem Zeitpunkt also haben die (untersuchten) Kommunen Aktivitäten entfaltet, die mit den Zielen des Verbundsystems, hier vor allem mit der Forderung zur Schaffung örtlicher Arbeitskreise, vergleichbar erscheinen. (So hat etwa die Stadt Köln frühzeitig (1976/77) damit begonnen, ein entsprechendes Verbundsystem zu etablieren; vgl. dazu Henkel 1985.)

Die Übersicht 4 stellt die traditionellen und innovativen Aktivitätsfelder im Sinne der bisherigen Ausführungen gegenüber.

Übersicht 4: Traditionelles und innovatives Aktivitätsfeld der Jugendhilfe gegenüber der Jugendarbeitslosigkeit

Funktionale Orientierung	Sozialpädagogische Handlungsstrategien		
	Traditionell	Innovativ (systemimmanent)	Innovativ (sytemüberschreitend)
Reproduktions-sektor	- Freizeitpädagogik - Außerschulische politische Bildungsarbeit - Bildungsmaßnahmen (Nachholung des Hauptschulabschlusses/Sprachkurse für ausländische Jugendliche)	- Sozialpädagogische Beratung und Betreuung (Einzelfallhilfe/street-corner-work) - Betreuung im schulischen Bereich (Sozialpädagogik im Berufsvorbereitungsjahr)	
Produktions-sektor	- Berufsvorbereitende Lehrgänge	- Maßnahmen zur Berufsvorbereitung und sozialen Eingliederung junger Ausländer - Arbeitsmotivierende Angebote - Arbeitsbeschaffungsmaßnahmen mit sozialpädagogischer Begleitung	- Sozialpädagogisch orientierte Berufsausbildung - Förderung alternativer Projekte im Bereich der Ausbildung und Beschäftigung - Etablierung von Verbundsystemen

DRITTER TEIL

III. EMPIRISCHE BEFUNDE

1. Erster Untersuchungsschritt: Lokaler Problemdruck Jugendarbeitslosigkeit

Oben wurde die politikwissenschaftliche These diskutiert, wonach ein wachsender, dezentral anfallender (und/bzw. weil zentralstaatlich nicht mehr regulierbarer) Problembestand in seinem faktischen Handlungsdruck mindestens zu einem Potentialgewinn, zu einer möglichen Aufwertung der kommunalen Handlungsebene führt (vgl. II.2.). Wie gezeigt, wird sozialpolitik-theoretisch im Kontext der Wohlfahrtsstaatskritik wesentlich analog argumentiert: Wachsende, sich lokal manifestierende soziale Probleme werden auch dort als Beleg für die Effektivitäts- bzw. Steuerungsgrenzen zentralstaatlicher Systeme und zugleich als Reorientierungsanlaß zugunsten einer Dezentralisierungsprogrammatik gewertet. Dabei kann, so die sozialwissenschaftlichen bzw. sozialpolitiktheoretischen Annahmen, dieser Relevanzgewinn in einem Ressourcenzustrom (fiskalisch, personell) und/oder in Modifikationen traditioneller Muster vertikaler Politikverflechtung bestehen. Ebenso wird, wie oben erläutert, als mögliche Konsequenz dezentralen Problemdrucks vielfach ein Impuls zugunsten horizontaler Reorganisationsprozesse auf kommunaler Ebene unterstellt (vgl. II.1.).

Die Erfassung des realen Problemdrucks Jugendarbeitslosigkeit bildete daher den ersten Untersuchungsschritt im Rahmen des Projekts. Dabei wurde zunächst für alle (sechs) Untersuchungseinheiten die (Entwicklung der) Jugendarbeitslosigkeit über den gesamten Untersuchungszeitraum (1975 - 1984/1985) in absoluten und relationalen Größen zu ermitteln versucht. Mit dieser Sequenzbetrachtung sollte - im Rahmen der folgenden Untersuchungsschritte - die Chance eröffnet werden, der Reaktionsgeschwindigkeit, der Anpassungsfähigkeit und Lernfähigkeit dezentraler Akteure, u.U. auch zentralstaatlicher, gegenüber der Entwicklung des Problemdrucks nachzugehen. Zugleich sollte der interkommunale Vergleich Erkenntnisse über u.U. unterschiedliche dezentrale Reaktionsmuster bzw. Reaktionszeitpunkte in den folgenden Untersuchungsschritten eröffnen. Ein solches Faktum würde auf (unterschiedlich genutzte) kommunale Handlungsspielräume verweisen. Ebenfalls wurde ein Vergleich des Problemdrucks Jugendarbeitslosigkeit für die sechs Untersuchungseinheiten gegenüber den entsprechenden Werten des Landesdurchschnitts Nordrhein-Westfalen wie des Bundesdurchschnitts über den gesamten Untersuchungszeitraum durchgeführt. Eventuell überdurchschnittliche Werte des Problemdrucks in den Untersuchungseinheiten müßten vor dem Hintergrund der dargelegten sozialwissenschaftlichen wie sozialpolitischen Diskussionen als entsprechend dringlichere Chance bzw. Bedingung für einen kommunalen Relevanz-/Potentialgewinn interpretiert werden.1)

Insgesamt zeigen die ausgewerteten Daten für das Forschungsprojekt ein wichtiges Resultat: Alle untersuchten Kommunen liegen in den Raten der Gesamtarbeitslosigkeit wie der Jugendarbeitslosigkeit (gemessen an der Altersklasse) für den gesamten Untersuchungszeitraum oberhalb des Bundesdurchschnitts wie des Landesdurchschnitts Nordrhein-Westfalen. Der objektive Problemdruck, den die allgemeine Arbeitslosigkeit darstellt, trifft also alle Untersuchungseinheiten über den Untersuchungszeitraum insgesamt besonders nachdrücklich.

---

1) Bei diesem ersten, wie vermutbar wäre, recht einfach bewältigbarem Untersuchungsschritt traten z.T. erhebliche Probleme der Datenerreichbarkeit und Datenvergleichbarkeit auf. Zum Teil veränderten sich im Untersuchungszeitraum die Arbeitsamtsbezirke mit entsprechenden Konsequenzen für die Datenvergleichbarkeit. In anderen Fällen lagen, bei Nichtidentität von Arbeitsamtsbezirken und Stadtbezirken, keine spezifisch stadtbezogenen Daten vor. Dies gilt beispielsweise auch für eine Großstadt wie Oberhausen, in deren Daten sind jene für die

Für alle Kommunen ist über den Beobachtungszeitraum hinweg ein erheblicher Anstieg der Jugendarbeitslosigkeit festzustellen (absolut). Spitzenreiter sind dabei Hamm, Duisburg und Krefeld (vgl. Übersicht 5).

Übersicht 5: Jugendliche Arbeitslose von 15 - unter 25 Jahre nach Arbeitsamtsbezirken; absolut und in v.H. aller registrierten Arbeitslosen; 1979 - 1985

Jahr	DORTMUND		DUISBURG		ESSEN		HAMM		KREFELD		OBERHAUSEN	
	abs.	rel.	abs.	rel.	abs.	rel.	abs.	rel.	abs.	rel.	abs.	rel.
1979	3.495	24.0	2.283	24.0	2.958	23.1	1.589	27.9	2.458	24.8	1.890	25.1
1980	4.052	25.9	3.464	26.6	2.674	21.6	2.211	30.8	2.350	26.2	1.820	24.9
1981	6.231	25.8	5.022	29.6	3.982	24.6	3.401	31.9	3.802	28.8	2.772	28.9
1982	8.656	25.7	7.068	30.5	5.940	25.6	4.484	32.2	5.844	30.1	4.058	30.8
1983	10.998	26.1	8.906	28.1	7.446	26.1	5.290	31.0	6.172	28.6	5.040	29.6
1984	10.228	23.3	7.628	23.8	7.420	23.4	4.862	27.1	6.062	28.7	4.763	26.1
1986	10.230	23.1	7.186	23.0	7.310	21.6	4.788	26.3	5.908	27.2	4.452	24.0

Quellen: Statistische Berichte der örtlichen Arbeitsämter und eigene Berechnungen.

Der Anteil der jugendlichen Arbeitslosen im Verhältnis zu allen Jugendlichen dieser Altersgruppe zeigt die Übersicht 6 (diesmal Angaben des jeweiligen Stadtgebietes):

Stadt Mülheim a.d.R. mit enthalten. Zum anderen waren nicht alle örtlichen Arbeitsämter in der Lage, für den gesamten Erhebungszeitraum die erwünschten Informationen (vollständig) zu liefern. Zum Teil waren jugendliche Arbeitslose (von 20 bis unter 25 Jahren) zunächst gar nicht getrennt von erwachsenen Arbeitslosen erfaßt worden. Weiter ermittelten die örtlichen Arbeitsverwaltungen keine kleinräumigen Daten (unterhalb der Stadtbezirke). Mögliche, stadtteil-charakteristische "soziale Brennpunke" erscheinen somit nicht in den Veröffentlichungen der Arbeitsämter; quartiersbezogene Problemkonzentrationen bleiben dann in den Durchschnittsangaben für die Gesamtstadt verdeckt.

Übersicht 6 Jugendliche Arbeitslose von 15 - u. 25 Jahre; 1975 - 1985; absolut u. i. v.H. aller Jugendlichen der untersuchten Kommunen, des Landes NW und des Bundes (nur in v.H.)

Jahr	DORTMUND		DUISBURG		ESSEN		HAMM		KREFELD		OBERHAUSEN		NW	Bund
	abs.	rel.	abs.	rel.	abs.	rel.	abs.	rel.	abs.	rel.	abs.	rel.	rel.	rel.
1975	---	---	2.815	---	3.027	3.17	---	---	---	---	---	---	---	---
1976	4.303	4.84	2.621	2.91	3.032	3.11	---	---	---	---	---	---	3.11	2.90
1977	3.661	4.05	3.059	3.42	3.431	3.48	759	2.70	---	---	---	---	3.20	2.96
1978	3.683	3.96	2.861	3.20	3.419	3.42	712	2.49	---	---	---	---	2.98	2.65
1979	2.768	2.90	2.283	2.53	2.958	2.93	551	1.86	---	---	---	---	2.35	2.01
1980	3.291	3.34	3.464	3.77	2.674	2.63	917	3.02	2.350	6.05	---	---	2.61	2.27
1981	4.965	4.94	5.022	5.43	3.982	4.02	1.417	4.64	2.213	5.54	---	---	4.23	3.70
1982	6.990	7.02	7.068	7.72	5.940	6.02	2.022	6.63	3.430	8.61	---	---	6.14	5.36
1983	8.786	9.03	8.906	9.98	7.446	7.92	2.400	7.92	3.774	9.68	---	---	6.94	6.04
1984	8.158	8.63	7.628	8.78	7.420	7.86	2.068	6.83	3.756	9.83	---	---	---	---
1985	8.162	---	7.186	8.54	7.310	7.94	2.100	---	3.544	---	---	---	---	---

Quellen: Statistische Berichte der örtlichen Arbeitsämter und eigene Berechnungen.

Auffallend1) ist hier, daß der Anteil der arbeitslosen Jugendlichen (mit dem Höhepunkt 1983) gemessen an der Altersklasse von 15 - unter 25 Jahren im Beobachtungszeitraum erheblich ansteigt, während das entsprechende Verhältnis zur Gesamtarbeitslosigkeit sinkt. Es ergibt sich folgende Rangfolge des Anteils der arbeitslosen Jugendlichen (15-25 J.) an der Altersklasse für 1983:

Duisburg	9.98 v.H.
Krefeld	9.68 v.H.
Dortmund	9.03 v.H.
Essen	7.92 v.H.
Hamm	7.92 v.H.
NW	6.94 v.H.
Bund	6.04 v.H.

1) In der Übersicht 6 ließen sich für Oberhausen, trotz aller Bemühungen, keine vergleichbaren Daten, i.e. Daten für das Stadtgebiet, angeben. Für Krefeld liegen Daten erst ab 1980 für die 15 - unter 25jährigen auf Stadtgebietebene vor. Insgesamt muß also - trotz mehrfacher schriftlicher Anfragen bei den entsprechenden Arbeitsämtern - von einem unvollständigen Gesamtbild ausgegangen werden.

Diese Rangfolge verdeutlicht noch einmal den überdurchschnittlichen Problemdruck: Alle Untersuchungskommunen rangieren z.T. sehr klar sowohl über dem Landes- als auch über dem Bundes-Anteilswert. Dieser Problemdruck erscheint um so nachhaltiger, als die demographische Entwicklung zunächst keine besondere Entlastung verspricht.

2. Zweiter Untersuchungsschritt: Kommunale Haushalte und Jugendarbeitslosigkeit

2.1 Forschungsstrategische und methodische Vorbemerkungen

Die Analyse der kommunalen Haushaltspläne zielte, wie oben näher dargelegt, auf folgende forschungsstrategische Fragen:

- Wenn öffentliche (kommunale) Haushalte das zu Zahlen geronnene Prioritätenschema der politischen Akteure vermitteln, hat dann die Jugendarbeitslosigkeit im Beobachtungszeitraum zu Veränderungen im kommunalen Sozialhaushalt geführt? Hat es identifizierbare Ausgabenverschiebungen und/oder Umwidmungen gegeben, wann hat es sie gegeben und welches Ausmaß hatten sie?
- Inwieweit verweist ein kommunal unterschiedliches Haushaltsverhalten (qualitativ und quantitativ) gegenüber der Jugendarbeitslosigkeit auf einen unterschiedlich genutzten - damit aber vorhandenen - jugendpolitischen Handlungsspielraum?

Der sekundäranalytische Vollzug dieser Forschungsfragen stößt allerdings auf vielerlei Probleme und Einschränkungen:

- Unter den drei lokalen Akteurstypen (den Akteuren des kommunalen politisch-administrativen Systems, den Trägern der Freien Wohlfahrtspflege und den selbstorganisierten/selbsthilferischen Akteuren), bezieht sich die Analyse der öffentlichen Sozialhaushalte direkt zunächst nur auf die Haushaltssituation bzw. auf Haushaltsentscheidungen des ersten Akteurstypus, die Akteure des kommunalen politisch-administrativen Systems. Die anderen Akteure können jedoch Begünstigte der kommunalen Haushaltspolitik sein.

- Die finanzrelevanten Programmentscheidungen der Freien Träger der Wohlfahrtspflege auf kommunaler Ebene angesichts und gegenüber dem Problem der Jugendarbeitslosigkeit sind damit also noch nicht bzw. nur indirekt erfaßt. Letzteres beispielsweise dann, wenn über die öffentlichen kommunalen Haushalte aufgaben-/zielgruppenspezifisch gewidmete Mittel an die Freien Träger fließen. Die möglichen (autonomen) Aktivitäten der Freien Träger gegenüber der Jugendarbeitslosigkeit sind später, im Fünften Untersuchungsschritt der objektiven Erhebungsdimension ("Lokale Programme gegenüber der Jugendarbeitslosigkeit") zu analysieren (vgl. unten).

- Oben wurden die öffentlichen (hier: kommunalen) Haushalte als Ausdruck des in Zahlen geronnenen politischen Prioritätenschemas charakterisiert. Wenn diese Aussage generell auch richtig ist, so eröffnet die Analyse der kommunalen Haushalte doch nur den Zugang zu Teilinformationen für das zentrale Untersuchungsinteresse, der Identifizierung der dezentralen, quantitativen und qualitativen Reaktionen gegenüber der Jugendarbeitslosigkeit. Denn zum einen können neue politische Prioritäten (Prioritätsverschiebungen) haushaltsmäßig neutral sein: Mittel können bei gleichbleibendem Haushaltsansatz (innerhalb eines bestimmten Titels) umgewidmet werden. Haushaltsmäßige Expansion ist also nur ein Spezialfall, ein möglicher Indikator für (neues) politisches, problemorientiertes Handeln. (Diese Strategie der Umschichtung von Haushaltsmitteln ist sowohl beim öffentlichen wie auch bei den Freien Trägern der lokalen Jugenpolitik möglich.) Aus den veröffentlichten Haushaltsansätzen sind solche Umschichtungen häufig nicht zu ermitteln. (Hier waren spezifizierte Nachfragen bei den jeweiligen kommunalen Experten erforderlich.)

- Ähnlich sind (neue) zielgruppenspezifische Aktivitäten lokaler Akteure möglich, die nicht (bzw. nicht primär) über die Steuerungsressource Geld vermittelt sind. So können die Ressourcen Personal und Programm auf lokaler Ebene aufgabenspezifisch reorientiert werden. Z.B. darin, daß bestehende Planstellen der Jugendsozialarbeit in ihrem Aktivitätsrahmen zugunsten sozialer Brennpunkte programmatisch modifiziert werden. Zu haushaltsmäßigen Konsequenzen führt eine solche Politikvariation nicht, weder im expansiven Sinne noch im Sinne einer titelmäßig identifizierbaren Umschichtung.

Vor dem Hintergrund der aktuellen, oben entfalteten Wohlfahrtsstaatskritik ist dieser letztgenannte Zusammenhang theoretisch wie politisch-praktisch bedeutsam. Die qualitativ orientierte sozialwissenschaftliche Kritik an der Leistungsfähigkeit des wohlfahrtsstaatlichen Steuerungsmediums Geld wertet, wie gezeigt, situativ orientierte, flexibel und innovativ einsetzbare dezentrale Handlungsstrategien auf. Diese qualitativ orientierte Dimension sozialpolitischen Handelns wird durch die definitionsgemäß quantitativ angelegten Haushaltsanalysen nicht erschlossen. Daher ist später, im Fünften Untersuchungsschritt, in der Analyse der programmatischen lokalen Aktivitäten angesichts der Jugendarbeitslosigkeit, sowohl deren quantitative wie qualitative Dimensionen auszuleuchten.

Gleichwohl - als ein Schritt in der Kette von mehreren Untersuchungsschritten, wie im Untersuchungsansatz charakterisiert - ist die Haushaltspolitik lokaler Akteure im Rahmen des Gesamtprojektes wesentlich. Zum einen sind zunächst möglichst alle <u>tatsächlichen</u> Reaktionsmuster der dezentralen Handlungsebene gegenüber der Jugendarbeitslosigkeit zu identifizieren (unabhängig von einer sozialpolitiktheoretisch als "richtig" oder "falsch" einzuschätzenden Qualität jeweiliger Strategien). Zum anderen darf die mögliche Triftigkeit der sozialwissenschaftlichen Kritik an der Dominanz der Steuerungsressource Geld nicht verdecken, daß auch "qualitativ" orientierte und professionell erbrachte wohlfahrtsstaatliche (Dienstleistungs-) Programme (sehr) kostenintensiv sind. Angesichts des massiven, dezentral anfallenden Problemdrucks (hier) "Jugendarbeitslosigkeit" erscheinen damit die Wirkungsgrenzen möglicher, bloß haushaltsmäßiger Umwidmungen (soweit hier überhaupt politische Freiräume bestehen), schnell erreicht und die Substitutionschancen von Geld durch "sozialpolitische Phantasie", die in den Dezentralisierungsdebatten auf lokaler Ebene vielfach sozialwissenschaftlich vermutet bzw. gefordert werden, ebenfalls begrenzt. Auch dieser komplexere Zusammenhang ist erst im Horizont der folgenden Untersuchungsschritte weiter aufzuhellen.

- Trotz einer sich an Bund und Länder angleichenden Haushaltsordnung und Finanzplanung der Kommunen und den seit dem 1.1.1975 bundesweit gleichen Grundsätzen des Haushaltsrechts existieren in den untersuchten Kommunen Unterschiede in der haushaltstechnischen Behandlung bestimmter Leistungen und Ausgaben. Dies macht eine interkommunal vergleichende Analyse oft zunichte oder doch sehr schwierig.

  Die in den kommunalen Haushaltsplänen zu bestimmten Haushaltsposten und deren Unterabschnitten formulierten Anmerkungen sind in der Regel nicht spezifiziert genug, um schon mit ihnen forschungswichtige Fragestellungen und Indikatoren aufzuhellen. Damit waren Nachfragen bei den kommunalen Haushaltsexperten erforderlich.

  Wenn der kommunale Ausgabenumfang als wichtige Bestimmungsgröße für den Nachweis kommunal unterschiedlicher Problembearbeitung gelten soll, ist es nötig, reale finanzielle Eigenleistungen der Kommunen zu extrahieren. Dies setzt jedoch voraus, daß jeweilige Einnahmen genau spezifiziert und entsprechende Ausgaben haushaltstechnisch zu identifizieren sind. Neben dem eben erwähnten Problem unspezifizierter Anmerkungen ist festzuhalten, daß bestimmte feste Einnahmen/Ausgaben-Relationen selten zu erkennen sind. Hohe Ausgaben bei geringen Einnahmen in einem Haushaltsunterabschnitt suggerieren so u.U. einen hohen kommunalen Eigenanteil, können aber zu falschen Schlußfolgerungen führen. Die zu diesen Ausgaben gehörenden hohen Einnahmen sind möglicherweise in anderen Haushaltsposten vereinnahmt. Die tatsächlichen finanziellen Eigenleistungen der Kommunen als hypothetisch wichtiges Maß dezentraler Reaktionen auf die Jugendarbeitslosigkeit waren somit ebenfalls erst durch weitere Expertengespräche näher bzw. sicherer erfaßbar.

- Im Zentrum dieses Zweiten Untersuchungsschrittes "Kommunale Sozialhaushalte und Jugendarbeitslosigkeit" steht der kommunale Einzelhaushalt (E.H.) 4: "Soziale Sicherung". Vielfach erweist sich dieser jedoch als wenig aussagekräftig. Ein analytischer Nachvollzug kommunaler Ausgaben für Maßnahmen und Einrichtungen im Problemkontext Jugendarbeitslosigkeit erfordert, auch andere Einzelhaushalte in die Analysen einzubeziehen. So hat sich gezeigt, daß ein entsprechender Anteil des kommunalen finanziellen Engagements nicht im Einzelhaushalt 4 erscheint, sondern im Schuletat. Ausgaben im Schul- und Berufsschulbereich, im Bereich der Volkshochschulen und Ausgaben, die entstehen, wenn die Kommunen über ihren eigenen Personalbedarf hinaus ausbilden, sind aber oft ohne (Arbeitslosigkeits-) Spezifikation in den normalen Haushaltsunterabschnitten veranschlagt (z.B. E.H. 2 'Schulen') und waren damit ohne klärende Expertengespräche problembezogen (auch über Sammelnachweise) nicht zu erfassen. Sachkosten der für alle Haushaltsbereiche anfallenden Arbeitsbeschaffungsmaßnahmen (ABM) waren ebenfalls nicht direkt problembezogen zu ermitteln.

2.2. Gesamthaushalte und Einzelhaushalte 4: ("Soziale Sicherung")

Die Entwicklung der Ausgaben des Verwaltungshaushaltes aller untersuchten Kommunen zeigt von 1975 bis 1985 eine stetige Steigerung (vgl. Übersicht 7) und scheint sich damit dem Ausgabenverhalten von Bund und Ländern anzuschließen.

Übersicht 7: Ausgaben des Ordentlichen oder Verwaltungshaushaltes; in Tsd.; Rechnungsergebnisse; 1975 = 100

Jahr	DUISBURG		DORTMUND		HAMM		OBERHAUSEN		ESSEN		KREFELD	
	abs.	rel.	abs.	rel.	abs.	rel.	abs.	rel.	abs.	rel.	abs.	rel.
1975	974.203	100.00	1.142.724	100.00	211.448	100.00	353.512	100.00	1.067.667	100.00	380.495	100.0
1976	1.057.784	108.53	1.174.969	102.82	237.148	112.15	348.297	98.52	1.138.870	106.67	421.069	110.6
1977	1.127.901	115.78	1.129.358	98.83	256.225	121.18	368.990	104.38	1.233.375	115.52	469.501	123.3
1978	1.143.750	117.40	1.249.540	109.35	266.897	126.22	391.080	110.63	1.322.612	123.90	473.450	124.4
1979	1.199.302	123.11	1.309.363	114.58	281.332	133.05	406.924	115.11	1.390.428	130.23	511.728	134.4
1980	1.313.045	134.78	1.413.535	123.70	315.555	149.24	478.140	135.25	1.429.608	133.90	542.157	142.4
1981	1.337.160	137.26	1.476.180	129.18	322.623	152.58	490.557	138.77	1.475.285	138.18	565.967	148.7
1982	1.417.804	145.53	1.525.340	133.48	332.802	157.39	516.509	146.11	1.540.259	144.26	574.580	151.0
1983	1.381.162	141.77	1.536.831	134.49	321.854	152.21	515.124	145.72	1.576.109	147.62	587.711	154.4
1984	1.436.386	147.44	1.616.068	141.42	370.115	175.04	541.902	153.29	1.647.354	154.29	608.806	160.0

Quellen: Haushaltspläne der Kommunen und eigene Berechnungen.

Werden für alle untersuchten Kommunen die Ausgaben des Verwaltungshaushaltes 1975 gleich 100 gesetzt (Index), ergibt sich für 1984 folgende Rangfolge der Steigerungsraten:

Hamm	175.04 v.H.
Krefeld	160.00 v.H.
Essen	154.29 v.H.
Oberhausen	153.29 v.H.
Duisburg	147.44 v.H.
Dortmund	141.42 v.H.

Auffallend sind die relativ geringen Steigerungsraten der Stahlstandorte und damit der von Strukturkrisen besonders betroffenen Großkommunen. Hier dürfte vor allem der in den letzten Jahren einsetzende Konsolidierungsdruck für ein geringeres Wachstum im Ordentlichen Haushalt verantwortlich sein.

Wird hypothetisch davon ausgegangen, daß die Variationen der Sozialausgaben (auch) einen kommunalen Problemdruck anzeigen, andererseits aber ebenso im Sozialetat Kürzungen möglich sind, rückt der Einzelhaushalt 4: <u>Soziale</u> <u>Sicherung</u> insgesamt wie die Entwicklung und Gewichtung seiner Unterabschnitte in den Mittelpunkt des Forschungsinteresses. Für die untersuchten Kommunen ergibt sich seit 1975 folgendes Bild der Ausgabenentwicklung des "Sozialetats" (Übersicht 8).

Übersicht 8: Einzelhaushalt 4 Soziale Sicherung (ordentl.Haushalt): Ausgaben; 1975 = 100; Rechnungsergebnisse

Jahr	DUISBURG		DORTMUND		HAMM		OBERHAUSEN		ESSEN		KREFELD	
	abs.	rel.	abs.	rel.	abs.	rel.	abs.	rel.	abs.	rel.	abs.	rel.
1975	181.141	100.00	201.508	100.00	38.516	100.00	65.493	100.00	212.974	100.00	77.284	100.00
1976	203.686	112.45	226.576	112.44	41.626	108.07	70.431	107.54	234.346	110.04	86.438	111.84
1977	227.452	125.57	246.767	122.46	45.070	117.02	79.925	122.04	249.234	117.03	95.371	123.40
1978	224.501	123.94	273.974	135.96	44.242	114.87	88.083	134.49	265.908	124.85	100.525	130.07
1979	237.626	131.18	295.369	146.58	47.474	123.26	88.955	135.82	275.929	129.56	102.554	132.70
1980	263.482	145.46	335.012	166.25	52.931	137.43	102.278	156.17	298.128	139.98	112.078	145.02
1981	279.649	154.38	370.230	183.73	58.710	152.43	110.089	168.09	318.341	149.47	118.909	153.86
1982	288.443	159.24	399.208	198.11	61.478	159.62	116.154	177.35	342.650	160.89	121.693	157.46
1983	283.838	156.69	410.827	203.88	60.687	157.56	119.345	182.23	349.846	164.27	124.994	161.73
1984	294.655	162.67	426.830	211.82	63.455	164.75	125.845	192.15	397.483	186.63	129.678	167.79

Quellen: Haushaltspläne der Kommunen und eigene Berechnungen.

Interessant ist ein Vergleich des Einzelhaushalts 4 mit dem Gesamt-Verwaltungshaushalt im Zeitablauf (vgl. Übersicht 9). Es zeigt sich erstens eine größere Ausgabensteigerung des Einzelhaushalts 4 und zweitens eine nahezu umgekehrte Rangfolge der Kommunen, die sich auch im weiteren fortsetzt.

Übersicht 9:

Rangfolge der Ausgabensteigerungen im "Sozialhaushalt" (1984)(A) und Rangfolge der Ausgabensteigerungen im gesamten Verwaltungshaushalt (1984)(B); 1975 = 100

	(A)	(B)
Dortmund	211.82 %	141.42 %
Oberhausen	192.15 %	153.29 %
Essen	186.63 %	154.29 %
Krefeld	167.79 %	160.00 %
Hamm	164.75 %	175.04 %
Duisburg	162.67 %	147.44 %

Quelle: Eigene Berechnungen auf Basis der kommunalen Haushaltspläne.

Diese Entwicklung zeigt sich erneut, wenn die <u>Anteilssteigerungen</u> berechnet werden, die der Einzelhaushalt 4 am Gesamt-Verwaltungshaushalt der untersuchten Kommunen im Beobachtungszeitraum insgesamt erfahren hat. Auch hier hält die Stadt Dortmund eine Spitzenposition. Der Anteil des Einzelhaushalts 4 "Soziale Sicherung" an den Ausgaben des gesamten ordentlichen Haushaltes steigt dort von 1975 (17.63 v.H.) bis 1984 (26.41 v.H.) um 8.78 Prozentpunkte. Entsprechend läßt sich folgende Rangordnung erstellen:

Dortmund	8.78 v.H.
Oberhausen	4.69 v.H.
Essen	4.18 v.H.
Duisburg	1.92 v.H.
Krefeld	0.99 v.H.
Hamm	-1.03 v.H.

Für das Jahr 1983 (dem Jahr mit den jeweils höchsten Anteilen) ergibt sich folgende Rangfolge des Anteils des Einzelhaushalts 4 "Soziale Sicherung" am Gesamt-Verwaltungshaushalt (Ausgaben):

Dortmund	26.73 v.H.
Oberhausen	23.17 v.H.
Essen	22.20 v.H.
Krefeld	21.27 v.H.
Duisburg	20.55 v.H.
Hamm	18.86 v.H.

Gegenläufig zur Entwicklung der Ausgaben des Gesamt-Verwaltungshaushaltes zeigt sich somit insbesonders für Dortmund ein hoher Anteil der Ausgaben zur Sozialen Sicherung. Diese Tendenz wird wesentlich durch Ausgaben für die Sozialhilfe nach dem BSHG bewirkt, in denen sich auch die Massenarbeitslosigkeit spiegelt. Wird das "Krisenjahr 1983 als Bezugspunkt genommen, ergibt sich als Rangfolge der Ausgabenentwicklung für <u>Sozialhilfe nach dem BSHG</u> (1975 = 100) für alle Kommunen:

Dortmund	222.76 v.H.
Essen	217.68 v.H.
Oberhausen	201.76 v.H.
Krefeld	182.83 v.H.
Duisburg	166.97 v.H.
Hamm	123.37 v.H.

Insgesamt zeigt sich hinsichtlich der Sozialhilfeausgaben für alle Kommunen folgendes Bild (vgl. Übersicht 10). Die Berechnungen dieser Angaben werden jedoch kommunal z.T. unterschiedlich gehandhabt. Die folgende Darstellung unterliegt damit gewissen Vorbehalten.

Übersicht 10: Aufwand Sozialhilfe nach BSHG; in Tsd. (1975 = 100)

Jahr	DUISBURG		DORTMUND		HAMM		OBERHAUSEN		ESSEN		KREFELD	
	abs.	rel.	abs.	rel.	abs.	rel.	abs.	rel.	abs.	rel.	abs.	rel.
1975	70.091	100.00	64.999	100.00	16.134	100.00	21.054	100.00	68.228	100.00	30.675	100.00
1976	82.363	117.51	73.332	112.82	17.216	106.71	23.746	112.79	79.336	116.28	33.873	110.43
1977	90.632	129.31	82.137	126.37	16.261	100.79	26.600	126.34	86.010	126.06	38.852	126.66
1978	91.518	130.57	88.029	135.43	15.589	96.62	29.578	140.49	96.561	141.53	40.345	131.52
1979	91.134	130.02	92.727	142.77	14.855	92.07	28.795	136.77	100.560	147.39	40.485	131.98
1980	94.516	134.85	99.225	152.66	14.750	91.42	28.996	137.72	106.485	156.07	44.211	144.13
1981	100.035	142.72	118.292	181.99	15.916	98.65	32.060	152.28	115.353	169.06	45.600	148.66
1982	109.303	155.94	132.684	204.13	17.430	108.03	35.642	169.29	130.824	191.74	48.934	159.52
1983	117.030	166.97	144.790	222.76	19.905	123.37	42.470	201.72	148.516	217.68	56.084	182.83
1984	124.420	177.51	147.439	226.83	21.269	131.83	---	---	178.796	262.06	59.597	194.29

Quellen: Statistische Jahrbücher der Kommunen und eigene Berechnungen.

2.3. Kommunale Jugendpolitik im Einzelhaushalt 4 ("Soziale Sicherung")

Neben der Sozialhilfe prägen vor allem freiwillige und Pflichtleistungen im Rahmen der Jugendhilfe den Einzelhaushalt 4 "Soziale Sicherung". Hier erscheinen <u>auch</u> Ausgaben für den Problembereich Jugendarbeitslosigkeit, soweit entsprechende Maßnahmen im Verantwortungsbereich des Jugendamtes liegen. Veränderungen im Ausgabeverhalten verweisen somit auf - kommunal möglicherweise unterschiedliche - jugendpolitische Handlungsstrategien angesichts der Jugendarbeitslosigkeit. Der Versuch, kommunales jugendpolitisches Budgetverhalten zu analysieren, stößt allerdings auf mehrere Schwierigkeiten. (a) Je nach Schwerpunkt der kommunalen Aktivitäten werden Ausgaben u. U. in unterschiedlichen Haushaltsabschnitten verbucht. (b) Innerhalb eines Haushaltsabschnitts ist darüberhinaus kaum eine interkommunale Vergleichbarkeit möglich. (c) Um kommunale <u>Eigen</u>leistungen extrahieren zu können, ist es nötig, evtl. Fremdfinanzierungen zu berücksichtigen. Oft sind diese aber in anderen Haushalten vereinnahmt. (d) Häufig existieren in den Haushaltsplänen keine eindeutigen Definitionen oder Anmerkungen zu bestimmten Einnahme- oder Ausgabepositionen. Einnahmen- und

Ausgabepositionen beziehen sich namentlich ebenfalls selten auf mögliche Bundes- oder Landesprogramme (hier: gegenüber der Jugendarbeitslosigkeit). (e) Gründe für eine Diskrepanz zwischen Haushaltsansatz und schließlichem Rechnungsergebnis sind letztlich nicht oder nur sehr schwer zu erfassen. Deshalb erfolgt hier eine Beschränkung auf jeweilige Jahres-Rechnungsergebnisse.

2.3.1. Haushaltsunterabschnitt 407 ("Verwaltung der Jugendhilfe")

Im Haushaltsunterabschnitt 407 "Verwaltung der Jugendhilfe" werden in der Regel Einnahmen und Ausgaben zusammengefaßt, die im Verantwortungsbereich des Jugendamtes liegen (allgemeine Verwaltung der Jugendhilfe: Personal- u. Sachkosten).

Übersicht 11: Entwicklung der Haushalte 407: Verwaltung der Jugendhilfe in Tsd.; (1975 = 100)

Jahr	DUISBURG		DORTMUND		HAMM		OBERHAUSEN		ESSEN		KREFELD	
	abs.	rel.	abs.	rel.	abs.	rel.	abs.	rel.	abs.	rel.	abs.	rel.
1975	11.368	100.00	6.876	100.00	2.460	100.00	3.965	100.00	8.118	100.00	2.362	100.00
1976	12.682	111.56	7.956	115.71	2.970	120.73	4.016	101.29	8.577	105.65	2.351	99.53
1977	14.075	123.81	9.003	130.93	3.026	123.01	4.361	109.99	9.702	119.51	2.899	122.73
1978	14.298	125.77	9.667	140.59	3.438	139.76	4.829	121.79	12.318	151.74	3.043	128.83
1979	15.116	132.97	11.323	164.67	3.801	154.51	4.928	124.29	11.728	144.47	3.335	141.19
1980	16.267	143.09	13.233	192.45	5.003	203.37	5.236	132.06	12.832	158.07	3.566	150.97
1981	17.276	151.97	13.884	201.92	5.280	214.63	5.541	139.75	13.278	163.56	3.741	158.38
1982	17.673	155.46	14.119	205.34	5.516	224.23	5.704	143.86	13.684	168.56	3.770	159.61
1983	18.920	166.43	14.220	206.81	4.955	201.42	5.991	151.10	13.874	170.90	3.576	151.40
1984	19.122	168.20	14.541	211.47	5.194	211.14	6.175	155.74	15.345	189.02	3.942	166.89

Quellen: Haushaltspläne der Kommunen und eigene Berechnungen.

Für alle Kommunen zeigt die Übersicht 11 im Beobachtungszeitraum einen stetigen Anstieg der Ausgaben (absolut). Unterschiedlich verlaufen jedoch die einzelkommunalen Entwicklungen. Es ergibt sich folgende Steigerungsrangfolge des Verwaltungsetats Jugendhilfe (Haushalt 407) im Jahr 1984, bezogen auf 1975:

Dortmund	211.47 v.H.
Hamm	211.14 v.H.
Essen	189.02 v.H.
Duisburg	168.20 v.H.
Krefeld	166.89 v.H.
Oberhausen	155.74 v.H.

Unterschieden nach dem Anteil "Verwaltung der Jugendhilfe" am gesamten "Sozialhaushalt" 1984 ergibt sich die Rangfolge:

Hamm	8.19 v.H.
Duisburg	6.49 v.H.
Oberhausen	4.91 v.H.
Essen	3.86 v.H.
Dortmund	3.41 v.H.
Krefeld	3.04 v.H.

Während somit in Dortmund und Hamm die Ausgaben (absolut) für die Verwaltung der Jugendhilfe von 1975 - 1984 mehr als verdoppelt wurden, zeigt jedoch am deutlichsten nur die Stadt Hamm, daß damit auch ein relativ hoher Anteil der Ausgaben des gesamten Sozialhaushaltes realisiert wird. Daraus ergibt sich die Frage, wieweit dieser relativ hohe Anteil (mehr als dreimal so hoch wie in Krefeld!) auf (welche?) spezifischen Handlungsorientierungen im jugendpolitischen Sektor verweist. Hohe Ausgaben in diesem Bereich könnten z.B. sowohl von ineffizient aufgeblähtem Personalstand zeugen als auch von einer höheren Problemsensibilität gegenüber jugendpolitischen Aufgaben. Auch dieser Frage wird in den weiteren Untersuchungsschritten nachzugehen sein.

2.3.2. Haushaltsunterabschnitt 456 ("Jugendpflege")

Der Jugendpflegebereich erfaßt freiwillige Leistungen der kommunalen Sozial- bzw. Jugendpolitik. Wie verändert sich dieser Leistungstypus im Zeitablauf, auch im Vergleich z.B. gegenüber den Pflichtleistungen gemäß JWG und wie erscheint seine Dynamik interpretierbar?

Die Übersicht 12 eröffnet interessante Einsichten. Während sich in Hamm, Oberhausen und Essen für die Jugendpflege stetige Steigerungen bzw. eine relative Konstanz zeigen (bei sehr hohen Steigerungen in Hamm), weisen Duisburg, Dortmund und Krefeld konträre Entwicklungen auf (in Dortmund erst ab 1982). Hier wurden die "freiwilligen" jugendpolitischen Aufwendungen z. T. drastisch gekürzt. Es wird (in späteren Unter-

Übersicht 12: Entwicklung der Haushalte 456:
Jugendpflege; in Tsd.(1975 = 100)

Jahr	DUISBURG		DORTMUND		HAMM		OBERHAUSEN		ESSEN		KREFELD	
	abs.	rel.	abs.	rel.	abs.	rel.	abs.	rel.	abs.	rel.	abs.	rel.
1975	1.819	100.00	1.097	100.00	47	100.00	189	100.00	268	100.00	314	100.00
1976	1.838	101.04	1.376	125.43	82	174.47	192	101.59	221	82.46	208	66.24
1977	1.525	83.84	1.346	122.70	119	253.19	265	140.21	194	72.39	269	85.67
1978	942	51.79	1.353	123.34	120	255.32	215	113.76	250	93.28	224	71.34
1979	1.137	62.51	1.604	146.22	120	255.32	229	121.76	384	143.28	230	73.25
1980	1.157	63.61	1.876	171.01	155	329.79	288	152.38	521	194.40	293	93.31
1981	1.196	65.75	1.399	127.53	184	391.49	261	138.10	478	178.36	224	71.34
1982	1.078	59.26	1.196	109.02	139	295.74	293	155.03	412	153.73	175	55.73
1983	685	37.65	1.025	93.44	127	270.21	270	142.86	494	184.33	190	60.51
1984	797	43.81	1.074	97.90	159	338.30	255	134.92	464	173.13	187	59.55

Quellen: Haushaltspläne der Kommunen und eigene Berechnungen.

suchungsschritten) zu prüfen sein, welche Bedeutung diese Reduktion der freiwilligen Leistungen im Horizont der Jugendarbeitslosigkeit zukommt.

Die Veränderungsraten des Haushaltsunterabschnitts 456 für 1983 (1975 = 100) zeigt die Rangfolge:

Hamm	270.21 v.H.
Essen	184.33 v.H.
Oberhausen	143.86 v.H.
Dortmund	93.44 v.H.
Krefeld	60.51 v.H.
Duisburg	37.65 v.H.

Die Anteile des Haushaltsunterabschnitts 456 am gesamten Sozialhaushalt erreichten 1983:

Dortmund	0.26 v.H.
Hamm	0.26 v.H.
Duisburg	0.24 v.H.
Oberhausn	0.22 v.H.
Krefeld	0.15 v.H.
Essen	0.14 v.H.

Obwohl in Duisburg der rapideste Abstieg der Jugendpflege-Ausgaben zu beobachten ist, sind sie relativ im Vergleich zu den anderen Kommunen doch etwa gleich stark am gesamten "Sozialhaushalt" beteiligt. Wenn bei diesem relativ hohen Anteil Duisburgs jedoch zugleich der stärkste Rückgang zu konstatieren ist, bietet sich gerade Duisburg an, um der obigen Frage nach dahinterliegenden jugendpolitischen Strategien (später) nachzugehen.

2.3.3. Haushaltsunterabschnitt 475 ("Förderung der Jugendhilfe")

Unter "Förderung der Jugendhilfe" werden primär die finanziellen Zuweisungen an die Freien Träger der Jugendhilfe erfaßt. Dies sind sowohl freiwillige Leistungen der Kommunen selbst als auch Überweisungen von Mitteln aus Bundes- und Landesprogrammen. In diesem Haushaltsabschnitt sind so unterschiedliche Verwendungszwecke wie "Jugendverbände" und "Kindergärten" usw. erfaßt, daß seine detaillierte Analyse im gegebenen Kontext nur Sinn hat, wenn für alle Kommunen Ausgaben gegen (die Folgen der) Jugendarbeitslosigkeit in diesem Haushaltsposten zu finden wären. Dies ist jedoch nicht der Fall.

So zeigt die Übersicht 13, daß die Förderung der Freien Träger über den Beobachtungszeitraum hinweg allgemein erhöht wurde, wenn auch mit deutlichen Unterschieden in den Steigerungsraten. (Der für 1983 durchgängig zu konstatierende Rückgang der Aufwendungen ist auf Änderungen im Rahmen des Kindergartengesetzes zurückzuführen).

Übersicht 13: Entwicklung der Haushalte 475: Förderung der Jugendhilfe; in Tsd. (1975 = 100)

Jahr	DUISBURG		DORTMUND		HAMM		OBERHAUSEN		ESSEN		KREFELD	
	abs.	rel.	abs.	rel.	abs.	rel.	abs.	rel.	abs.	rel.	abs.	rel.
1975	6.744	100.00	9.901	100.00	3.518	100.00	4.038	100.00	12.148	100.00	4.329	100.00
1976	7.065	104.76	11.569	116.85	4.164	118.36	5.036	124.72	16.737	137.78	5.163	119.27
1977	7.398	109.70	12.188	123.10	4.775	135.73	5.381	133.26	16.668	137.21	5.333	123.19
1978	8.052	119.40	14.983	151.33	5.390	153.21	6.475	160.35	22.664	186.57	6.111	141.16
1979	11.716	173.72	15.353	155.07	5.734	162.99	6.408	158.69	21.714	178.75	7.372	170.29
1980	17.926	265.81	19.105	192.96	7.621	216.63	7.884	195.25	25.728	211.79	7.960	183.88
1981	18.230	270.31	20.103	203.04	7.989	227.09	8.273	204.88	26.973	222.04	9.445	218.18
1982	19.583	290.38	21.152	213.63	8.533	242.55	8.691	215.23	28.243	232.49	9.302	214.88
1983	10.192	151.01	10.621	107.27	5.381	152.96	4.971	123.11	17.643	145.23	4.856	112.17
1984	10.399	154.19	10.955	110.65	5.734	162.99	5.031	124.59	18.912	155.68	5.243	121.11

Quellen: Haushaltspläne der Kommunen und eigene Berechnungen.

Für 1984 ergibt sich die folgende Rangfolge der Steigerungsraten (1975 = 100):

Hamm	162.99 v.H.
Essen	155.68 v.H.
Duisburg	154.19 v.H.
Oberhausen	124.59 v.H.
Krefeld	121.11 v.H.
Dortmund	110.65 v.H.

Da sich eine analoge Relation auch ergibt, wenn die Rangfolge des Anteils der Jugendhilfeförderung am gesamten Sozialhaushalt für 1984 berechnet wird (zwischen Hamm = 9.04 v.H. bis Dortmund = 2.57 v.H.), lassen sich hier, mit der gebotenen Vorsicht, gewisse jugendpolitische Grundstrategien der Kommunen erkennen. (Diese Aussage ist noch durch die folgenden Untersuchungsschritte zu kontrollieren.) Während Hamm, Essen und Duisburg sich zunehmend darauf konzentrieren, Freie Träger (der Jugendhilfe), Jugendverbände und eventuell Selbsthilfegruppen finanziell zu unterstützen, zeigen Oberhausen und Krefeld eine eingeschränkte Tendenz in dieser Richtung. Dortmund legt dagegen weniger programmatischen und finanziellen Wert auf die Förderung der Jugendhilfe (und zeigt zudem auch einen sinkenden Jugendpflege-Ausgabenanteil). Daß diese jugendpolitischen Strategien auch mögliche Konsequenzen der Haushaltssparmaßnahmen und einer vor diesem Hintergrund durchgeführten Aufgabenkritik sein können, wurde bereits oben erwähnt.

2.4. Kommunale Ausgaben gegen Jugendarbeitslosigkeit: Zusammenfassung

Mögliche oder tatsächliche kommunale Ausgaben für Maßnahmen und Einrichtungen gegen Jugendarbeitslosigkeit bzw. ihrer Folgen werden unterschiedlich entweder in den Haushaltsabschnitten 407, 454, 456 oder 475 erfaßt. Diese Ansätze wurden (z.T.) oben näher betrachtet. Die haushaltstechnische Behandlung von Einnahmen und Ausgaben verweist u.U. aber auch auf kommunalspezifische Problemeinschätzungen und Handlungsstrategien, die in weiteren Untersuchungsschritten noch näher zu klären sein werden. Bisher läßt sich jedoch insgesamt feststellen,daß sich die entsprechenden <u>Ausgaben angesichts der Jugendarbeitslosigkeit in allen Kommunen und über den gesamten Beobachtungszeitraum hinweg quantitativ recht langsam entwickelt und insofern nicht zu gravierenden Verschiebungen im Sozialhaushalt geführt haben.</u> Werden hier zunächst die kommunal unterschiedlichen Gewichtungen zwischen traditioneller Jugendpflege und der Förderung Freier Träger, in der eventuell auch Maßnahmen gegen Jugendarbeitslosigkeit enthalten sind, ausgeklammert, läßt sich danach aus der Haushaltsanalyse zunächst die These kaum aufrechterhalten, daß ein lokaler, massiver Problemdruck sich auch haushaltsmäßig deutlich niederschlägt. Eine tendenzielle Modifikation ergibt sich erst zur Mitte der 80er Jahre. Nun gingen fast alle Kommunen z.B. dazu über, Werkstattprojekte mitzufinanzieren, zu unterstützen oder auch selbst für außerbetriebliche Ausbildungsstätten zu sorgen. Jetzt wurde deutlich, daß parallel zu den dabei aufgewandten Mitteln (teilweise in Millionenhöhe) sich auch die entsprechenden Haushaltsdebatten vertieften und es teilweise zu entsprechenden haushaltstechnischen Änderungen kam (z.B. Einrichtung eines eigenen Haushaltsunterabschnitts "Jugendarbeitslosigkeit"; Duisburg, Oberhausen).

Wie im Ersten Untersuchungsschritt (vgl. oben) gezeigt, sind es zwei Zeiträume, die stark gestiegene bzw. sehr hohe Werte der Jugendarbeitslosigkeit aufweisen, 1977 - 1978 und 1981 - 1983. Diese Aussage gilt sowohl für arbeitslose Jugendliche bis unter 20 Jahren als auch für arbeitslose Jugendliche bis unter 25 Jahren. Wird dazu korrespondierend die Entwicklung der jugendpolitischen Aufwendungen betrachtet, lassen sich zunächst kaum interkommunale Gemeinsamkeiten in Form gleichartiger Veränderungen oder auch verzögerter Veränderungen erkennen. Dabei erschwert allerdings die z.T. sehr unterschiedliche kommunale Haushaltspraxis die Analyse. Erst etwa mit der zweiten Welle der Jugendarbeitslosigkeit (1981-1983) fließen vermehrt Mittel, allerdings primär aus entsprechenden Bundes- und Landesprogrammen (!), die nun entsprechend in den Haushaltsansätzen der Kommunen erscheinen und das kommunale Handeln prägen. Nun ist eine spezifische jugendpolitische Dynamik erkennbar: Wo Bundes- und Landesprogramme gegen die (Folgen der) Jugendarbeitslosigkeit mit Finanzuweisungen angeboten wurden, wurden sie von den Kommunen wahrgenommen. Wo dagegen eventuelle kommunale Eigenanteile nicht aufzubringen waren, wurden die Programme u.U. auch nicht übernommen. Die kommunale Haushaltssituation war eine deutliche Bremse des jugendpolitischen Engagements.

Um über den gesamten Untersuchungszeitraum der Entwicklung von Problemdruck und Haushaltsverhalten nachzugehen (also eine mögliche zeitliche "Kausalität" von Problemdruckerhöhung und Reaktion im Sinne der Ausgabenintensität zu erschließen), muß aufgrund des Charakters der überwiegenden Maßnahmen gegen Jugendarbeitslosigkeit, der Schuletat in die Analyse einbezogen werden. Auch diese Analyse offenbart jedoch schnell die Probleme, die bereits eingangs erwähnt wurden.

- Kommunale Maßnahmen gegen die Jugendarbeitslosigkeit sind zu einem sehr hohen Anteil Umsetzungen von Bundes- und Landesprogrammen. Entsprechende Mittelzuweisungen wie Ausgaben wurden oft in verschiedenen Haushaltsabschnitten verbucht, teilweise waren sie aus den Haushaltsplänen nicht erkennbar. Ohne weitere Expertennachfragen sind dort keine Rückschlüsse auf spezifische Intentionen bzw. Handlungsstrategien der Sozial- und Jugendpolitik zu ermitteln.

- Über die Inanspruchnahme von Bundes- und Landesprogrammen hinausgehende, eigeninitiierte Maßnahmen der Kommunen gegen bzw. angesichts der Jugendarbeitslosigkeit lassen sich im Einzelhaushalt 4 "Soziale Sicherung" kaum feststellen. Das "Modell Dortmund" z.B., mit einem prägnant hohen Anteil an städtischen Auszubildenden (und einer sehr hohen Zahl an Arbeitsbeschaffungsmaßnahmen), findet im Sozial- und Jugendhaushalt keinen Niederschlag. Ein Resultat, das in weniger deutlicher Ausprägung auch in allen anderen Kommunen festzustellen ist.

Ziel der Analyse kommunaler (Sozial-)Haushalte war es - im Rahmen der Kette aller Untersuchungsschritte - die Reaktionen der (bzw. zugunsten der) dezentralen Handlungsebene angesichts des Problemdrucks Jugendarbeitslosigkeit zu erfassen. Erforscht werden sollte, ob, in welchem Ausmaß und zu welchem Zeitpunkt das Problem Jugendarbeitslosigkeit zu haushaltsmäßig identifizierbarem Ausgabenverhalten (Verschiebungen, Umwidmungen) geführt hat.

(a) Dabei ist der allgemeine kommunale Ausgabendruck einerseits und der haushaltsmäßige Konsolidierungsdruck andererseits bedeutsam. Diese doppelte, widersprüchliche Tendenz ließ sich für alle untersuchten Kommunen auch (im hier zentralen) Einzelhaushalt 4 "Soziale Sicherung" erkennen, wenn auch mit kommunalen Unterschieden.

Im Vergleich der sechs untersuchten Kommunen nehmen Dortmund und Oberhausen in der Ausgabenentwicklung relative Spitzenpositionen ein. In beiden Städten steigen sowohl der gesamte Einzelhaushalt 4 als auch (darin) die Sozialhilfeausgaben deutlich. In beiden Städten erreichen die Ausgaben des Sozialhaushaltes rund 1/4 der Ausgaben des gesamten Verwaltungshaushaltes. Am untersten Ende dieser Rangfolge stehen Krefeld, Hamm und überraschend auch Duisburg. Im Falle Duisburg gilt die Vermutung insoweit, daß es hier trotz eines sehr hohen Problemdrucks (Arbeitslosigkeit) zu vermehrten Konsolidierungsanstrengungen kam, die auch den Sozialhaushalt nicht ausnahmen. Dieser Eindruck relativiert sich allerdings bei der Betrachtung des Anteils der Sozialhilfeausgaben am gesamten Sozialhaushalt. Hier zeigen sich in Duisburg und auch Krefeld besonders hohe Anteile. Dies scheint auf eine besonders hohe Belastung durch Dauer-Arbeitslose und sonstige Problemgruppen hinzuweisen. Insgesamt zeigt der Einzelhaushalt 4 für alle Kommunen im Beobachtungszeitraum einen stetigen Anstieg. Er verweist damit allgemein auf den sozialen Problemdruck der untersuchten Kommunen. Die Dynamik in dem jeweiligen Sozialhaushalt ist jedoch unterschiedlich.

Der größte Posten innerhalb des Sozialetats ist die Sozialhilfe nach dem BSHG. 1983 lag deren Anteil am gesamten Sozialhaushalt für alle Kommunen unterschiedlich zwischen ca. 32 v.H. und 44 v.H. Die Steigerungsraten, bezogen auf 1975, betrugen in den Großkommunen rund 3 v.H., während die kleineren Kommunen abweichende Entwicklungen aufwiesen: Krefeld zeigt eine Steigerung im 8-Jahres-Zeitraum von über 5 v.H.; in Hamm dagegen sinkt der Anteil um ca. 9 v.H.. Andererseits ist absolut ein stetiges Steigen der Ausgaben gegeben. In späteren Untersuchungsschritten ist zu versuchen, die kommunalen Unterschiede näher zu erschließen.

(b) Diese Globalwerte sind für das zentrale Projektinteresse allerdings erst sehr begrenzt informativ. Deutlich wird darin offenbar zunächst, daß die massiven sozioökonomischen Problemlagen (insbesondere auch des Arbeitsmarktes) in ausgewählten Ruhrgebietskommunen seit der Mitte der 1970er Jahre zu haushaltsmäßig identifizierbaren Ausgabeveränderungen führten. Die Beantwortung der im Rahmen des Projekts jedoch entscheidenden Frage, wieweit das Problem der Jugendarbeitslosigkeit zu haushaltsmäßig identifizierbaren Verschiebungen geführt hat, war damit noch näher zu beleuchten. Werden die Pflichtaufgaben innerhalb der Jugendhilfe als nicht disponibel ausgeschlossen, verbleiben vorerst drei operationsfähige Haushaltsunterabschnitte, an denen sich mögliche kommunale Handlungsstrategien und damit u.U. auch unterschiedliche Reaktionen auf den Problemdruck Jugendarbeitslosigkeit identifizieren lassen. Der Haushaltsunterabschnitt 407 ("Verwaltung der Jugendhilfe") zeigt als Verwaltungsetat des Jugendamtes für alle untersuchten Kommunen im interessierenden Zeitraum eine Steigerung zwischen 50 v.H. und mehr als 110 v.H.. Werden diese Steigerungen als allgemeines Indiz dafür genommen, daß sich die Aktivitäten im Verantwortungsbereich des Jugendamtes innerhalb der letzten 10 Jahre aufgrund des Problemdrucks erhöhten, ist jedoch weiter zu fragen, in welchen jugendpolitischen Aufgabenbereichen sich die Aktivitäten vermehrten. Der Haushaltsunterabschnitt 456 ("Jugendpflege"), als traditioneller Ansatz freiwilliger Jugendsozialarbeit, zeigt eine gegenläufige Entwicklung: In drei der untersuchten Kommunen erhöhte sich dieser Sektor wesentlich, in den anderen zeigten sich z.T. rapide Abstriche. In weiteren Untersuchungsschritten ist zu versuchen, die unter diesen Zahlen stehenden unterschiedlichen jugendpolitischen Strategien aufzudecken. Der Haushaltsunterabschnitt 475 ("Förderung der Jugendhilfe") enthält als wichtige Aufwendungen die Förderung Freier Träger der Jugendhilfe. Sie verweisen auf die Realisierung des Subsidiaritätsprinzips. Zugleich zeigen sich kommunenspezifisch unterschiedliche Präferenzen für dieses Postulat. Für den Jugendpflegesektor (456) wie für die Förderung der Jugendhilfe (475) zeigen sich deutliche Gegenpositionen: Dortmund weist sinkende Ausgaben in den Einzelhaushalten 456 und 475 auf, in Hamm lassen sich erhöhte Ausgaben in diesen Sektoren erkennen. Während Hamm, Essen und Duisburg sich zunehmend darauf zu konzentrieren scheinen, Freie Träger der Jugendhilfe, Jugendverbände etc. finanziell zu unterstützen, lassen sich für Oberhausen, Krefeld und besonders in Dortmund (haushaltsbezogen) gegenteilige Befunde erkennen.

Die Entwicklung des Einzelhaushalts 4 "Soziale Sicherung" im Jugendpolitiksektor mit seinen jugendpolitischen Unterabschnitten 407 (Verwaltung der Jugendhilfe), 456 (Jugendpflege) und 475 (Förderung der Jugendhilfe) zeigt zusammengefaßt die Übersicht 14. Sie gibt die Steigerungsraten im Jahr 1984 wieder (1975 = 100).

In den Präferenzen für bestimmte jugendpolitische Strategien, hier interpretiert in den Veränderungsraten für jeweilige Haushaltsansätze, zeigen somit die Kommunen teilweise Parallelen, teilweise jedoch auch deutlich unterschiedliche Profile. Sie verweisen auf kommunal differente Handlungsmuster. Insgesamt kann somit, auf der Basis dieser erst begrenzten (Haushalts-) Informationen, davon ausgegangen werden, daß auf kommunaler Ebene unterschiedliche, auch fiskalisch identifizierbare Strategien des jugendpolitischen Engagements erkennbar sind. Im Horizont des Projektinteresses verweist dieses Resultat auf die Existenz gewisser kommunaler Handlungsspielräume auch gegenüber dem Problem Jugendarbeitslosigkeit.

(c) Der Nachweis, daß das Problem Jugendarbeitslosigkeit zu Veränderungen im kommunalen Sozialhaushalt geführt hat und der Versuch, diese Veränderungen zeitlich und quantitativ nachzuvollziehen, darf nicht übersehen lassen, daß für bildungs- und berufsbildungsbezogene Maßnahmen nicht unbedingt der Einzel-

Übersicht 14: Vergleich der Veränderungsraten des Einzelhaushalts 4 "Soziale Sicherung" im Jugendhilfssektor 1984, (1975 = 100)

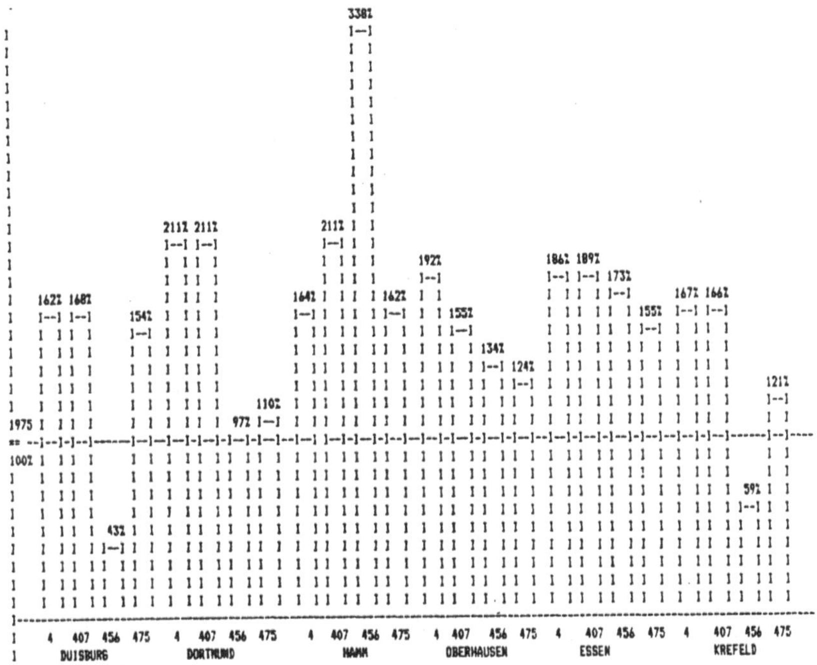

Quelle: Eigene Berechnungen auf der Basis der kommunalen Haushaltspläne.

Legende: 4 = Soziale Sicherung 407 = Verwaltung der Jugendhilfe 456 = Jugendpflege 475 = Förderung der Jugendhilfe

haushalt "Soziale Sicherung" zentral ist (vgl. oben). Bildungsbezogene Ausgaben enthält dieser Einzelhaushalt nicht oder nicht spezifiziert genug. Dies sind:

- Ausgaben, die im Schul- und Berufsschulbereich anfallen,
- Ausgaben, die im Volkshochschulbereich anfallen,
- Einnahmen und Ausgaben, die entstehen, wenn sich die Stadt und ihre Organisationen um Arbeitsbeschaffungsmaßnahmen bemühen und
- Ausgaben, die entstehen, wenn sich die Stadt entscheidet, über ihren eigenen Bedarf hinaus auszubilden.

Nur dort, wo entsprechende Anmerkungen im Haushaltsplan existierten, ließen sich Rahmen dieses Untersuchungsschrittes solche Maßnahmen und Einrichtungen erfassen. In den folgenden Erhebungen sind diese Zusammenhänge möglichst weiter aufzuschließen. Aufgrund dieser insgesamt somit noch nicht erschöpfenden Analyse und teilweise auch angesichts der uneinheitlichen Haushaltstechnik verbietet sich der Versuch, einen abschließenden kommunalen Vergleich auf der Basis von Ausgaben-Summen zu erstellen. Es ließen sich bisher eher Schwerpunkte oder Tendenzen aufzeigen, die auf unterschiedliche Handlungsstrategien gegenüber dem Problem der Jugendarbeitslosigkeit, auf kommunale Handlungsspielräume, verweisen.

Zusammengefaßt konnte insoweit die Analyse der kommunalen Haushaltspolitik leisten:

- Haushaltstechnisch waren Zeitpunkte zu identifizieren, in denen das Problem Jugendarbeitslosigkeit zu Reaktionen führte.
- Haushaltstechnisch waren jugendpolitische Präferenz-Schwerpunkte zu erkennen.
- Haushaltstechnisch waren (damit) kommunale Lernprozeße und Reaktionsgeschwindigkeiten zu erfassen.
- Haushaltstechnisch erschlossen sich (damit) tendenziell kommunale Besonderheiten der Handlungsstrategien und insoweit (anders) genutzte Handlungsspielräume

Zeitlich lassen sich nur in Duisburg und Oberhausen schon von 1975 an haushaltsmäßige Reaktionen auf das Problem Jugendarbeitslosigkeit identifizieren. Die anderen Kommunen folgen zeitlich teils mit großem Abstand, wobei in Hamm haushaltsmäßig erst ab 1981 ein Problemniederschlag zu erkennen ist. Die Zeitpunkte der ersten haushaltsmäßigen Identifikation zeigt die Übersicht 15.

Übersicht 15: Jugendarbeitslosigkeit: Zeitpunkte der ersten Haushaltsnachweise (E.H. 4)

STADT	1975	1976	1977	1978	1979	1980	1981	----
Duisburg	x	x	x	x	x	x	x	----
Oberhausen	x	x	x	x	x	x	x	----
Essen		x	x	x	x	x	x	----
Krefeld				x	x	x	x	----
Dortmund					x	x	x	----
Hamm							x	----

Die Übersicht 16 gibt illustrativ jugendpolitische Präferenz-Schwerpunkte (Einnahmen und Ausgaben) im Verwaltungshaushalt wieder:

Übersicht 16: Jugendarbeitslosigkeit: Jugendpolitische Haushaltspräferenzen (1975: 1985)

STADT	407	454	456	468	469	475
Duisburg				x	x	x
Dortmund			x			
Hamm						x
Krefeld	x		x			x
Essen	x		x			x
Oberhausen		x		x		x

Legende:

407 = Verwaltung der Jugendhilfe

454 = Jugendfürsorge

456 = Jugendpflege

468 = Unterabschnitt "Jugendarbeitslosigkeit"

469 = Unterabschnitt "Jugendarbeitslosigkeit"

475 = Förderung der Jugendhilfe

Wie zu sehen, konzentrieren sich die Einnahmen und Ausgaben bei allen Kommunen im Abschnitt 475 "Förderung der Jugendhilfe") oder 456 ("Jugendpflege"). In Duisburg und Oberhausen findet sich die Besonderheit spezieller Haushaltsansätze, die ausschließlich um das Problem Jugendarbeitslosigkeit zentrieren. Oberhausen ist auch die einzige Kommune, die den Abschnitt 454 ("Jugendfürsorge") in Anspruch nimmt. Aufgrund der bereits oben erwähnten erhebungstechnischen Probleme sind teilweise nur ungenaue Identifikationen bestimmter Einnahme- und Ausgabepositionen möglich. In der Regel läßt sich nach der Haushaltsanalyse auch nicht entscheiden, welche Mittel aus welchen (Bundes- oder Landes- bzw. kommunalen) Programmen stammen und welche Mittel evtl. für welche Maßnahmen verfügbar gemacht worden sind.

Jedoch sind für alle untersuchten Kommunen gewisse Parallelen erkennbar: Die frühen Jahre des Auftretens der Jugendarbeitslosigkeit (nach 1975) sind dadurch charakterisiert, daß erst kommunale Lernprozesse einsetzen mußten, bevor in größerem Maßstab gehandelt wurde. Bis etwa 1979/1980 waren Aktivitäten wesentlich Resultate kommunal umgesetzter Bundes- und/oder Landesprogramme (z.B.vor allem das "Fachkräfteprogramm"). Für alle Kommunen zeigt sich mit Beginn der 80er Jahre eine Tendenz, Werkstatteinrichtungen Freier Träger besonders zu unterstützen oder selbst Werkstätten und außerbetriebliche Ausbildungsstätten zu organisieren, die jedoch überwiegend fremdinitiiert und fremdfinanziert wurden. Diese interkommunal etwa gleichförmige Reaktionstendenz gilt auch für die Einrichtung von Beratungsstellen für arbeitslose Jugendliche und für die Unterstützung von "Vereinen für Jugendberufshilfe".

Es lassen sich jedoch auch kommunale Besonderheiten identifizieren. Inwieweit diese kommunalen Unterschiede jedoch wesentlich haushalts-/verwaltungstechnisch zu erklären sind oder vielmehr tatsächlich auf die jeweilige Erschließung von kommunalen Handlungsspielräumen verweisen, ist ebenfalls erst in weiteren Untersuchungsschritten erfaßbar. Besonderheiten zeigen sich zum Beispiel in:

- Dortmund, mit einer sehr hohen Konzentration auf bildungs- und berufsbildungs-politische Aufwendungen gegen Jugendarbeitslosigkeit, die im Sozialhaushalt nicht nachzuvollziehen sind;
- Duisburg, mit früher Aktivität und mit einer EG-Modellmaßnahme, deren Wirkungen für den jugendpolitischen Sektor allgemein und für die Jugendarbeitslosigkeit im besonderen noch näher aufzuschließen sind;

- Hamm, mit sehr späten haushaltsmäßigen Reaktionen;
- Oberhausen, mit relativ frühen Aktivitäten.

3. Dritter Untersuchungsschritt: Kommune und Jugendarbeitslosigkeit im Spiegel der Lokal- und Verbandspresse

Bei der Konzipierung des Forschungsdesigns, im Sinne des kumulativen Erkenntnisprozesses, wurde von der Überlegung ausgegangen, daß die allseits als zentrales Gegenwartsproblem definierte Jugendarbeitslosigkeit auch - oder gerade - auf lokaler Ebene besondere Resonanz erzeugen würde oder erzeugen müßte. Denn die kommunale Ebene ist durch die Jugendarbeitslosigkeit in zweifacher Weise tangiert. Zum einen ist sie es "objektiv", sie ist ihr Manifestationsort: In der lokalen Lebenswelt werden die mehrdimensionalen Folgeprobleme der Jugendarbeitslosigkeit real, unabhängig von deren gesamtgesellschaftlicher Genese. Zum anderen gilt, im Lichte der wohlfahrtsstaatlichen Dezentralisierungsdiskurse, die (Untersuchungs-) Hypothese, daß gerade angesichts der Grenzen tradierter zentralstaatlicher Steuerung der lokalen Handlungsebene ein Relevanzgewinn zuwächst - sei er zentralstaatlich überwälzt oder/und örtlich reklamiert. Beide Bewegungsmomente, so wurde in der Entwurfsphase des Projektsrahmens unterstellt, müßten sich in entsprechenden Problemperzeptionen und Aufgabeninterpretationen lokaler Akteure spiegeln, bevor sie dann, gleichsam in einem Folgeprozeß, (vielleicht) in konkreten Handlungsschritten gegenüber der Jugendarbeitslosigkeit manifest würden. Es interessierte also die Themenkarriere Jugendarbeitslosigkeit in der Perzeption und Aktion örtlicher Akteure, örtlicher Eliten.

In forschungspraktischer Hinsicht wurde dabei ursprünglich weiter unterstellt, daß diese doppelte Relevanz der Jugendarbeitslosigkeit auf der örtlichen (= dezentrale Problemmanifestation) und für die lokale Ebene (= politischer Potentialgewinn) aus Verlautbarungen und Dokumenten zentraler Akteure (im Zweifelsfall zumindest und zuerst seitens des etablierten örtlichen Sozialsektors) rekonstruierbar sein würde. Diese Annahme war falsch. In den untersuchten Kommunen (etwa verwaltet durch die örtlichen Jugendämter) wurden keine Chronologien der lokalen Aktivitäten angesichts und gegenüber der Jugendarbeitslosigkeit seit ihrem Auftreten geführt. Erst spät, in den 80er Jahren, mit einem gewissen Schwerpunkt zwischen 1981 und 1983, wurden, wesentlich allerdings nur Stichtagsinformationen und dies auch nicht durchgängig, erstellt. Die im Projektrahmen besonders interessante Frage nach den Mobilisierungswirkungen massiver Umweltverschiebungen (hier der Jugendarbeitslosigkeit) für die lokale Ebene, deren Reaktionsgeschwindigkeit und Reaktionsformen, war damit im Rahmen dieses Untersuchungsschrittes nicht im Sinne der ursprünglichen Forschungsintention beantwortbar.

Wie oben ausgeführt, interessierte mit diesen Stichworten insbesondere auch, welche Zuständigkeiten und Verantwortlichkeiten dezentral artikuliert wurden. Damit ist wesentlich die Frage nach der Selbsteinschätzung des "politischen Status" durch kommunale Eliten gestellt. Politikwissenschaftlich ist dieser kontrovers (vgl. II.4). Hat die kommunale Ebene wesentlich nur eine "Puffer- und Filterfunktion" zugunsten des Zentralstaates, dient sie diesem günstigenfalls als "Frühwarnsystem" (vgl. Offe 1975)? Gegenüber dieser Instrumentalisierungsthese zugunsten des zentralstaatlichen Interesses sind die aktuellen Dezentralisierungspostulate bzw. -diagnosen zu sehen: Die Annahme, daß mit wachsendem dezentralem sozioökonomischen Problemdruck (hier der Jugendarbeitslosigkeit) auch die politische Relevanz dezentraler Systeme wächst, also parallel zu den tatsächlichen oder unterstellten Steuerungsgrenzen zentralstaatlicher Akteure. Ist in diesem Sinne ein "neues Selbstbewußtsein" lokaler Politik, wie etwa Hesse (1983) annimmt, zu konstatieren? Gibt es also, entweder dezentral und/oder zentralstaatlich reklamierte bzw. zugewiesene Neuverteilungen der Handlungschancen, der Handlungsspielräume? Diese Zusammenhänge sind auch aus anderer Perspektive angehbar: Sieht sich, angesichts der dezentralen Manifestation sozioökonomischen Problemdrucks, das örtliche politisch-administrative System (in welchen Teilen?) nun seitens "seiner" Klientel, der lokalen Wohnbevölkerung, einem Loyalitätsdruck ausgesetz? Gibt es ein lokales legitimatorisches System (zur theoretischen Aufschließung vgl. II.4)?

Diese Fragen erschienen theoretisch wie möglicherweise (sozial-) politisch-praktisch so wichtig, daß nach Wegen gesucht wurde, um die Erkenntnisintention des Dritten Untersuchungsschrittes doch möglichst (weit) zu realisieren. Wenn die jeweiligen lokalen Akteure keine systematische Rechenschaftslegung ihres sich selbst zugemessenen Status und Tuns angesichts der Jugendarbeitslosigkeit vorzulegen vermochten, ist dieses Negativfaktum zunächst schon ein interessantes materielles Resultat. Es erscheint plausibel, darin, vorsichtig formuliert, erste Hinweise für einen lokal jedenfalls nicht perzipierten, u.U. auch einen Beleg für die Abwesenheit eines Legitimationsdrucks, zu interpretieren. Gleichwohl wurde versucht, über dieses spekulative Moment hinauszugelangen. Entschieden wurde, zwei "Ersatz-"Forschungsstrategien zu verfolgen:

Zum einen wurde entschieden, für zwei Kommunen (Duisburg und Krefeld) über den gesamten Untersuchungszeitraum 1975 - 1985 je eine Lokalzeitung hinsichtlich deren Berichterstattung zum Thema (lokale) Jugendarbeitslosigkeit auszuwerten. (Im verfügbaren Ressourcenrahmen war dies die äußerste Möglichkeit; alle sechs Untersuchungseinheiten auch im Lichte der veröffentlichten Meinung aufzuschließen, war undurchführbar.) Unterstellt wurde dabei, daß die Berichterstattung der Lokalzeitungen zweidimensional informativ sein würde bzw. informativ sein könnte. Zum einen wurde die Chance einer (wie auch immer selektiven) Chronik der lokalen Ereignisse, angesichts und gegenüber der Jugendarbeitslosigkeit, wie sie durch die örtlichen politisch-administrativen wie verbandlichen Eliten und sonstige Akteure gestaltet wurden, unterstellt. Zum anderen wurde die lokale Berichterstattung als möglicher Spiegel, vielleicht gar als Vermittlungsinstanz, der Ansprüche und Forderungen, u.U. auch der Kritik Betroffener (jugendlicher Arbeitsloser) gesehen, also gleichsam als Advokat des "lokalen-legitimatorischen Systems".

Zum anderen wurde entschieden, ausgewähle zentrale Publikationsorgane kommunaler Spitzenverbände auszuwerten. Auch diese Absicht zentrierte um die Frage, welche Perzeption und Definition, welche Forderungen und Entlastungen angesichts der Jugendarbeitslosigkeit im vertikalen und horizontalen Politikkontext dezentral artikuliert wurden. Zielte also die ursprüngliche Forschungsabsicht des Dritten Untersuchungsschritts dahin, den Reaktionen der jeweiligen lokalen Eliten anhand dort eigener (örtlicher) Dokumente nachzugehen, wurden mit der Analyse dieser Verbandspublikationen die Äußerungen der kommunalen Interessenvertreter (stellvertretend) analysiert. Im folgenden werden zunächst zentrale Untersuchungsresultate der Berichterstattung der Lokalzeitungen referiert, danach die der Verbandspresse.

3.1. (Lokale) Jugendarbeitslosigkeit im Spiegel der Lokalpresse

Im folgenden ist die Themenkarriere Jugendarbeitslosigkeit auf lokaler Ebene, allerdings gespiegelt in der veröffentlichten Meinung, zu untersuchen: Wann, wie und durch wen wurde das Problem Jugendarbeitslosigkeit zum Thema? Wie zuvor schon erwähnt, stehen hier noch nicht die konkreten lokalen Maßnahmen gegen die Jugendarbeitslosigkeit im Zentrum. Dies ist vielmehr Gegenstand insbesondere des Fünften Untersuchungsschrittes. Es interessieren vielmehr die erkennbaren Problemsensibilitäten und Zuständigkeitsdefinitionen der lokalen Akteure.

Die lokale Tageszeitung ist ein Medium, in der sich das örtliche Geschehen zumindest in den wesentlichen Grundzügen widerspiegeln soll. Interessenvermittlung markiert auch für das hier vorliegende Untersuchungsziel ein zentrales Problem. Die redaktionelle Selektion von Informationen wie die häufige Mischung von Reportage, Kommentar und Berichterstattung können u.U. die originären Intentionen der Akteure verzerren. Um diese faktische Filterwirkung zu minimieren, sind die Ergebnisse der Zeitungsauswertungen mit denen aus anderen Untersuchungsschritten zu konfrontieren.

3.1.1. Zur Themenkarriere "Jugendarbeitslosigkeit" in Krefeld: Zusammenfassung

Die Übersicht 17 zeigt die Häufigkeitsverteilung der Berichte zur Jugendarbeitslosigkeit in der Westdeutschen Zeitung (WZ), Ausgabe Krefeld, für den genannten Untersuchungszeitraum und unterschieden nach Akteuren.1)

Übersicht 17: Stadt Krefeld: Themenkarriere "Jugendarbeitslosigkeit im Spiegel der Lokalprozesse (WZ), nach Akteuren

Akteurssystem	1975	1976	1977	1978	1979	1980	1981	1982	1983	1984	Gesamt	v.H.
Arbeitsamt	8	7	15	16	16	15	12	15	9	10	123	30,1
ökon.Sys,DGB	6	6	22	9	4	3	4	7	14	11	86	21,1
Parteien	4	9	10	6	3	1	3	8	7	9	60	14,7
Öffent. Träger	5	5	10	6	4	4	1	3	10	7	55	13,5
Freie Träger	1	-	10	2	3	2	4	4	12	7	45	11,0
WZ	-	3	6	5	-	2	4	2	-	1	23	5,6
Sonstige	8	2	3	-	-	-	1	-	2	-	16	4,0
Gesamt	32	32	76	44	30	27	29	39	54	45	408	100,0

Quelle: Eigene Berechnungen auf der Basis der Zeitungsanalyse.

Wie aus der Übersicht ersichtlich, wurde das Problem Jugendarbeitslosigkeit <u>überdurchschnittlich</u> in den Jahren <u>1977</u>, <u>1978</u> und <u>1983</u>, <u>1984</u> <u>thematisiert</u>. Dieses Ergebnis <u>korrespondiert mit dem objektiven Problemdruck</u>, der durch die Arbeitslosenzahlen in diesen Zeiträumen ausgewiesen wird. Die Themenkarriere der

---

1) Die Verfasser danken der Redaktion der Westdeutschen Zeitung für den bereitwillig eröffneten Zugang zum dortigen Archiv. Jedem Artikel wurde ein Akteur zugeordnet. Da nicht selten in einem Zeitungsbeitrag mehrere Akteure genannt wurden, ist die vorgenommene Zuordnung nicht ganz unproblema-

Jugendarbeitslosigkeit in Krefeld (JAL) läßt sich - bildhaft gesprochen - durch eine Wellenbewegung kennzeichnen. In den ersten beiden Jahren des Untersuchungszeitraumes waren deutlich weniger Informationen und Stellungnahmen lokaler Akteure (64 Thematisierungen von insgesamt 408) zu verzeichnen. Für die Jahre 1977/78 waren es 120 Thematisierungen. Bis Ende 1982 flaute die Diskussion über die JAL weit unter das Niveau von 1977/78 ab, wurde aber ab 1983 in größerem Maße wieder aufgenommen. Für die einzelnen Akteure stellt sich dieses Ergebnis im wesentlichen ähnlich dar. Lediglich die Kommentare der Zeitung selbst und die Verlautbarungen des Arbeitsamtes entsprechen nicht diesem zeitlichen Verlauf. Eine überdurchschnittliche Thematisierung der JAL findet hier zwar ebenfalls in den Jahren 1977 und 1978 statt, wird bis 1982 - vor allem beim Arbeitsamt - kontinuierlich fortgesetzt, um dann näherungsweise das Niveau von 1975/76 zu erreichen.

Auffallend ist die relativ geringe publizistische Resonanz der Öffentlichen wie Freien Träger der Jugendhilfe. Ihr Anteil betrug weniger als 25 Prozent an der Gesamthäufigkeit kommunaler Verlautbarungen. Während sich 51 v.H. aller Beiträge auf das Arbeitsamt und das ökonomische System (inkl. gewerkschaftlicher

---

tisch. In solchen Fällen wurde das Auswahl- bzw. Zuordnungskriterium stets nach der akteursbestimmten Zentralität gesucht. Damit ließen sich Informationsverluste bezüglich der akteursbestimmten quantitativen Nennungen nicht immer vermeiden. Hingegen sind alle qualitativen Aussagen der Akteure - etwa jene zur Problemwahrnehmung und Probleminterpretation - zum Thema Jugendarbeitslosigkeit erfaßt. Um Mißverständnissen vorzubeugen, ist darauf hinzuweisen, daß die 'Krefelder Runde' den öffentlichen Trägern der Jugendpolitik zugeordnet wurde. Unter der Kategorie 'Ökonomisches System' sind die Verlautbarungen der Arbeitgeber- und Arbeitnehmerseite zusammengefaßt.

Verlautbarungen) beziehen. Auch in qualitativer Hinsicht lassen sich nur begrenzt Anzeichen für die Öffentlichen Träger hinsichtlich einer drängenden, innovativen Rolle erkennen. Die zentralen etablierten Gremien der Jugendpolitik - das Jugendamt und der JWA - sowie der neugeschaffene 'Unterausschuß Jugendarbeitslosigkeit' spielten in der Diskussion um die JAL nahezu keine Rolle.

Für einzelne Freie Träger stellt sich das Bild teilweise etwas anders dar. Die Kirchen und in einem Falle der Jugendring (als dieser 1980 dem JWA und dem Ratsausschuß Konzeptionslosigkeit vorwarf) verließen die Praxis einer somit vorherrschenden Maßnahmenberichterstattung. So erklärte sich die katholische Kirche selbst als Lobby der Arbeitslosen; gemeinsam mit der evangelischen Kirche gründete sie eine ökumenische Arbeitsloseninitiative, die als 'Hilfe zur Selbsthilfe' verstanden werden sollte. Diese und einige wenige andere Aktivitäten dokumentieren das - wenn auch erst sehr späte (ab 1980) - Engagement der Kirchen für die jugendlichen Arbeitslosen.

Prinzipielle und massive Kritik formulierten dagegen der DGB und die oppositionelle SPD, deren vorgeschlagene Problembearbeitungsstrategien nahezu als deckungsgleich zu charakterisieren sind. Die dort wiederholt formulierte Kritik der lokalen Aktivitäten (bzw. Nicht-Aktivitäten) geschah in gewisser Aufgabenteilung zwischen SPD und DGB. Während die Sozialdemokraten schwerpunktmäßig die politischen (Mehrheits-) Akteure kritisierten, setzt sich der DGB in scharfer Form mit den Wirtschaftsvertretern auseinander. Parallelen zwischen beiden Akteuren sind auch hinsichtlich der frühzeitigen Thematisierung der JAL, dem Abflachen des Aktivitätsniveaus in der zweiten Hälfte des Untersuchungszeitraumes sowie dem Insistieren auf dezentralen Handlungsnotwendigkeiten zu konstatieren. Neben der Kritik an städtischen Problembearbeitungsstrategien formulierten 1983 die Gewerkschaftsvertreter und die Sozialdemokraten ihre Unzufriedenheit mit den entwickelten Organisationsstrukturen. Vor diesem Hintergrund ist die Forderung des DGB nach einer (neuen) Maßnahmenkoordinationsstelle zu sehen. Die Mehrheitsfraktion der CDU thematisierte, gespiegelt in den Zeitungsberichten, das Problem JAL in den ersten sechs Jahren des Untersuchungszeitraumes nur in neun Fällen. Durchgängig ist - bis auf wenige Ausnahmen - eine Tendenz zur vertikalen oder horizontalen Problemverschiebung erkennbar. Die Ursachen für die Permanenz der JAL werden entweder im Bildungssystem, in der fehlenden Unterstützung der Landesregierung oder in wirtschaftlichen Rahmenbedingungen verortet.

Die Verlautbarungen der unterschiedlichen Arbeitgebervertretungen zum Thema verweisen auf offensichtlich dort perzipierte Legitimationszwänge. Konfrontiert mit den Appellen diverser lokaler Akteure, mehr Ausbildungsplätze zur Verfügung zu stellen, teilweise auch scharfer Kritik, insbesondere durch die Sozialdemokratie, die Gewerkschaften und punktuell auch durch die Arbeitsamtsverwaltung, reagierten und agierten IHK und Handwerkskammern mit legitimationswirksamem statistischem Material, welches die Anstrengungen der Wirtschaftsvertreter im Kampf gegen die JAL dokumentieren sollte. Eine durchgängig positive Selbsteinschätzung ist für den gesamten Untersuchungszeitraum charakteristisch. Die Ursachen für die JAL erklärten IHK und Handwerkskammer mit der demographischen Entwicklung, den gesetzlichen Ausbildungsbestimmungen, die eben auch eine wirksame Bekämpfung der JAL behinderten, wie mit Qualifikationsmängeln jugendlicher Arbeitsloser. Erst 1984 signalisierte die IHK erstmalig, daß gewisse Abweichungen vom dualen System der beruflichen Ausbildung toleriert würden.

Die meinungsgebundene, kommentierende Berichterstattung der WZ läßt keine eindeutige Qualifizierung zu. Die einzelnen Beiträge der verschiedenen Redakteure waren zu heterogen. Eine "Gegenöffentlichkeit" herzustellen, war sie nicht geeignet. Über die Existenz von Selbsthilfegruppen, mit Ausnahme der ökumenischen Arbeitsloseninitiative, wurde nicht berichtet.

3.1.2 Zur Themenkarriere "Jugendarbeitslosigkeit" in Duisburg: Zusammenfassung

Im Untersuchungszeitraum erschienen in der Westdeutschen Allgemeinen Zeitung (WAZ) insgesamt 311 Beiträge zum Thema JAL (ca. 25 v. H. weniger als in Krefeld)1). Jeder Artikel konnte einem kommunalen Akteur zugeordnet werden. Die Übersicht 18 verdeutlicht die quantitative Verlautbarungspraxis zur Jugendarbeitslosigkeit im Zeitablauf, unterschieden nach Akteuren:

Übersicht 18: Stadt Duisburg: Themenkarriere "Jugendarbeitslosigkeit" im Spiegel der Lokalpresse (WAZ), nach Akteuren

Akteurssystem	1975	1976	1977	1978	1979	1980	1981	1982	1983	1984	Gesamt	v.H.
Arbeitsamt	10	8	9	3	6	3	7	9	18	16	89	28,6
ökon.Sys,DGB	6	4	7	9	4	3	2	11	10	7	63	20,3
Parteien	2	3	2	4	-	2	1	10	7	9	40	12,8
öffent. Träger	1	7	7	3	1	-	2	3	12	7	43	13,8
freie Träger	3	5	2	4	2	1	5	2	9	11	44	14,1
WAZ	-	1	1	1	1	1	-	6	4	5	20	6,4
Sonstige	2	2	-	1	-	-	-	1	4	2	12	3,9
Gesamt	24	30	28	25	14	10	17	42	64	57	311	

Quelle: Eigene Berechnungen auf der Basis der Zeitungsanalyse.

Wie die Übersicht zeigt, thematisierten die Akteure die JAL schwergewichtig in den Jahren 1982 bis 1984 - relativ spät. In diese Zeitspanne entfallen 52 v. H. aller Verlautbarungen des Zehnjahreszeitraumes. Der durch das quantitative Ausmaß der Jugendarbeitslosigkeit angezeigte Problemdruck wird durch den Verlauf der Themenkarriere in etwa bestätigt.

Mit Ausnahme der Arbeitgebervertreter bevorzugten die Akteure in erster Linie die Form der Maßnahmenberichterstattung. Ein innerkommunaler Diskussionsprozeß über

---

1) Die Verfasser danken der Redaktion der Westdeutschen Allgemeinen Zeitung für den bereitwillig eröffneten Zugang zum dortigen Archiv.

Jugendarbeitslosigkeit, eine lokale (Gegen-) Öffentlichkeit wurde nicht hergestellt. So gab es etwa auch keine Hinweise derart, daß Expertenhearings oder andere bewußtseinsprägende Diskussionsveranstaltungen zum Thema durchgeführt wurden. Auch im "Ratsausschuß" und anderen "JAL-Ausschüssen" wurden keine konfliktträchtigen Auseinandersetzungen verzeichnet. Dieses offenbar eher spannungsfreie Beziehungsgeflecht der kommunalen Akteure ist nur durch einige Einschränkungen leicht zu korrigieren.

Die Gewerkschaftsvertreter und die CDU-Opposition forderten die städtischen Gremien schon in der Frühphase auf, ihr Engagement im Kampf gegen JAL zu intensivieren. Gleichlautenden Forderungen sahen sich die Arbeitgebervertreter ausgesetzt. Insbesondere waren es der DGB und die WAZ, die die besondere Verantwortung der Duisburger Wirtschaft für die jugendlichen Arbeitslosen betonten. Die Verlautbarungen der Arbeitgebervertreter hingegen wiesen eine Tendenz zur vertikalen Problemverschiebung auf.

Die <u>öffentlichen Träger</u> der Jugendhilfe überantworteten zwar nicht dem Land oder dem Bund ausschließlich die Handlungsnotwendigkeit. Gleichwohl wurde ein breiteres städtisches Engagement an zusätzliche <u>überlokale</u> Finanzquellen gebunden. Diese Einschätzung schloß gewisse kommunale Handlungsspielräume und deren Nutzung durch Freie und öffentliche Träger nicht aus. Im Vergleich zu den kommunalen Aktivitäten in Krefeld ist das Aktivitätsniveau in der Kommune Duisburg insgesamt als höher einzustufen. Dies trifft insbesondere qualitativ auf die Entwicklung einzelner Problembearbeitungsstrategien mit innovatorischem Charakter durch die öffentlichen und <u>Freien Träger</u> zu.

Nach der Analyse der Lokalpresse ist das <u>Selbsthilfepotential</u> auch in Duisburg als gering, aber offenbar etwas höher einzustufen als in Krefeld. Möglicherweise verdeckte aber die "scenemmäßige Abschottung" arbeitsweltbezogener Selbsthilfegruppen die tatsächliche zahlenmäßige Stärke solcher Initiativen.

3.2. Jugendarbeitslosigkeit im Spiegel ausgewählter kommunaler Verbandspublikationen

Verlautbarungen der kommunalen Verbandspresse verweisen auf einen Thematisierungsschwerpunkt der Jugendarbeitslosigkeit etwa ab 1983. Aber schon etwa 1979 hat der Kommunalverband Ruhrgebiet (KVR) in seiner regelmäßigen Publikation "Ruhrgebiet Aktuell" zum "Schwerpunktthema Jugendarbeitslosigkeit" berichtet (Ruhrgebiet Aktuell 3/1979).

Darin werden u. a. in einem Beitrag des Präsidenten des Landesarbeitsamtes NW Daten zum Ausmaß der Jugendarbeitslosigkeit, Gründe für diese wie bisherige Maßnahmen der Arbeitsverwaltung dargelegt. Betont wurde ebenfalls der größere Problemdruck des Ruhrgebietes im Vergleich zu anderen Regionen Nordrhein-Westfalens. Das Resumee der Ausführungen war 1979 aber zuversichtlich: "Das Problem läßt sich nur mit Hilfe eines Bündels abgestimmter Maßnahmen aller verantwortlichen Stellen lösen. Ich habe kein Patentrezept zur Hand. Aber ich wehre mich entschieden gegen die Vorstellung, daß es einem sozialen Rechtsstaat von der Qualität und der wirtschaftlichen Potenz unseres Landes nicht möglich sein soll zu erreichen, daß grundsätzlich keine jungen Menschen - von der kurzfristigen Fluktuations- oder Sucharbeitslosigkeit abgesehen - in der Arbeitslosenkartei geführt werden müssen" (Neumann 1979: 3).

In einem Aufsatz des (SPD-)Landtagsabgeordneten Hellwig wurde explizit auf die lokale Handlungsebene verwiesen. Ausgehend vom Artikel 6 der Landesverfassung NW ("Der Jugend ist die umfassende Möglichkeit zur Berufsausbildung und Berufsausübung zu sichern") wurde festgestellt, daß dieses Verfassungsgebot nur einzulösen sei, "wenn im örtlichen Bereich, also in unseren Städten und Kreisen, die entsprechenden Voraussetzungen dafür geschaffen werden" (Hellwig 1979: 4). Zugleich wurden umfangreiche "konzeptionelle Vorschläge" formuliert (vgl. näher dort).

Nachdrücklich wurde betont, daß an finanziellen Schranken ein solches Konzepts nicht scheitern "darf und kann". Als problematisch sieht der Autor "lediglich" die Koordinierungskompetenz und Organisationsprobleme auf lokaler Ebene. "Mit Hilfe der Kommunen, der Kammern und der Gewerkschaften könnte für das Revier ein flächendeckendes, auf die unterschiedlichsten Problemgruppen eingehendes Konzept entwickelt werden..." (Hellwig 1979: 4)

Am gleichen Ort nahm ein Mitglied der oppositionellen CDU-Fraktion des Landtages, Schlottmann, zur Jugendarbeitslosigkeit Stellung. Zunächst wird dort zwar auch kritisiert, daß es "noch Städte gibt, in denen die Arbeitskonferenzen zur Behandlung der Jugendarbeitslosigkeit überhaupt nicht existieren oder nur vermindert tätig sind" (Schlottmann 1979: 5). Insgesamt ist jedoch die Landesregierung der Adressat von Versäumnis- bzw. Versagensvorwürfen. In Übereinstimmung mit dem Bericht einer "wissenschaftlichen Kommission" (die nicht näher spezifiziert ist), wird als Position der CDU unterstrichen, daß die Jugendarbeitslosigkeit ihre "Wurzeln insbesondere im Bildungsbereich" habe. Da rund 50 v.H. der jugendlichen Arbeitslosen keinen Hauptschulabschluß besitzen, sei dieses Moment evident. Entsprechend werden Verbesserungen im Bereich der Hauptschule gefordert. Zum anderen sei der personelle Ausbau bestehender Beratungsdienste zu betreiben, die insbesondere die sozial schwächsten Jugendlichen, für die Schulversagen und Lernmüdigkeit charakteristisch sei, zu unterstützen haben. Insgesamt sei durch Förderung die Bereitschaft der Jugendlichen zur Berufsausbildung und Weiterbildung zu wecken bzw. zu stärken. Notwendig seien neue Überlegungen und Modellversuche.

Insgesamt zeigt sich in dieser thematischen Schwerpunktpublikation von 1979 somit ein breites Spektrum der Diagnosen und Handlungsvorschläge. Die örtliche Ebene wird darin thematisiert, allerdings unterschiedlich gefordert und qualifiziert. In der Tendenz überwiegend wurden jedoch, mit Ausnahme des Beitrages von Hellwig, eher in den traditionellen Handlungsstrategien des Arbeits- und Ausbildungsmarktes problemlösende Strategien gesehen.

1983 erschien wiederum eine Ausgabe von "Ruhrgebiet Aktuell" mit dem thematischen Schwerpunkt Jugendarbeitslosigkeit. Im Aufmacher dazu hieß es: "Die Zeitbombe tickt". Nun, nach rund acht Jahren seit dem Auftreten der Jugendarbeitslosigkeit, wird dort die örtliche Handlungsebene nachdrücklicher und durchgängig thematisiert.

In einem Beitrag des Beigeordneten (Dezernenten) für Soziales, Jugend und Gesundheit der Stadt Duisburg wird die Jugendarbeitslosigkeit als "auch eine kommunale Herausforderung" (Fichtner 1983: 9) angenommen. Vorgestellt werden darin die wichtigsten Programmaktivitäten bisher, zugleich aber auch die Resignation vieler Jugendlicher gegenüber den bisherigen Angeboten konstatiert. Entsprechend seien insbesondere auch Maßnahmen zur Persönlichkeitsstabilisierung der Jugendlichen zu fordern. Diese müßten auf die besonderen psychosozialen Bedingungen und Motivationsbarrieren sozial schwacher und sozial schwächster Jugendlicher abgestellt sein. "Ohne eine sofortige und damit auch notwendigerweise unkonventionelle Hilfe wird Resignation eines Tages in 'Aggression umschlagen'" (Fichtner 1983: 10). Damit wird explizit die Jugendarbeitslosigkeit in politische Kategorien transformiert, Legitimationsprobleme offenbar (auch) der örtlichen Handlungsebene gesehen. Fichtner beschreibt die örtlichen Handlungsmöglichkeiten insbesonere durch fiskalische Restriktionen als deutlich eingeschränkt. Kritisiert wurden die Fesseln überlokaler Förderungs-/Programmrichtlinien. Diese ließen (zu) wenig Raum für Phantasie und Elastizität vor Ort" (Fichtner 1983: 9).

Neben Beiträgen von Vertretern der Gewerkschaften, der Handelskammern und der Handwerkskammern enthält diese Schwerpunktpublikation des KVR zur Jugendarbeitslosigkeit 1983 auch einen Beitrag zweier Jugendvertreter der Evangelischen Kirche. Damit wird ein im Projektrahmen besonders wichtiger Akteurstypus thematisiert. Zuvor hatte schon der Beigeordnete der Stadt Duisburg, Fichtner, die notwendige und positive Rolle der Freien Verbände zur Bearbeitung des Problems der Jugendarbeitslosigkeit betont. Die starke Stellung dieses

Akteurs in der Kontrolle finanzieller und infrastruktureller Ressourcen gerade im Bereich der lokalen Jugendhilfe bzw. Jugendpolitik ist verschiedentlich betont worden. Die Jugendvertreter der evangelischen Kirche formulieren hier jedoch eine sehr (selbst-) kritische Bilanz (Kruschel/Schwinn 1983: 21 ff). Ausgehend davon, daß sich unter den jugendlichen Arbeitslosen ein überproportional hoher Anteil Arbeiterjugendliche befinde, wird festgestellt, daß diese Gruppe typischerweise in der evangelischen Jugendarbeit unterrepräsentiert sei. Ausnahmen in einzelnen Städten des Ruhrreviers dürften nicht darüber hinwegtäuschen, daß eine entsprechende Jugendpolitik im Rahmen "kirchlicher Arbeit eine Randposition einnimmt" (Kruschel/ Schwinn 1983: 22). Erfreuliche Beispiele ehrenamtlichen Engagements in einzelnen Städten könnten diese grundsätzliche Aussage nicht aufheben. Zugleich wird betont, daß solche Beispiele ehrenamtlichen Engagements konfliktträchtig seien, konfliktträchtig mit den Mitgliedern der kirchlichen Entscheidungsgremien. Diese seien "überwiegend mittelschichtsorientiert"; der "direkte Dialog" zwischen den Leitungsorganen und den Jugendlichen "ist sehr schwer, da beide Seiten unsicher sind im Umgang miteinander" (Kruschel/Schwinn 1983: 22).

Gefordert wird jetzt (erst 1983) die Notwendigkeit eines Lernprozesses für die evangelische Jugendarbeit. Angesichts der fiskalischen Probleme wird aber zugleich gesehen bzw. befürchtet, daß dabei notwendige Prioritätsverschiebungen insbesondere "Ansätze" offener Jugendarbeit und hier insbesondere die Arbeit mit Arbeiterjugendlichen, "zunichte machen". Andererseits könne die evangelische Kirche "inzwischen" (!) in ihrer Jugendarbeit nicht mehr an der Jugendarbeitslosigkeit vorübergehen.

Ebenfalls im Jahr 1983 hat der Kommunalverband Ruhrgebiet (KVR) eine "Dokumentation regionaler Initiativen gegen Arbeitslosigkeit" herausgegeben. In dieser Dokumentation werden keine inhaltlichen Qualifizierungen der verschiedenen Programme und Aktivitäten wie ihrer Effekte versucht. Dokumentiert sind die durch den KVR erfragten kommunalen Aktivitäten. Insgesamt allerdings werden in dieser Dokumentation die bisherigen kommunalen Bemühungen gegenüber der Arbeitslosigkeit offenbar eher zurückhaltend bewertet. Bezeichnenderweise wird festgestellt, daß "mehr als abwarten... auf lokaler Ebene möglich sei" und daß kommunale Einrichtungen und Ressourcen eine "relevante Rolle" angesichts der Arbeitslosigkeit übernehmen könnten. Zugleich wird konstatiert, daß sowohl das bisher erkennbare Aktivitätsniveau wie die jeweiligen Aktivitätsschwerpunkte kommunal sehr unterschiedlich ausgeprägt seien. Nicht thematisiert wird, worin diese Befunde erklärbar sind (Kommunalverband Ruhrgebiet 1983: IX).

Der Deutsche Städtetag gab 1984 ebenfalls eine Darstellung "kommunaler Aktivitäten im Bereich der Arbeitslosigkeit heraus, in der über entsprechende Umfrageergebnisse aus dem Jahr 1983 bei den Mitgliedsstädten berichtet wird. Mehrfach wird dabei für den Deutschen Städtetag festgehalten, daß hinsichtlich der Arbeitslosigkeit "eine originäre kommunale Zuständigkeit für diesen Bereich nicht bestehe" (Deutscher Städtetag 1984: 5 und passim). Gleichwohl sei "seit langem" die Arbeitslosigkeit ein "zentrales kommunalpolitisches Thema". Voraussichtlich würden die "Anforderungen an sozialer Beratung, Betreuung und Unterstützung von Arbeitslosen noch weiter zunehmen" (Deutscher Städtetag 1984: 5). In der vorgelegten Dokumentation sieht der Deutsche Städtetag Belege für kommunale Engagements, unbeschadet der betonten primären Zuständigkeit von Bund und Ländern. Zugleich sieht er sie als "Anregung" für die Städte (also erst künftig!), um "solches oder ähnliches selbst durchzuführen oder geeignete andere Träger dafür zu gewinnen. Welche Initiativen und Maßnahmen im einzelnen förderungswürdig und finanzierbar sind, kann nur für den Bereich einer Stadt in Kenntnis der örtlichen Verhältnisse entschieden werden" (Deutscher Städtetag 1984: 5). Noch 1984 wurde also damit auch hier betont, daß die Arbeitslosigkeit "bisher vorwiegend ein bundespolitisches", "immer stärker" aber auch ein zentrales kommunalpolitisches Thema werde, wobei die kommunalen Aktivitäten zur "Milderung der Folgen der Jugendarbeitslosigkeit einen absoluten Schwerpunkt" (Deutscher Städtetag 1984: 5/7) bildeten.

4. Vierter Untersuchungsschritt: Kommunaler Jugendwohlfahrtsausschuß und Jugendarbeitslosigkeit

4.1. Theoretische Perspektiven

Die mit diesem Untersuchungsschritt angestrebte empirische Beantwortung der Frage nach der Rolle und Relevanz des kommunalen Jugendwohlfahrtsausschusses angesichts des Problems Jugendarbeitslosigkeit erfordert (hier leider nur) Hinweise auf theoretische wie methodische Implikationen dieser Absicht (vgl. systematisch Krüger/Pojana/Richter 1988, Bd. II., S. 442 ff.).

Analysefokus ist der Jugendwohlfahrtsausschuß (JWA), der - nach dem geltenden Jugendwohlfahrtsgesetz - die zentrale politisch-konzeptionelle Diskussions- und Koordinierungsinstanz der lokalen Jugendpolitik sein soll. Entsprechend sind in ihm die einschlägigen Vertreter des lokalen politischen, administrativen wie des verbandlichen Systems der Jugendpolitik vertreten. Ob allerdings der JWA wirklich, angesichts der kommunalen Politikrealität, eine handlungsmächtige Instanz ist und angesichts neuer Problemlagen tatsächlich flexibel und innovativ agieren kann, kennzeichnet wesentlich die Forschungsfrage dieses Untersuchungsschrittes.

Wollmann (1986: 87 f.) spricht von "schlecht gemischten Karten", wenn er den Status des Jugendamtes, dessen konstitutiver Teil der JWA ist, im Handlungskontext anderer städtischer Ämter oder sonstiger kommunaler Akteure bewertet. Gremien und Gruppen, denen sich das Jugendamt gegenübersieht, sind vor allem die kommunalen Rats-, Finanz-, Bau- und Wirtschaftsausschüsse sowie das Arbeitsamt, die Kammern und die Freien (gemeinnützigen) Wohlfahrtsverbände. Mögliche Handlungsbarrieren für das Jugendamt ergeben sich aus den Eigeninteressen dieser Akteure. Im Horizont der (Jugend-) Arbeitslosigkeit wird damit wissenschaftlich eher ein Negativkatalog umrissen (vgl. näher Wollmann

1986: 88 f.; neuerdings auch Langnickel/May/Zaschke 1986: 95 f.; Will 1979: 158; Grunow/Wohlfahrt 1985: 160 f.). Eine eher schwache Stellung des Jugendamtes wird aus der ihm schon früher (vgl. Gernert 1978:31) zugeschriebenen Funktion "öffentlicher Ersatzerziehung" identifiziert. Zwar wurden nach Novellen der JWG (1953 und 1961) der "Erzieherische Jugendschutz" zur Pflichtaufgabe des Jugendamtes gemacht, jedoch ist diese, wie alle anderen Aufgaben und Aktivitäten, zweckprogrammiert und so der Ausführung des einzelnen kommunalen Jugendamts überlassen. Dem Jugendamt liegt kein, auf Gesetzesbasis beruhender "Katalog zu garantierender Leistungen" (vgl. Gernert 1978:31) zugrunde. Diese weitgehende Zweckprogrammierung scheint auch u.a. ein Grund für die eher geringe, weil im üblichen konditional programmierten Verwaltungsdenken kaum zu erfassende Bedeutung des Jugendamtes zu sein. Diesem Eindruck steht paradoxerweise immer noch eine Sichtweise der Bevölkerung gegenüber, die das Jugendamt nach wie vor als "Eingriffsverwaltung" betrachtet (vgl.MAGS 1982:194).

Das Jugendamt besteht nach § 13. 2 Jugendwohlfahrtsgesetz JWG aus dem "Jugendwohlfahrtsausschuß" (JWA) und der "Verwaltung" des Jugendamtes. Ob sich vor allem die kommunalpolitische Bedeutung des JWA in den letzten Jahren gebessert hat, wie Gernert (1978:82) und Wollmann (1986:89ff.) andeuten, muß sich an den Aufgabenkompetenzen und letztlich insbesondere den Aufgabenwahrnehmungen von JWA und Jugendamtsverwaltung festmachen lassen können. (Zu den Aufgaben und Kompetenzen sowie der Mitgliederstruktur des JWA vgl. Gernert 1978.)

Organisationstheoretisch betrachtet sind Ausschüsse (hier der JWA) als "Bindeglieder" (vgl.Kühn 1986:227) zwischen der Sozialverwaltung (Jugendamtsverwaltung) und der Umwelt (Rat, Parteien, Verbände, Betroffene) zu interpretieren. Dabei soll der JWA das Anliegen des gesamten Jugendamtes gegenüber dem Rat, anderen Ausschüssen, der Verwaltungen und gegenüber der Bevölkerung sachgerecht vertreten, zugleich soll er deren Sachkompetenz und Informationen in die Arbeit des

Jugendamtes mit einbeziehen. Daß dies realiter öfter nur zu einer kommentarlosen "Zur-Kenntnisnahme" von Fachreferaten im JWA führt, erwähnt auch Gernert (1978:90). Seine Skepsis äußert Gernert auch hinsichtlich der nach § 15.2 JWG konstituierten juristischen Trennung des Jugendamtes in den JWA und die Verwaltung des Jugendamtes. Eine enge Zusammenarbeit beider Gremien sei dadurch "sicher nicht zu erreichen" (Gernert 1978:91).

Im Rahmen der kommunalen Selbstverwaltungsangelegenheit "öffentliche Jugendhilfe" kommen der Verwaltung des Jugendamtes als "laufende Geschäfte" zwei primäre Aufgabenfelder zu: Sozialpädagogische Aufgaben im Rahmen von Erziehungshilfe (Jugendfürsorge) und allgemeiner Jugendförderung (Jugendpflege)(§ 2. 2 JWG) sowie Kooperations- und Koordinationsaufgaben. Die Verwaltung des Jugendamtes "soll Mittel- und Sammelpunkt der örtlichen Jugendhilfe sein" (§ 7 JWG). Hierzu gehören die Kenntnis aller lokalen Bemühungen, die Koordinierung dieser Arbeit auf die gemeinsam erarbeiteten Ziele und die Vermittlung von Initiativen für diese Bereiche. Um einen Überblick über die örtliche Jugendhilfe zu erhalten, ist kontinuierlich ein enger Kontakt zu den Verbänden, Organisationen und Einrichtungen anzustreben. Die Bestandserhebung läßt sich...im Rahmen eines kommunalen Jugend(hilfe)planes ermitteln..."(Gernert 1978:92). Beide Hauptaufgabengruppen müssen zusammen gesehen werden, wenn es um die im Projektrahmen interessierende kommunale Jugendförderung im Bereich Jugendarbeit/-pflege geht.

Die Jugendpflege gehört zwar (nach dem JWG) zu den Pflichtaufgaben kommunaler Jugendämter, dies jedoch im Rahmen der jeweiligen kommunalen Leistungsfähigkeit. Qualität und Quantität der Aufgabenerfüllung machen die Jugendpflege so (auch) zu einer Ermessensaufgabe der jeweiligen Gemeinde. Im Rahmen kommunaler Jugendförderung hat die gemeindliche Jugendpflege (die außerschulische Jugendbildungsarbeit) wesentlich den Charakter einer Anregung, Förderung und Unterstützung Freier Träger der Jugendhilfe. Dazu gehört auch die berufsorientierte Bildung für berufsunreife und arbeitslose Jugendliche. Dabei wird eine Kooperation von Verbänden, Jugendamt, Berufsschulen, Arbeitsämtern und "Förderzentren" angestrebt. Zwar sieht Gernert (1978: 169), daß die Jugendhilfe die "strukturelle Jugendarbeitslosigkeit mit ihren Mitteln nicht lösen (kann); aber sie verfügt über Möglichkeiten, die die im Zusammenhang mit ihr auftretenden Probleme einer Demotivierung und aufkommender Langeweile...verhindern helfen". (Lokale) Maßnahmen und Aktivitäten bezogen auf den Arbeitsmarkt sind gesetzlich explizit im Bereich der Arbeitsverwaltung angesiedelt (z.B. AFG, BBiG, BAföG).

Arbeitsmarktbezogene Handlungschancen im Rahmen des JWG sind sehr zurückhaltend formuliert. "Im ... Jugendwohlfahrtsgesetz gibt es keinen konkreten Auftrag für die Durchführung von Ausbildung und Beschäftigung durch die Jugendhilfe"(Borsche/Wagner 1986:410 f.). Der ideale Zielpunkt eines "konventionellen" Politikprogramms wäre ein qualitatives Verbundsystem, in dem die Jugendhilfe zwar nicht allein das Problem JAL lösen, aber doch damit "... auf qualifizierte Beispiele aus der eigenen Praxis verweisen kann"(Borsche/Wagner 1986:412). Das Verbundsystem meint ein Zweifaches: Eine Verzahnung von Maßnahmen wie "die Berufsvorbereitung und das Nachholen von Schulabschlüssen, die Beratung sowie Ausbildung und Arbeitsbeschaffung" (vgl.auch Langnickel/May/Zaschke 1986:88; II.6.) und deren nahtlos verwirklichten Übergänge sowie die organisationelle und prozessuale Verzahnung von Maßnahmenträgern. Die mögliche Existenz eines in diesem Sinne "ganzheitlichen Konzepts" kann als ein Indiz für kommunal verwirklichte (innovative) Handlungsspielräume im Sozialsektor interpretiert werden (vgl. II.1-3.;6). Die (mögliche) Implementation des charakterisierten innovativen Maßnahmeprogramms stößt jedoch auf die Restriktion der eingespielten Entscheidungsfindungsprozesse, deren strukturelle und prozessuale Elemente durch vertikale, horizontale und laterale Relationen formell wie informell bestimmt sind (vgl.auch II.3.).

4.2. Erweiterung kommunaler Handlungsspielräume durch Verfügung über die Ressource Organisation?

Die Dauer und Schärfe sozioökonomischer Problemlagen, die offensichtlichen oder unterstellten Wirkungsgrenzen traditioneller Problemlösungen, wie insbesondere auch die fiskalischen Restriktionen auf lokaler Ebene, wurden denn auch vielfach als Forderungen nach und auch als Anstoß zu organisatorischen Neuformierungen auf horizontaler Ebene verstanden. Über die traditionellen Gremien wie den JWA hinaus, zum Teil in Konkurrenz neben diesen, entstanden in verschiedenen Städten und zu verschiedenen Zeitpunkten im Horizont der Jugendarbeitslosigkeit "konzertierte Aktionen" (Wollmann 1986:93; vgl. auch MAGS 1982:327), die öffentliche und Freie Träger der Jugendhilfe, die örtliche Arbeitsverwaltung, die Wirtschaftskammern und die Gewerkschaften erfaßten und die im günstigsten Fall zu "Verbundsystemen" dieser Akteure führten.

Wollmann (1986:92) neigt offenbar dazu, hier generalisierend eine "verbesserte Verwendung der Ressource Organisation" zu sehen. Wieweit tatsächlich die Arbeitsmarktprobleme Jugendlicher zum Lehrmeister auf kommunaler Ebene wurden, wieweit traditionelle Handlungsorientierungen aufbrachen, etablierte Gremien aufweckten und/oder leistungsfähigere entstehen ließen, kurz: Wie weit die dezentrale Ebene angesichts eines neuen, gravierenden Problemdrucks tatsächlich, innovativ, flexibel und effektiv(er) sich den Herausforderungen stellte, ist im jetzigen Vierten Untersuchungsschritt zu analysieren.

Dieser Untersuchungsschritt zentriert mit dem kommunalen Jugendwohlfahrtsausschuß also um ein traditionelles, ein etabliertes Gremium örtlicher Jugendpolitik. Nach dem JWG soll es, wie eben näher dargelegt, als politisch-konzeptionell wirksames Gremium agieren. Die gesetzlich geforderte Zusammenführung politischer, administrativer und verbandlicher Akteure wird dort gleichsam als Prämisse und Garant dieser politisch-konzeptionellen Wirkungsweise unterstellt. Wie zuvor weiter erwähnt, werden jedoch vielfach Gegenbefunde oder doch Gegenthesen zu diesen positiven Einschätzungen des JWA formuliert. Dies geschieht in unterschiedlichen Kontexten: Zum einen generalisierend hinsichtlich des strukturellen Machtgleichgewichts zwischen politischen und administrativen Handlungsträgern auf kommunaler Ebene, zweitens im Lichte neokorporatistischer Thesen wie drittens im Kontext der unterstellten Machthierarchie zwischen den örtlichen Ressorts, zu Lasten des Sozialsektors.

Wie also hat der JWA in den untersuchten Kommunen angesichts der quantitativ und qualitativ neuen Herausforderung der Jugendarbeitslosigkeit reagiert? Wurde er effektiv(er), hat er "gelernt", (mehr) politischen Einfluß beansprucht und durchgesetzt - oder wurde seine vielfach behauptete Marginalität eher bestätigt? Wie ausgeführt, ist der JWA konstitutiver Teil des Jugendamtes und damit - jedenfalls nominelles - Zentrum des örtlichen (jugend-)politisch-administrativen Systems. Seine gesetzlich zwingend vorgeschriebene Existenz wie die - forschungspraktisch wichtige - Vorschrift zur Dokumentation seiner Arbeit in Ausschußprotokollen, ließen ihn, gerade auch für die Sequenzanalyse im Rahmen des Zehn-Jahres-Untersuchungszeitraums, forschungsstrategisch wie theoretisch interessant erscheinen. Dies auch dann und dort, wenn erkennbar werden sollte, daß unter Umständen nicht die Jugendwohlfahrtsausschüsse, sondern andere (welche?) Gremien in Krisensituationen die positiven Attribute gewinnen können, die in den aktuellen wohlfahrtsstaatlichen Dezentralisierungsthesen (vgl. oben) dem örtlichen Sozialsektor nun zugeschrieben werden. Denn auch die Etablierung solcher möglichen Ergänzungs- oder konkurrierenden Gremien spiegelt sich in den Protokollen der Jugendwohlfahrtsausschüsse.

4.3. Methodische Aspekte

Die Inhalts-(Dokumenten)Analyse der Protokolle der Jugendwohlfahrtsausschüsse in den untersuchten sechs Kommunen eröffnet die spezifischen Erkenntnischancen dieses sozialwissenschaftlichen Forschungsinstruments - und verweist zugleich auf seine ihm eigenen Restriktionen (vgl. Hucke/Wollmann 1980; Albrecht 1975; Mühlfeld et al. 1985). Insbesondere unsicher ist immer, wieweit die(se) Dokumente die Entscheidungsstruktur wie die tatsächlichen Handlungsintentionen der (aller?) beteiligten Akteure realitätsgerecht abbilden. Diese forschungskritischen Implikationen sind hier nicht näher zu erörtern. Hinzuweisen ist jedoch noch einmal darauf, daß der Untersuchungsschritt "Analyse der Protokolle der JWA" im Rahmen des Untersuchungsansatzes (vgl. I.3.) als ein (wichtiger, sehr arbeitsintensiver) Schritt in der Folge des insgesamt mehrstufigen, kumulativen Erkenntnisprozesses angelegt ist. Andere Untersuchungsschritte haben in diesem Sinne (auch) Kontroll- wie u.U. erkenntnisergänzende Funktionen.

Zur Analyse der JWA-Protokolle bedurfte es eines Indikatoren-Systems, das die Forschungsfrage beantwortbar machen sollte:

(1.) "Zeitpunkte und Häufigkeiten" der Thematisierung des Problems JAL innerhalb des Untersuchungszeitraums (von zehn Jahren) ergeben eine erste, generelle Einschätzung des Aktivitätsrahmens des JWA. Dazu wurde das Datum der jeweiligen Sitzungen des JWA, an denen das Problem JAL behandelt wurde, gewählt. Dieses Datum gibt somit Auskunft

- über den Beginn und die Höhepunkte der Einbeziehung des Problems in die Beratungen des JWA ("Reaktionsgeschwindigkeit, Reaktionsfähigkeit"),
- über den prozentualen Anteil der Sitzungen des JWA, in denen das Problem JAL behandelt wurde (gemessen an den gesamten Sitzungen eines Jahres) und korrespondierend dazu
- über den Zusammenhang von Problemdruck (JAL-Raten) und Sitzungshäufigkeit.

(2.) Die "Identifikation der Akteure" jeweiliger Handlungen im JWA zur JAL gibt Auskunft über die Rollenverteilung im Akteurssystems. Das Untersuchungsziel ist es, mögliche Entscheidungsmacht, argumentative wie innovative/flexible/koordinierende Arbeitsteilung und Engagement an Personen oder Organisationen festzumachen. Als Indikatoren dazu wurden die in den Sitzungsprotokollen festgehaltenen Personen/Organisationen (politische, administrative, verbandliche, sonstige) ermittelt.

(3.) Die "Form der Aktivität" ist ein weiteres Konstrukt zur Beanwortung wichtiger Forschungsfragen. Unter die Aktivitätsform lassen sich sowohl ein verwaltungstechnischer als auch ein eher sozialwissenschaftlicher Begriffsinhalt subsumieren. Als "Anfragen, Anträge, Mitteilungen, Berichte, Vorlagen, Beschlüsse und Beratungen" werden i.d.R. die Aktivitätsformen umschrieben, die die in der Verwaltungssprache abgefassten Sitzungsprotokolle vorgeben. Besondere Auswertungsprobleme verursachen dabei die Begriffe "Vorlage" und "Mitteilung". Jedes im Auschuß zu beratende bzw.zu behandelnde Thema wird als schriftliche Vorlage den Ausschußmitgliedern ("Mitteilung") zur Kenntnis gebracht. Dabei kann es sich um Berichte, Anträge, Anfragen oder auch Beschlußvorlagen handeln. Als Indikatoren für die Identifikation unterschiedlicher Aktivitätsformen von hypothetischer Relevanz (dazu unten) sind damit die verwaltungstechnischen Rubrizierungen nicht trennscharf genug bzw. gar unbrauchbar. Insofern empfahl es sich, methodisch wie thematisch-inhaltlich orientierte Indikatoren auszuwählen, die es erlauben, aus der Aktivitätsform projektrelelvante Rückschlüsse auf eine möglicherweise koordinierende, initiierende oder auch verantwortende Arbeitsweise des Ausschusses bzw. einzelner Akteure zu erhalten.

Diese Qualität erfüllen die Indikatoren: "Anfrage", "Antrag" und "Anregung". In Verbindung mit den zugehörigen Absendern eröffnen sie Auskünfte über die Verteilung von Initiativrollen im JWA. Der Indikator: "Bericht", gibt (in Verbindung mit den Unterindikatoren "Häufigkeit", "Umfang" und "Absender") Auskunft über die Arbeitsintensität wie die quantitative und qualitative Informationskompetenz des Ausschusses. Der Indikator: "Beschluß" eröffnet (in Kombination mit Beschluß-Häufigkeiten und Beschluß-Inhalten) eine Aussagemöglichkeit über die Entscheidungspraxis des JWA im Problemkontext JAL (gegenüber anderen lokalen Gremien bzw. "Vorentscheidern"). Der Indikator: "Beratung" (Diskussion) erlaubt (in Kombination mit Informationen über Umfang, Inhalt sowie über die beteiligten Akteure) Aussagen über die Bedeutung des Ausschusses als Diskussions- und Entscheidungs(-vorbereitungs)forum zu treffen. So kann (auch) sichtbar werden, ob der JWA evtl. nur primär ein Empfangs-Gremium ist für Mitteilungen anderer, (dann oft) entscheidender Gremien. Für diese hypothetisch fundierte Analysemöglichkeit wurde der Indikator "Mitteilung" beibehalten, sofern es sich hier nicht, im verwaltungssprachlichen Sinne, um Berichte etc. handelte, sondern um Informationsweitergaben problemrelevanter Vorgänge durch bestimmte Personen oder Organisationen.

(4.) Die Analyse der "Aktivitätsinhalte" und der "Zielrichtung der Aktivität" soll schließlich, in Kombination mit den vorher genannten Indikatoren, Auskünfte über die inhaltliche Qualität der Arbeit, die generelle Fähigkeit des JWA zu politisch-koordinierender, initiierender, innovativer und flexibler Tätigkeit geben. Dieser Analyseschritt verweist damit auf die empirische Reichweite der sozialwissenschaftlichen Dezentralisierungsdebatten und darin (auch) auf möglicherweise kommunal unterschiedlich genutzte oder überhaupt identifizierbare Handlungsspielräume, also auf zentrale Forschungsfragen des Projektes. Insgesamt war hier jedoch die Anwendung eines zu starren Indikatorenrasters unpraktisch. Kommunale Aktivitätsunterschiede, kommunal unterschiedliches Protokollierungsverhalten sowie die Komplexität der behandelten Probleme allgemein und schließlich die Vielfalt beteiligter Unterausschüsse, Arbeitskreise etc. erlaubten vielfach nur, die Konzentration auf Leitfragen: Welche Aktivitäten haben (durch welche Akteure getragen) stattgefunden? Welche Rolle spielte der JWA (bzw. welche Akteure darin) und welche Funktion hatte er im Rahmen der Initiierung, Entwicklung und Koordinierung bestimmter Aktivitäten? Welche Zielrichtung hatte die jeweilige Aktivität (definierte Zuständigkeiten und Verantwortlichkeiten)? Inwieweit trug der JWA dazu bei, den in den Dezentralisierungsdiskursen theoretisch behaupteten kommunalen Relevanzgewinn zu einem realen politischen Kompetenzgewinn zu machen ?

Das folgende Analyse-Ablauf-Modell gibt, theoretisch wie methodisch orientiert, den Ansatz dieses Untersuchungsschrittes wieder:

THEOR./HYPOTH. DIMENSIONEN INDIKATOREN	VARIABLEN	INDIKATOREN	
Problemrelevanz (auch in Abhängigkeit von Problemdruck)?	Zeitpunkt/Häufigkeit der Thematisierung	Datum	
Identifikation Akteure ("Kommunale Eliten")	Initiatoren	Personen Organisationen	
Qualität als Beratungs- und Initiativ-Forum? Verhältnis Verwaltung-JWA? Informations- und Kenntnisstand der Mitglieder? Qualität als Beschluß-Forum?	Aktivitätsform	Antrag Anfrage Anregung Beschluß Beratung Bericht Mitteilung	Umfang Häufigkeit Absender Adressat
Aktivitätsrahmen und kommunaler Maßnahmenkatalog?	Aktivitätsinhalte	Maßnahmen/Programme kommunale Spezifika	
Politikverflechtung? Selbstverständnis der Jugendhilfe im Dezentralisierungskontext?	Aktivitätszielrichtung	Definierte Zuständigkeiten Angesprochene Adressaten Geforderte/vorgeschlagene Politikschritte	

4.4. Zusammenfassung Vierter Untersuchungsschritt. Interkommunaler Vergleich: Jugendwohlfahrtsausschüsse und Jugendarbeitslosigkeit

Im folgenden ist, auf der Basis der stadtspezifischen (dazu Krüger/Pojana/Richter 1988, Bd. I, S. 468-586) Inhaltsanalysen der JWA-Protokolle, ein interkommunaler Vergleich zu erarbeiten. In ihm zeigen sich sowohl Gemeinsamkeiten als auch signifikante Differenzen des Aktivitätsrahmens der jeweiligen Jugendwohlfahrtsausschüsse gegenüber der Jugendarbeitslosigkeit. Diese zusammenfassende Darstellung umschließt - wie einleitend zu diesem Untersuchungsschritt formuliert - (1) die Thematisierungszeitpunkte, (2) die Thematisierungsintensität, (3) die Darlegung der Aktivitätsformen, (4) die Erörterung des Akteurssystems sowie (5) die Skizzierung der zentralen Politikinhalte und Zielsetzungen.

4.4.1. Thematisierungszeitpunkte und Thematisierungsintensitäten

Die Entwicklung des Aktivitätsrahmens der JWA zeigt die Übersicht 19. In ihr sind zunächst für alle Kommunen die "Thematisierungsraten Jugendarbeitslosigkeit" im Untersuchungszeitraum erfaßt. Die ist der prozentuale Anteil (P) der Sitzungen der JWA, in denen das Problem Jugendarbeitslosigkeit thematisiert worden ist, gemessen an der Gesamtzahl der Sitzungen des jeweiligen Jahres (Thematisierungsintensität). Der Thematisierungsintensität wird zudem die statistische Entwicklung der Jugendarbeitslosigkeit, d.h. des objektiven Problemdruckes, gegenübergestellt, wobei hier die Daten des Landes NW als Bezugspunkt herangezogen werden. (Da für Dortmund in den Jahren 1976, 1978, 1980 sowie 1985 die jeweilige Gesamtzahl der JWA-Sitzungen nicht zur Verfügung steht, kann hier kein P-Wert angegeben werden. Jedoch fanden auch in diesen Jahren Sitzungen statt, in denen die Jugendarbeitslosigkeit als Tagesordnungspunkt aufgenommen wurde.)

Wie die Übersicht 19 zeigt, ergeben sich für die Kommunen erkennbare Unterschiede sowohl hinsichtlich der Reaktionszeitpunkte wie der Thematisierungsintensität. Außer in Dortmund und Hamm reagierten in den übrigen Kommunen die JWA bereits im Jahr 1975, dem ersten auffälligen Höhepunkt der Jugendarbeitslosigkeit, auf den objektiven Problemdruck. Dabei weist insbesondere Oberhausen ein quantitativ sehr hohes Aktivitätsniveau auf. Der interkommunale Vergleich der Reagibilität offenbart mithin für das Jahr 1975 eine bemerkenswerte Streuung der Thematisierungsrate, die die beiden Extremwerte 0 und 100 Prozent einschließt.

Übersicht 19: Thematisierungsintensität zur Jugendarbeitslosigkeit in den Jugendwohlfahrtsausschüssen und Entwicklung der Jugendarbeitslosigkeit (JAL)

	Thematisierungsrate P						JAL
Jahr	Dortmund	Duisburg	Essen	Hamm	Krefeld	Oberhausen	NW
1975	0	25	16	0	50	100	----
1976	---	16	70	20	86	55	3.11
1977	40	18	38	0	56	70	3.20
1978	---	15	33	33	57	76	2.98
1979	0	11	43	0	43	50	2.35
1980	---	18	44	37	36	67	2.61
1981	20	75	78	25	57	50	4.23
1982	66	33	11	62	83	56	6.14
1983	66	62	44	62	100	67	6.94
1984	87	50	57	33	75	29	----
1985	---	12	85	50	75	29	----

P: Prozentualer Anteil derjenigen Sitzungen des Jugendwohlfahrtsausschusses, in denen das Problem Jugendarbeitslosigkeit thematisiert worden ist, gemessen an der Gesamtzahl der Sitzungen des jeweiligen Jahres (in v.H.).

JAL: Anteil der jugendlichen Arbeitslosen von 15 bis unter 25 Jahren an allen Jugendlichen dieser Altersklasse (in v.H.).

Quelle: Eigene Berechnungen.

Wird die Phase 1975 bis 1980 des Untersuchungszeitraumes betrachtet, so läßt sich für das Jahr 1975 in Krefeld und Oberhausen die höchste Thematisierungsintensität konstatieren. Das Jahr 1976 zeigt für die Kommunen Essen und Krefeld das jeweils höchste Aktivitätsniveau, während die Thematisierungsintensität in Dortmund 1977 und in Hamm erst 1980 ihren höchsten Wert erreicht. Darüber hinaus werden kommunale Unterschiede hinsichtlich des Aktivitätsniveaus, wie es sich über den Zeitraum bis 1980 insgesamt darstellt, deutlich. Die Kommunen Hamm und Oberhausen markieren in diesem Kontext die beiden Extrempunkte. Während Hamm eine auffällig diskontinuierliche, insgesamt niedrige Thematisierungsintensität aufweist, ist für Oberhausen ein durchgängig hohes Aktivitätsniveau zu verzeichnen. Die Thematisierungsintensität zeigt mithin ein recht heterogenes, eine hohe Streuung aufweisendes Erscheinungsbild innerhalb des von den Kommunen insgesamt erzeugten Aktivitätsmusters. Es läßt sich hier für die Phase von 1975 - 1980 keine einheitliche oder zumindest annähernd konsistente Handlungsstrategie der Jugendwohlfahrtsausschüsse identifizieren. Ein möglicher Erklärungsfaktor für diese Inkonsistenz ist wohl darin gegeben, daß in den Kommunen neben den Jugendwohlfahrtsausschüse weitere themenspezifische Gremien etabliert wurden. Dieser Aspekt ist unten wieder aufzunehmen.

Für die Phase 1981 bis 1985 ist ein erneutes Ansteigen des Problemdruckes Jugendarbeitslosigkeit charakteristisch. Dabei markiert das Jahr 1983 den zweiten Höhepunkt der Jugendarbeitslosigkeit. Hier veranschaulicht die Übersicht 19, daß der JWA in Duisburg seine höchste Thematisierungsintensität 1981 erreicht. Die JWA der Kommunen Hamm, Krefeld und Oberhausen weisen 1983 ihr höchstes Aktivitätsniveau auf, während die Problematisierungsrate in Dortmund 1984 und in Essen 1985 ihren höchsten Stand zeigt. Festzuhalten ist damit, daß in zumindest drei Kommunen die Thematisierungsrate des JWA in Korrespondenz zur Entwicklung der Jugendarbeitslosigkeit ihren höchsten Wert erreicht. Weiter läßt die Übersicht 19 erkennen, daß der Aktivitätsrahmen der einzelnen JWA gegenüber dem Problem Jugendarbeitslosigkeit - mit Ausnahme der Kommune Oberhausen - in dieser zweiten Phase des Untersuchungszeitraumes ein insgesamt höheres quantitatives Niveau aufweist als in der ersten Phase. Die Frage, ob und inwieweit diese bemerkenswerte Verstärkung des Aktivitätsniveaus primär auf kommunalinterne Lernprozesse oder etwa auf eine Intensivierung des Angebotes überlokal institutionalisierter Förderprogramme zurückzuführen ist, läßt sich anhand des vorliegenden Materials nicht eindeutig beantworten. Zu vermuten ist, daß hier beide genannten (und u.U. weitere) Komponenten zusammenwirken. Jedenfalls läßt sich auf der formalen Analyseebene, vorsichtig formuliert, für die Zeit ab 1981 eine tendenzielle Erhöhung des kommunalen Problembewußtseins identifizieren.

Wie weiter ersichtlich, ist das von den Untersuchungseinheiten in der zweiten Phase erzeugte Gesamtaktivitätsniveau relativ homogener, wenn es mit dem entsprechenden Bild der ersten Phase des Untersuchungszeitraumes verglichen wird. In einem gewissen Maße haben sich die quantitativen Reaktionsmuster gegenüber dem erneut ansteigenden Problemdruck Jugendarbeitslosigkeit angeglichen. Dennoch sind auch noch in dieser zweiten Phase kommunale Differenzen in den Handlungsstrategien erkennbar. Hier ist auch insbesondere die faktische Institutionalisierung weiterer kommunaler Gremien in die Betrachtung einzubeziehen. Diese Erfahrung zusätzlicher Gremien selbst muß allerdings als ein im Zweifelsfall abwertendes Element in der örtlichen Bewertung des Status und des Aktivitätsrahmens der jeweiligen JWA angesehen werden! In den kommunalen Einzelanalysen ist die Vielfalt solcher Gremien deutlich geworden. So sind in Duisburg, Dortmund und Krefeld z.B. schon sehr früh <u>Unterausschüsse "Jugendarbeitslosigkeit"</u> der JWA gegründet worden. Während der jeweilige Unterausschuß in Duisburg und Dortmund nur kurze Zeit existierte (1977 bis etwa 1979), war er in Krefeld über einen relativ langen Zeitraum existent (1976 bis 1984). Insbesondere für Krefeld läßt sich jedoch aufgrund der aus den Protokollen der JWA-Sitzungen herauskristallisierten Selbsteinschätzungen der beteiligten Akteure die Aussage formulieren, daß die Konstituierung auch dieses Gremiums und dessen Arbeit eher als <u>symbolische resp. legitimatorische Politik</u> denn als eine in organisatorischer Hinsicht innovative und effektive Handlungsstrategie zu bewerten ist. In Hamm wurde das Problem Jugendarbeitslosigkeit innerhalb des Unterausschusses "Jugendhilfeplanung" (1977 bis 1985) und in Essen innerhalb des Unterausschusses "Jugendpflege" (1983 bis 1985) behandelt.

Ist die Aktivität eines Unterausschusses definitorisch unmittelbar mit dem JWA verbunden, weisen die sogenannten <u>Koordinierungs- oder Arbeitskreise "Jugendarbeitslosigkeit"</u> über diesen institutionellen Zusammenhang hinaus. In diesen Gremien sind wesentlich (auch) die Träger und Institutionen vertreten, die Maßnahmen gegen bzw. angesichts der Jugendarbeitslosigkeit durchführen (können/sollen), aber teilweise gerade nicht zum traditionellen kommunalen jugendpolitischen Sektor gehören. Dazu zählen typischerweise das Arbeitsamt, das Schulamt, die Verwaltung des Jugendamtes, die Gewerkschaften und die verschiedenen Kammern. Für den gesamten Untersuchungszeitraum sind diese Arbeitskreise - soweit es sich aus den Protokollen rekonstruieren läßt - in den Kommunen Dortmund, Duisburg, Essen und Oberhausen institutionalisiert worden. In diesen Kommunen wurden ab 1983 ferner spezielle Arbeitskreise "Jugendberufshilfe" eingerichtet. Neben dieser allgemeinen Tendenz zur Etablierung funktional spezifischer lokaler Arbeitskreise sind darüberhinaus einige kommunale Spezifika zu erwähnen, die ebenfalls die organisatorische Ebene betreffen. So ist in Duisburg 1983 ein Ratsausschuß: "Arbeitsgruppe: Jugendarbeitslosigkeit" gebildet worden. Ein Koordinationskreis "Jugendarbeitslosigkeit" firmiert in Dortmund ab 1984 unter dem Titel "Oberbürgermeisterrunde" und in Krefeld existiert seit 1983 eine vom Oberbürgermeister initiierte sogenannte "Krefelder Runde", die sich als eine Art lokale Arbeitsmarktkonferenz versteht. Wird versucht, eine allgemeine Perspektive herauszukristallisieren, so läßt sich die These formulieren, daß auf kommunaler Ebene im Verlaufe der zweiten Reaktionsphase gegenüber der Jugendarbeitslosigkeit, etwa ab 1983 - also relativ spät -, u.a. versucht wurde, die Behandlung und Diskussion der anstehenden Problematik auf eine politisch höhere Ebene zu verlagern.

Die bisher dargelegten Befunde zusammenfassend, sind (1) für den Zeitraum von 1975 - 1980 auffallende kommunale Differenzen hinsichtlich der Thematisierungsintensität des Problems Jugendarbeitslosigkeit seitens des jeweiligen JWA im allgemeinen sowie der entsprechenden Zeitpunkte des jeweils höchsten Aktivitätsniveaus im besonderen zu konstatieren. Für die Phase 1981 - 1985, ist (2) eine relative Homogenisierung des von den Kommunen erzeugten quantitativen Aktivitätsniveaus zu erkennen. Gleichzeitig hat sich die

Thematisierungsintensität (und damit eine zu unterstellende Problemsensibilität) im Vergleich zur ersten Phase des Untersuchungszeitraumes insgesamt erhöht. Schließlich muß (3) tendenziell zugleich davon ausgegangen werden, daß die JWA - vor dem Hintergrund (oder als Reflex darauf!) der Institutionalisierung weiterer kommunaler Gremien - eher nicht als die zentralen Instanzen der Diskussion, Innovation und Koordination jugendpolitischen kommunalen Handelns gegenüber dem Problem Jugendarbeitslosigkeit angesehen werden können.

4.4.2. Akteurssystem und Aktionsformen

Zur weiteren Konkretisierung des kommunalen Aktivitätsrahmens gegenüber der Jugendarbeitslosigkeit dient die bivariate Übersicht 20, die die jeweilige Verteilung der Aktivitätsformen und ihrer Akteure verdeutlicht.

Übersicht 20: Zusammenhang von Akteurssystem und Aktivitätsformen zur Jugendarbeitslosigkeit in den JWA aller Kommunen (1975 - 1985)

	Aktivitätsformen							
Akteurssystem	Beschluß	Bericht	Mitteilung	Antrag	Anfrage	Anregung	Beratung	P1
Politik	-	14	11	27	16	23	52	27
Verwaltung (Jugendamt)	-	108	53	1		4	16	35
Freie Träger	-	6	6	5	2	3	6	6
Sonstige	-	24	10	1	1	5	12	10
JWA insgesamt	94				1	3	20	22
P2	18	29	15	6	4	7	21	

P1: Prozentualer Anteil der jeweiligen Akteurskategorie am Gesamtakteurssystem (in v.H.).

P2: Prozentualer Anteil der jeweiligen Aktivitätsform an der Gesamtaktivität - n=524 - (in v.H.).

Quelle: Eigene Berechnungen.

Die Betrachtung der höchsten absoluten Werte läßt auffallende Zusammenhänge zwischen den einzelnen Akteuren und verschiedenen Aktivitätsformen erkennen.

Der Akteur Verwaltung korrespondiert mit der Aktivitätsform Bericht/Mitteilung; der Akteur Politik mit der Aktivitätsform Beratung; der JWA- insgesamt mit dem Aktivitätstyp Beschluß. Diese Zusammenhänge sind prozentual für die einzelnen Aktivitätsformen (P2) und der jeweiligen Akteurskategorien (P1) dargestellt. Deutlich ist die Dominanz der (eher passiven) Aktivitätsformen "Entgegennahme von Berichten" wie die Dominanz der Verwaltung als Produzent dieser Berichte. Mit der Aktivitätsform "Beschluß", die nominell ebenfalls hohen Wert erreicht, entspricht der JWA seinem gesetzlichen Auftrag; er ist nach dem JWG "Beschlußorgan". Diese letzte Entscheidungsfunktion darf jedoch nicht voraussetzungslos mit einer aktiven, inhaltlich gestaltenden Rolle des JWA gleichgesetzt werden. Darauf wird unten noch näher einzugehen sein.

4.4.2.1. Aktivitätsformen: "Antrag", "Anfrage", "Anregung" sowie "Beratung"

Zunächst läßt die prozentuale Verteilung der verschiedenen Aktivitätstypen (Übersicht 20) erkennen, daß die Kategorien Antrag, Anfrage sowie Anregung einen relativ geringen Anteil an der Gesamtaktivität der JWA ausmachen. Unter den zwei Annahmen, daß erstens diese Aktivitätsformen wesentliche Elemente politischer Meinungs- und Willensbildung darstellen und zweitens sie insbesondere auch Kritik etablierter Politikstrategien enthalten resp. innovative Handlungschancen mit ihnen artikuliert werden (können), muß davon ausgegangen werden, daß beide Elemente - Kritik und Anregung - im Handlungsrahmen der Jugendwohlfahrtsausschüsse eine eher untergeordnete Rolle gespielt haben.

Da sich diese Kategorien überdies wesentlich im Akteurssystem Politik konzentrieren, ist deren Verteilung innerhalb dieses Akteurstypus zu spezifizieren. Die drei Aktivitätsformen wurden hier zusammengefaßt (Übersicht 21).

Übersicht 21: Zusammenhang der Aktivitätsformen: Antrag, Anfrage, Anregung mit dem Akteur Politik für die jeweiligen JWA (1975-1985)

Politik	Antrag, Anfrage und Anregung						
	Dortmund	Duisburg	Essen	Hamm	Krefeld	Oberhausen	Gesamt
Mehrheitsfraktion	7	3	1	3	3	3	20
Oppositionsfraktion	3	4	6	4	15	7	39
Vorsitzender JWA	1			3	1	1	6

Quelle: Eigene Berechnungen.

Wie erkennbar, besteht ein auffälliger Zusammenhang zwischen den genannten Aktivitätsformen und dem Akteur Oppositionsfraktion. Dieser allgemeine Befund wird vor allem in der Kommune Krefeld evident (der einzige Kommune unter den Untersuchungseinheiten, die eine CDU-Ratsmehrheit aufweist), während der JWA in Dortmund von dieser Tendenz abweicht. Unter den eben genannten - einschränkenden - Annahmen ist die Kritik etablierter Handlungsmuster hier auch faktisch die primäre Domäne der Opposition. Aber dies ist noch eine Aussage auf der formalen Ebene. Inhaltlich ist dieser Aspekt unten wieder aufzugreifen. Gemessen an dem (gesetzlich intendierten) Anspruch, daß der JWA ein Forum der Beratung und Diskussion, also der politischen Willensbildung, sein soll, ist die quantitative Bedeutung der Aktivitätsform Beratung - der prozentualen Verteilung zufolge - nicht sehr auffällig. Dabei muß nochmals auf eine wesentliche analysetechnische Restriktion hingewiesen werden. Die Niederschriften der JWA- Sitzungen sind überwiegend Ergebnisprotokolle. Sie spiegeln die Diskussionsprozesse und Argumentationsfiguren, soweit überhaupt, nur selektiv , was sich auch in dem relativ hohen Anteil der Kategorie "JWA- insgesamt" ausdrückt. Unter Berücksichtigung dieser Einschränkungen läßt sich gleichwohl - auf der Basis der vorhandenen Daten - der tendenzielle Zusammenhang der Kategorie Beratung mit dem Akteur Politik erkennen. Wird dieses Akteurssystem weiter differenziert, ergibt sich, daß die Mehrheitsfraktion ein leichtes Übergewicht aufweist, wobei hier wiederum der Vorsitzende des JWA eine relativ einflußreiche diskussionsstrukturierende Position einnimmt.

Die vorgetragenen Aspekte zusammenfassend, läßt sich feststellen, daß die Chancen der Realisierung einer gewichtigen Funktion des JWA, nämlich Forum der politischen Willensbildung und Entscheidung hinsichtlich des Problems Jugendarbeitslosigkeit zu sein, eher deutlich skeptisch zu beurteilen ist. Dieser negative Fund ist gerade auch in dem insgesamt augenfälligen Nicht- Engagement der Freien Träger zu sehen. Einem Akteur also, der neben den öffentlichen Trägern, maßgebliche finanzielle und infrastrukturelle Ressourcen der Jugendpolitik auf kommunaler Ebene kontrolliert (vgl. II.5.). Es ist nicht erkennbar, daß dieses Faktum in z.B. handlungskoordinierenden Beratungen der JWA ein angemessenes Gewicht gewann.

4.4.2.2. Aktivitätsform "Beschluß" und Konsequenzen für jugendpolitische Steuerungsressourcen

Die Herbeiführung bindender Entscheidungen nimmt (Übersicht 20) im gesamten Aktivitätsrahmen der JWA etwa einen mittleren Rang ein. Wird die Kategorie Beschluß in ihren Konsequenzen für die jugendpolitischen (sozialpolitischen) Steuerungsressourcen differenziert, ergibt sich folgendes Bild (Übersicht 22): (Für die Kommunen Duisburg, Dortmund und Hamm war aufgrund der Protokollqualität eine Analyse der programm- und personalbezogenen Konsequenzen nicht möglich.)

Soweit die Beschlüsse unmittelbare Ressourcen-Konsequenzen anzielten, zeigt die Übersicht - trotz einiger kommunaler Unterschiede - eine deutliche Dominanz der Steuerungsressource Geld. Von erwähnenswerter Bedeutung ist daneben noch die Steuerungsressource Organisation. Beschlüsse mit organisationellen Konsequenzen verweisen überwiegend auf die Bildung von Unterausschüssen, speziellen Arbeitskreisen sowie Kom-

Übersicht 22: Beschlüsse der jeweiligen JWA nach Konsequenzen für Steuerungsressourcen

Konsequenzen f. Steuerungs-ressourcen	Beschlüsse						
	Dortmund	Duisburg	Essen	Hamm	Krefeld	Oberhausen	Gesamt
Geld	4	7	4	6	4	13	38
Organisation	2	3	5		4	2	16
Programm	-----	-----	2	-----	1	1	4
Personal	-----	-----	4	-----	1	1	6
Keine direkten Konsequenzen	1	5	13	1	3	8	31

Quelle: Eigene Berechnungen auf der Basis der Auswertung der JWA- Protokolle.

missionen oder auch auf die Förderung von sogenannten Jugendberufshilfevereinen. Die Ressourcen Programm und Personal erscheinen als vernachlässigbare Größen.1)

---

1) Die Beschlüsse, die keine unmittelbaren steuerungsrelevanten Konsequenzen implizieren, sind zum einen Teil Absichtserklärungen, u.U. verweist dies auf Akte symbolischer Politik. Zum anderen Teil beziehen sie sich mittelbar auf das Medium Geld, wobei etwa die JWA entsprechende Mittelanträge an den Finanzausschuß oder an den Rat stellen. Diese Inanspruchnahme des Antragsrechtes kann die Qualität einer initiierenden Funktion des JWA gewinnen. Andererseits läßt sich dieser Befund auch als ein Indiz für die begrenzte Entscheidungsmacht des JWA werten. Diese These wird durch Daten bestärkt, die darauf hindeuten, daß der JWA in der Regel Entscheidungen legalisiert, die zuvor anderenorts ausgearbeitet und vorentschieden worden sind. Hier sind Beschlüsse oft nur Ausdruck einer Ratifizierung fremdbestimmter Vorlagen. Dabei ist erneut die dominante Stellung der Verwaltung hervorzuheben, wobei die von ihr formulierten Beschlußvorlagen im wesentlichen zugleich die Politik der kommunalen Mehrheitsfraktion spiegeln (System "kommunaler Vorentscheider").

4.4.2.3. Aktivitätsform "Berichte"

Wie bereits oben angedeutet, zeigt die Übersicht 20, daß die beiden Kategorien Bericht und Mitteilung annähernd die Hälfte der Gesamtaktivität der JWA ausmachten. Dieser Befund läßt den Schluß zu, daß der JWA wesentlich als ein Forum der (eher passiven) Entgegen- bzw. Kenntnisnahme von Informationen Dritter fungierte. In der Aktivitätsform Bericht wird darüberhinaus die prominente und bestimmende Stellung der Verwaltung des Jugendamtes als "Produzent" der Berichte erneut offenbar. Die Übersicht 23 zeigt die interkommunalen Differenzen. Da die Aktivitätsform Mitteilung in diesem Zusammenhang von sekundärer Bedeutung ist, wird sie nicht berücksichtigt.

Übersicht 23: Zusammenhang der Aktivitätsform Bericht mit dem Akteurssystem in den JWA (1975- 1985)

Akteurssystem	Bericht					
	Dortmund	Duisburg	Essen	Hamm	Krefeld	Oberhausen
Politik	1		3		10	
Verwaltung (Jugendamt)	28	5	29	2	11	33
Freie Träger	3					3
Arbeitsamt	5		2	3		1
Sonstige	3	2	1	2	1	4
Gesamt	40	7	35	7	22	41

Quelle: Eigene Berechnungen.

Neben dem hier zentralen Akteur "Verwaltung des Jugendamtes" wird eine ergänzende Berichterstattung wesentlich durch das Arbeitsamt und durch die der Kategorie "Sonstige" subsumierten Akteure Schulverwaltungs- und Personalamt realisiert. Damit erhöht sich insgesamt noch weiter der Anteil des Akteurssystems Verwaltung. Von dieser Tendenz abweichend weist der JWA in Krefeld einen bemerkenswerten Zusammenhang von Berichterstattung und Politik auf. Das erklärt sich dadurch, daß dort der Vorsitzende des JWA relativ häufig über die Sitzungen des Unterausschusses "Jugendarbeitslosigkeit" im Sinne einer Spiegelfunktion berichtete. Für den Unterausschuß ist jedoch ebenfalls der Befund der Verwaltungsdominanz gültig. Weiter zeigt der interkommunale Vergleich der JWA interessante und auffällige Unterschiede in der Quantität und Qualität der Berichterstattung. Wie die Übersicht 23 erkennen läßt, kann für die Kommunen Dortmund, Essen, und Oberhausen, gemessen am Umfang der Berichterstattung, ein relativ hohes Informationsniveau festgestellt werden. Dabei liegt in Essen wie in Oberhausen der zeitliche Schwerpunkt der Berichterstattung in der Phase bis 1980, in Dortmund in der Phase danach. Die JWA Duisburg, Hamm und Krefeld weisen dagegen ein geringeres quantitatives Niveau der Berichterstattung auf.

Inhaltlich bezieht sich die Berichterstattung der Jugendämter zum einen auf die Präsentation statistischer Daten zur örtlichen Jugendarbeitslosigkeit und/oder zur Ausbildungssituation. Die Informationen orientieren sich hauptsächlich an den Angaben des jeweiligen Arbeitsamtes und sind hierbei zumeist auf die Gruppe der Jugendlichen bis u. 20 Jahren begrenzt. Zudem werden keine stadtteilbezogenen Daten angeboten. Eine positive Ausnahme bildet dabei das von dem Unterausschuß "Jugendhilfeplanung" erarbeitete Querschnittsprogramm der Kommune Hamm (allerdings erst) aus dem Jahre 1982, das eine detaillierte, kleinräumige Analyse der Jugendarbeitslosigkeit aufweist.

Neben diesen, die Struktur und Entwicklung der Zielgruppe beschreibenden Daten enthalten die Berichte zum anderen die Darlegung faktischer und/oder möglicher Handlungsstrategien für die verschiedenen jugendpolitischen Steuerungsmedien Geld, Organisation und Programm, wobei die Programm-Informationen im Vordergrund stehen. Die sich auf die Programmebene beziehenden Berichte thematisieren wesentlich die jeweiligen Bundes- und/oder Landes (Förder-) programme. Der darin dokumentierte Informationsstand bildet letztlich eine zentrale Bedingung dafür, daß bei der Planung und Realisierung örtlicher Aktivitäten das ganze Spektrum überlokal installierter Förderungsmöglichkeiten einbezogen werden kann. Dabei muß jedoch auch die Frage gestellt werden, wo für die Jugendwohlfahrtsausschüsse der Schnittpunkt zwischen einer auf gutem Kenntnisstand operierenden, folgenreichen Politik einerseits und der Praxis der bloßer Informationsaufnahme, ohne nachfolgende Beratung und Beschlußfassung andererseits, liegt. So läßt sich lediglich in wenigen Fällen die Implementierung bestimmter Programme ausdrücklich auf eine entsprechende Beschlußfassung des JWA zurückführen. Auch dies verweist darauf, daß entweder die Verwaltung und/oder andere kommunale (jugendpolitische) Akteure als Initiatoren auf der Programmebene fungierten. Auch darin verdeutlicht sich die Tendenz, daß die JWA im Zweifelsfall nicht als zentrales jugendpolitische Koordinations- und Anregungsforen betrachtet werden dürfen. Dies insbesondere auch gerade nicht angesichts des wiederholt hervorgehobenen Nicht-Engagements der Freien Träger in diesen Gremien.

Zum anderen werden die auf kommunaler Ebene realisierten Maßnahmen in Berichten vorgestellt. Diese umfassen sowohl die Aktivitäten des Jugendamtes als auch solche, die in Trägerschaft anderer kommunaler Akteure der Jugendpolitik, wie der VHS, des Arbeitsamtes, des Schulverwaltungsamtes sowie Freier Träger, durchgeführt wurden. Diese Berichte konkretisieren sich u.a. darin, daß in dem Zeitraum von 1983 bis 1986 in den Kommunen Dortmund, Duisburg, Krefeld und Oberhausen von den Jugendämtern spezielle zielgruppenorientierte Informationsschriften bzw. sogenannte Maßnahmenführer erstellt worden sind. Damit avancierten in diesen Kommunen die Verwaltungen der Jugendämter zu wichtigen lokalen Informationszentren (während in anderen Kommunen bezeichnenderweise ähnliche Daten durch Akteure außerhalb des Sozialsektors erstellt wurden).

Als Zwischenresümee bleibt hinsichtlich der Verteilung der diversen Aktivitätsformen einerseits und der Akteure andererseits somit festzuhalten, daß sich der Aktivitätsrahmen der JWA vornehmlich durch eine (eher passive) Praxis der Entgegennahme von Informationen Dritter auszeichnet. Die Verwaltung des Jugendamtes ist in diesem Kontext der wichtigste Akteur, er ist wesentlich Produzent dieser Information. In der Quantität und Qualität der Berichterstattung lassen sich im interkommunalen Vergleich bemerkenswerte und augenfällige Unterschiede identifizieren. Diese unterschiedlichen Niveaus der Berichterstattung können auf Muster abweichender Problemperzeption und Probleminterpretation der Jugendarbeitslosigkeit seitens der jeweiligen Jugendämter (Verwaltungen) verweisen ("personaler Faktor").

4.4.2.4. Aktivitätsinhalte und politische Zielrichtungen

Hinsichtlich der Problemperzeption und -interpretation in den JWA lassen sich folgende Befunde skizzieren, deren empirische Tragfähigkeit in den Experteninterviews teilweise noch näher zu überprüfen war (vgl. III.7.). Zunächst ist erwähnenswert, daß in einigen der untersuchten Kommunen (Duisburg, Essen und Oberhausen) schon relativ früh auf der Programmebene neben den eher als traditionell einzustufenden Angeboten der Jugendhilfe auch <u>innovative sozialpädagogische Interventionsformen</u> (sozialpädagogische Beratung und Betreuung, street- work) konzeptualisiert bzw. realisiert wurden. Hierbei leistete die Verwaltung wichtige Vorschläge. Jedoch zeichnete sich zugleich die politische Thematisierung dieser Handlungsstrategien durch eine auffällige <u>Ambivalenz</u> aus. Innovative Perspektiven wurden vielfach durch ein <u>tendenziell (auch) politisch-legitimatorisches Argumentationsmuster</u> überlagert, wonach das (finanzielle) Engagement der überlokalen Ebene als notwendige Voraussetzung für die Realisierung entsprechende Aktivitäten auf kommunaler Ebene angesehen wurde (vertikale Politikverflechtung). Die Ausgestaltung und Konkretisierung von Maßnahmen - und damit letztlich die eigenen Handlungsmöglichkeiten - <u>wurden so faktisch von den auf Landesebene/Bundesebene formulierten Finanzierungsbedingungen abhängig gemacht</u>. Diese kommunale Handlungsstrategie muß vor dem Hintergrund der prekären kommunalen Haushaltslage gesehen werden. Die sozialpolitische Steuerungsressource Geld erscheint zugleich zentral und knapp. Kommunale Handlungsspielräume wurden also wesentlich fiskalisch - und damit zugleich als eng - definiert.

Ferner ist erwähnenswert, daß gleichwohl in der Phase ab 1980, d.h. vor dem Hintergrund des erneuten Anstiegs der Jugendarbeitslosigkeit, tendenziell eine stärker dezentrale, jugendpolitische Handlungsnotwendigkeit betont, zugleich auf der Programm- und Organisationsebene innovative Handlungsstrategien (insbesondere in Duisburg, Essen sowie Oberhausen) thematisiert wurden (wobei allerdings auch hier gleichzeitig fremdinitiierte und fremdfinanzierte Programme einen bedeutenden Einflußfaktor repräsentieren). Auf der Organisationsebene wurde - mit örtlichen Ausnahmen - die Etablierung lokaler Verbundsysteme jugendpolitischer bzw. arbeitsmarktpolitischer Akteure zum wichtigen Beratungsthema. Offenbar wurden weithin parallel die bisherige Kooperation bzw. Koordination als defizitär bewertet. (Zugleich allerdings ist die Einrichtung solcher Verbundsysteme vielfach auch die Finanzierungsvoraussetzung entsprechender staatlicher bzw. Landesprogramme.)

Bezogen auf die Programmdimension repräsentiert die sozialpädagogisch begleitete Berufsausbildung die zentrale Perspektive der jugendpolitischen Innovation, um die die Diskussionen der JWA maßgeblich zentrierten. Unübersehbar ist jedoch die (fiskal-) politische Zielrichtung, eine breite Ausschöpfung aller Zuschußmöglichkeiten des Landes und/oder des Bundes zu realisieren. Darin kann durchaus ein wichtiges Element "jugendpolitischer Phantasie" liegen, wenn die diversen überlokal institutionalisierten Förderungsmöglichkeiten sinnvoll, d. h. örtlich spezifisch, konzeptions- und problemorientiert, kombiniert werden (können). Dies kann eine tragfähige Strategie zur Eröffnung finanzieller wie programmatischer dezentraler Handlungsspielräume auch unter fiskalischen Knappheitsbedingungen sein. Diesen Themenkomplex nimmt z.B. explizit ein Beschluß des JWA Essen (aber erst!) 1985 auf. Dort wird ausdrücklich die Forderung erhoben, der kommunalen Ebene einen maßgeblichen Entscheidungs- und Handlungsspielraum bei der Zusammenfassung und Abstimmung der verschiedenen Förderprogramme und der damit verbundenen Finanzressourcen zuzuweisen, also im Sinne einer Rekombination vertikaler Politikverflechtung die kommunalen Handlungsspielräume zu erweitern. Auffällige Abweichungen von dieser Diskussionslinie lassen sich dagegen im JWA (bzw. im Unterausschuß "Jugendarbeitslosigkeit") der Kommune Krefeld identifizieren. Dort wird zwar die skizzierte Strategie der breiten Ausschöpfung des Spektrums überlokal installierter Förderungsmöglichkeiten von der Opposition thematisiert, jedoch ohne bei der Mehrheitsfraktion und damit im JWA insgesamt eine entsprechende Resonanz zu erzeugen. Hier kann aufgrund einiger Indizien davon ausgegangen werden, daß die parteipolitische Nicht-Identität von kommunaler Mehrheitsfraktion und Landesregierung (als einziger Kommune der Untersuchungseinheiten), zu einer eher distanzierten und kritischen Bewertung der einschlägigen Landerspolitik führte.

Neben diesen primär auf die vertikale Politikverflechtung bezogenen Gesichtspunkten lassen sich auch Aussagen und Diskussionspunkte festmachen, die vornehmlich die kommunale Binnenstruktur thematisieren. Wie die Analyse der Aktivitätsform "Beschluß" zeigte, lag der thematische Schwerpunkt dort bei den Konsequenzen für die sozial-/jugendpolitische Steuerungsressource Geld. Dabei wurde in der zweiten Phase des Untersuchungszeitraumes, also ab 1980, zunehmend die Strategie der Bereitstellung zusätzlicher kommunaler Eigenmittel und insbesonders die Förderung Freier Träger diskutiert. Damit wird zumindest indirekt die Bedeutung der Freien Träger innerhalb des faktischen kommunalen jugendpolititschen Handelns bestätigt, markiert aber ebenso eine Spannung angesichts der faktischen Nicht-Aktivität dieser Akteure in den JWA. In Hamm etwa wird die Konzentration der sozialpädagogischen Angebote bei den Freien Trägern von der Verwaltung selbst als "Hammer Modell" gekennzeichnet, diese Aktivitäten im JWA aber nicht systematisch, etwa koordinativ, diskutiert und programmatisch erläutert. Die Befunde für alle untersuchten Kommunen zusammenfassend, sind deutlich Indizien festzumachen, die die Einschätzung der eher schwach ausgeprägten Kooperations- und Koordinationsqualität zwischen öffentlichen und Freien Trägern erlauben. Einzelne Beispiele deuten darauf hin, daß Strategien der Domänensicherung sowie die Fixierung auf finanzielle Aspekte ausgeprägt sind. Teilweise präferieren die Freien Träger auch den Weg einer direkten Verhandlung mit der überlokalen Ebene zur Programmeinwerbung gegenüber einer Strategie dezentraler Programme (etwa in Hamm).

Hinsichtlich der Funktionsbestimmung der Jugendhilfe gegenüber dem Problem der Jugendarbeitslosigkeit zeigt sich ein heterogenes Bild. So wurden eher offensive, innovative Muster (etwa in Oberhausen oder Duisburg) deutlich, wie auch traditionelle und restriktive Positionen. Mit einem eher restriktiven Selbstverständnis der Jugendhilfe verbindet sich (so z.B. für den Krefelder JWA bzw. Unterausschuß rekonstruierbar) eine Strategie der Nicht- Thematisierung bestimmter, konflikt- bzw. interessenbesetzter Politikfelder (außerbetriebliche Ausbildung, duales System).

Nicht thematisiert wurden in den JWA durchgängig die möglichen Problemlösungspotentiale von unkonventionellen Initiativen bzw. Selbsthilfeprojekten arbeitsloser Jugendlicher.

Zugleich variierte die koordinierende und aktive Rolle der Jugendhilfe in den Kommunen. In Duisburg und Oberhausen kann der qualitative Beitrag der Jugendhilfe, insbesondere des Jugendamtes (Verwaltung), zur Milderung des Problems Jugendarbeitslosigkeit als qualitativ bedeutsam bewertet werden. Dies betrifft sowohl die Programm- als auch die Organisationsebene. Organisatorisch wird dort dem Jugendamt (Verwaltung) innerhalb des Verbundsystems ausdrücklich die Funktion der zentralen Koordinationsinstanz zugewiesen. In Dortmund und Krefeld wurden die Jugendämter (Verwaltung) in der Phase 1980 - 1985 zu zentralen kommunalen Informationsstellen. Dagegen übernimmt in Essen das Amt für Entwicklungsplanung seit 1985 die Funktion der zentralen Koordination und das Amt für Wirtschaftsförderung die Aufgabe der zentralen Information. In programmatischer Hinsicht ist erwähnenswert, daß sich im sogenannten "Dortmunder Modell" eine Präferenz von öffentlichen Maßnahmen herausgebildet hat, deren Charakteristika eine beachtliche Leistung an überbetrieblicher und vollzeitschulischer Berufsausbildung bilden. Entsprechend stellen hier das Schulverwaltungsamt und das Arbeitsamt die bedeutsamen kommunalen Subsysteme dar.

Insgesamt zeigt sich somit, daß letztlich keine einheitlichen Handlungsstrategien der Kommunen gegenüber der Jugendarbeitslosigkeit entwickelt wurden. Politiksegmentierung und Verwaltungsfragmentierung konnten keineswegs durchgängig aufgehoben werden. Die Stellung der Jugendhilfe innerhalb des kommunalen politisch-administrativen Systems blieb, bis auf Ausnahmen, nur begrenzt einflußreich. Die Verwaltung (des Jugendamtes) erbrachte in den meisten Fällen zumindest in einem technisch- praktischen Sinne Koordinationsleistungen. Teilweise übernahm sie "politische" Funktionen, als Initiator bzw. bei der Implementierung von Programmen. Der intentional politische-konzeptionelle JWA war durchgängig nicht die zentrale kommunale Instanz der Diskussion, Anregung und Koordination jugendpolitischen Handelns gegenüber bzw. angesichts dem Problem Jugendarbeitslosigkeit. In Ausschnitten übernahmen andere Gremien und Arbeitskreise diese Rolle. Dieser negative Befund für den JWA im Sinne politischer Willensbildung und politischer Entscheidungsmächtigkeit ist (damit) nicht umstandslos auf das lokale politisch-administrative System bzw. auf örtliche verbandliche Akteure insgesamt zu übertragen. Darauf wird insbesondere auch im nächsten Untersuchungsschritt (Fünfter Untersuchungsschritt) einzugehen sein.

5. Fünfter Untersuchungsschritt: Lokale Programme gegenüber der Jugendarbeitslosigkeit

5.1. Methodische Vorbemerkungen

Mit dem Fünften Untersuchungsschritt waren die lokalen "Programm"-Aktivitäten gegenüber der Jugendarbeitslosigkeit in den sechs Kommunen durch eine schriftliche

Befragung zu erfassen. Adressaten der Befragung waren möglichst alle Maßnahmenträger des kommunalen Sozialsektors im Jugendhilfebereich (vgl. oben zum Untersuchungsansatz). Die Formel "Programm" steht dabei für den jeweils lokal realisierten, adressatenbezogenen Handlungsoutput. Demgegenüber waren mit dem Vierten Untersuchungsschritt (wie in spezifischer Weise zuvor mit dem Zweiten und auch mit dem, gegenüber der ursprünglichen Intention modifizierten, Dritten Untersuchungsschritt) möglichst alle dezentralen Reaktionsmuster (indirekt auch Nicht-Reaktionen) angesichts der Jugendarbeitslosigkeit einzufangen. Die Analyse der "Programm"-Aktivitäten zielt also auf die Umsetzungsebene, die Konkretisierung der in bisherigen Untersuchungsschritten identifizierten örtlichen Problemperzeptionen, Problemdefinitionen und u.U. Problemverschiebungen durch lokale Akteure.

Wie zum Untersuchungsansatz oben (I.3.) systematisch ausgeführt, sollten im Rahmen des Gesamt-Projekts die lokalen Aktivitäten angesichts der Jugendarbeitslosigkeit über einen Zehnjahreszeitraum, beginnend mit dem Auftreten der Jugendarbeitslosigkeit zur Mitte der 70er Jahre, erfaßt werden. Kontrollierbar sollten damit zentrale Stichworte der wohlfahrtsstaatlichen Dezentralisierungsdebatte, wie die Reaktionsgeschwindigkeit, das Flexibilitätsvermögen, die Anpassungs- bzw. Lernfähigkeit lokaler Akteure angesichts veränderter Umweltkonstellationen werden. Für den Fünften Untersuchungsschritt bedeutete diese Zielsetzung somit, von den Akteuren Auskünfte über ihre jeweiligen Programmaktivitäten der letzten zehn Jahre zu erbitten. Schon hinsichtlich des technischen Aufwands war dies für die Befragten u.U. ein sehr anspruchsvolles Ansinnen. Es erschien nur legitimierbar, wenn die erbetenen Auskünfte (je Aktivität) äußerst knapp gehalten wurden. Entsprechend ist schließlich ein Fragebogen entworfen worden, der (je Aktivität) nur eine Seite umfaßte (vgl. Fragebogen, Anhang). Der Preis dieser Fragebogendichte waren knapp formulierte Erhebungskategorien. Die damit eröffnete Gefahr intersubjektiver Verständigungsschwierigkeiten wurde gesehen und durch ausführlichere "Erläuterungen" zum Fragebogen zu neutralisieren versucht.1)

Das Antwortverhalten der Befragten zeigte allgemein ein Übergewicht der Angaben zugunsten jüngerer und jüngster Programm-Aktivitäten. Dies kann zum einen darin erklärbar - und damit objektiv richtig - sein, daß tatsächlich erst relativ spät, gemessen am Beginn der Jugendarbeitslosigkeit zur Mitte der 70er Jahre, verstärkt lokale Programmaktivitäten realisiert wurden. Darauf deuten auch, wie oben ausgeführt, Befunde des Zweiten und Vierten Untersuchungsschrittes hin.

---

1) Wie die schließlichen Rückläufe des Fragebogens zeigten, hielt diese Hoffnung der Realität nicht immer stand. Offenbar wurden teilweise, trotz der dringend formulierten Bitte im Anschreiben zum Fragebogen wie im Fragebogen selbst, die "Erläuterungen" nicht überall gelesen, teilweise wohl auch nicht richtig verstanden. Dieses Dilemma trat auf, obwohl der Fragebogen in drei Pre-Tests, mit je einem Vertreter des öffentlichen und des verbandlichen lokalen Sozialbereichs wie einem wissenschaftlichen Experten des kommunalen Planungssektors, geprüft bzw. ausführlich diskutiert wurde. Offenbar erzeugt die trägerbezogene Heterogenität des örtlichen Sozialsektors Kommunikationsprobleme, die auch durch - notwendig selektive - Pre-Tests nicht auszuschließen sind.
Dort, wo Antworten im Fragebogen unklar, unvollständig oder widersprüchlich waren, wurde dies in den jeweiligen Auswertungen angemerkt. Teilweise sind vor dem Hintergrund der Sachkenntnis aus anderen Untersuchungsschritten, durch Prüfung weiterer Quellen, teilweise auch durch Nachfragen, für die Auswertung Angaben ergänzt bzw. korrigiert worden. Solche Korrekturen wurden selbstverständlich immer kenntlich gemacht.

Zum anderen aber existieren Hinweise dafür, daß hier auch das administrative Erinnerungsvermögen verschiedener Akteure schwächer ausgeprägt war. Relativ länger zurückliegende Aktivitäten waren nicht (mehr) präsent - oder wurden nicht durch Konsultation des Archivs aktiviert. Wie immer, auch im Rahmen dieses Untersuchungsschrittes wurde dabei sichtbar, daß einzelne Akteure über ihr jeweiliges Engagement (bzw. eine lokal zentrale Instanz, etwa das Jugendamt, über alle örtlichen Aktivitäten) im Horizont der Jugendarbeitslosigkeit keine zeitraumbezogenen, allgemein verfügbaren, leicht abrufbaren Informationen, keine Chronologie früherer Ereignisse, verfügten. Im theoretischen Erkenntniskontext des Projekts ist dies schon ein wesentlicher Befund. Informationsdefizite verweisen sowohl auf Grenzen effektiver Programmkoordination und Programmplanung. Ebenso aber, sachlich davorliegend, vielleicht auch auf einen geringen Legitimations- bzw. Handlungsdruck, dem sich die Akteure subjektiv ausgesetzt sahen bzw. sehen, dem sie offenbar nicht meinten, durch Aktivitätsnachweise begegnen zu müssen (zur theoretischen Diskussion dieses Aspekts vgl. II.4.).

5.1.1. Fragebogen - Rücklaufquote(n)

Von den in jeder Kommune angeschriebenen Gruppen der Öffentlichen Träger, der Freien Träger und der Selbsthilfeakteure entfiel die letzte Gruppe als Beantworter nahezu völlig. Die beiden anderen Gruppen zeigten ein Antwortverhalten, das zur Vorsicht hinsichtlich qualitativ angemessener Stichproben mahnt. Die Rücklaufdaten ermöglichen - streng genommen - zunächst nur Aussagen, die sich auf die jeweiligen Absender beziehen. Erst nach genauerer Analyse und nach eventuellen Rückfragen werden damit kommunespezifische Generalisierungschancen eröffnet. Der Rücklauf für alle untersuchten Kommunen zeigt folgendes Bild:

	angeschrieben	Rücklauf	Quote (v.H.)	Bögen/Maßnahmen N
Dortmund	31	6	19.3	31
Duisburg	23	11	47.8	49
Essen	25	10	40.0	27
Hamm	18	10	55.5	21
Krefeld	22	8	36.3	22
Oberhausen	26	12	46.2	36
Gesamt	145	57	40.9	N=186

Der Bezugspunkt der folgenden jeweiligen Auswertungsschritte ist immer die Anzahl N der pro Kommune eingegangenen Antwortbögen bzw. der gesamten Maßnahmen (= 186), also nicht die Anzahl N der Maßnahmenträger, die geantwortet haben (= 57).

5.1.2. Untersuchungsziel und Auswertungsschritte

Ziel der schriftlichen Befragung (möglichst) aller Träger der kommunalen Jugendpolitik war es, zu analysieren: ob, zu welchem Zeitpunkt, welche konkreten Programme gegen die Jugendarbeitslosigkeit bzw. gegen Folgen der Jugendarbeitslosigkeit mit welchen Zielsetzungen durch wen initiiert, implementiert und finanziert und mit welchen, von den Trägern selbst gemessenen Wirkungen auf kommunaler Ebene umgesetzt wurden.

Wie bei der Problematisierung der Rücklaufquote und der Fragebogenkonstruktion schon deutlich wurde, ist dieses Untersuchungsziel nur in der Form deskriptiver Auswertungsschritte einlösbar. Die Ergebnisse sind immer nur beziehbar auf die Akteure des Fragebogenrücklaufs. Eine intra- und/oder interkommunale Generalisierung ist damit günstigenfalls im Konjunktiv möglich. Außer den in Spalte 5, 6 und 7 des Fragebogens geforderten Zahlenwerten bezogen sich alle Daten primär auf Nominalskalen-Niveau. Für die statistische Auswertung heißt dies, daß nur univariate, deskriptive Häufigkeitsauszählungen möglich sind, die, falls es die Gegebenheiten ermöglichten, per SPSS - "Mult Response Verfahren" durchgeführt wurden. Soweit es sinnvoll und möglich erschien, wurden auch bivariate, einfache Tabellenanalysen durchgeführt.

Hinsichtlich der Träger sind vor allem zwei Gruppen zu unterscheiden: Öffentliche und Freie Träger. Zu den erstgenannten gehören ganz überwiegend das Jugendamt, das Sozialamt, das Schulverwaltungsamt, das Personalamt sowie die Volkshochschule. Probleme ergeben sich bei einer Zuordnung der in verschiedenen Städten vorfindbaren "Vereine für Jugendberufshilfe e. V". Zu den Freien Trägern werden im Prinzip alle restlichen Fragebogenabsender geordnet. Genuin selbsthilfeorientierte oder unkonventionelle Initiativen haben nicht geantwortet, außer dem Duisburger "Verein zur Verminderung der Jugendarbeitslosigkeit". Um eine Konfusion zu verhindern, wird dieser Verein im folgenden ebenfalls den Freien Trägern zugeordnet.

Für alle Kommunen wurden die folgenden Auswertungsschritte vorgenommen: (1.) Eine tabellarische Dokumentation aller angeschriebenen Träger sowie der gemeldeten Maßnahmen mit den zugehörigen Daten (Programmimplementation, Zielrichtung und Programminitiator). Zu stadtspezifischen Problemen der Dokumentation (vgl. Krüger, Pojana, Richter 1988, Anhangband). (2.) In den jeweiligen Auswertungsschritten wurden Implementationszeitpunkte, Aktivitätstypen, Initiatoren, Finanzierungsmodi, Zielrichtung, personelle Konsequenzen und Wirkungen dargestellt; jeweils immer mit dem Interesse an einem Vergleich dieser Daten bei Freien und Öffentlichen Trägern. (3.) Abschließend wurde versucht, für jede Stadt im Horizont der Forschungsfragen ein kommunespezifisches Profil zu umreißen.

Die Auswertungen zu (2.) mit den angegebenen Kategorien haben sich im Laufe der Analyseschritte als tragfähig erwiesen. Probleme der Fragebogen-Konstruktion bzw. der Antwortpraxis sowie deren Einfluß auf die Fragebogen-Auswertung sind teilweise schon beschrieben worden bzw. werden an diversen Stellen spezifiziert.

Hinsichtlich der Wirkungen, der Maßnahmeneffekte, die für alle Kommunen erfaßt wurden, sind an dieser Stelle einige generelle Hinweise notwendig. Erfragt wurden immer von den jeweiligen Akteuren die dort selbst gemessenen Wirkungen der jeweils realisierten Programme. Eine Fremdkontrolle war nicht geplant und auch im Projektrahmen nicht durchführbar. Hinsichtlich der Vollständigkeit dieser Angaben (insbesondere Umfang und Repräsentativität des Fragebogenrücklaufs allgemein wie mögliche Verzerrungen der Meldungen zugunsten jüngerer und jüngster Aktivitäten) gelten damit auch die zuvor genannten methodischen Erwägungen und Einschränkungen.

Den jeweiligen summierten Maßnahmeneffekten über den gesamten Untersuchungszeitraum wurden zugleich die arbeitsmarktstatistisch erfaßten jugendlichen Arbeitslosen (15 - unter 25 Jahren, addiert) für den gesamten Untersuchungszeitraum gegenübergestellt. Das Erkenntnisinteresse ging dabei dahin, die realen dezentralen Maßnahmeneffekte am objektiven Problemdruck der Jugendarbeitslosigkeit zu messen. Diese Absicht ist nun sehr voraussetzungsvoll, vielleicht gewagt. Neben den zuvor genannten Einschränkungen hinsichtlich der jeweils gemeldeten Maßnahmeneffekte kommen mit diesem Vergleich weitere Implikationen hinzu: Wie erwähnt, sind die (gemeldeten) Maßnahmeneffekte summierte für den gesamten Untersuchungszeitraum. Die Arbeitslosenstatistik dagegen weist jährliche Stichtagswerte aus. Die Zahl der durch Programmaßnahmen vermittelten bzw. erreichten Jugendlichen an der Zahl der im gesamten Untersuchungszeitraum arbeitslos gemeldeten zu vergleichen, wirft damit mehrere Folgefragen auf. Zunächst: Bekannt sein muß die durchschnittliche Dauer der (Jugend-) Arbeitslosigkeit je Betroffenen. Je höher die "Umschlagsgeschwindigkeit" der jugendlichen Arbeitslosen ist, um so größer ist die Zahl der pro Zeiteinheit von Arbeitslosigkeit Betroffenen. Je kleiner die Umschlagsgeschwindigkeit ist, um so nachhaltiger wächst das Problem der Dauer-Jugendarbeitslosigkeit.

Nach vorliegenden Untersuchungen kann durchschnittlich etwa mit einer Arbeitslosigkeitsdauer bei Jugendlichen von sechs Monaten gerechnet werden.1) D.h., die statistisch für die einzelnen Kommunen vom Arbeitsamt ermittelten Stichtagswerte sind danach mit dem Faktor 2 zu multiplizieren. Der objektive Problemdruck Jugendarbeitslosigkeit ist damit (eben weil zeitraumbezogen) größer als die in der offiziellen Statistik jeweils ausgewiesenen Werte. Der faktische Problemdruck muß allerdings realiter als noch größer angenommen werden. Die Arbeitsamtsdaten erfassen definitionsgemäß die registrierte Arbeitslosigkeit. Allgemein wird davon ausgegangen, daß die Dunkelziffer der Arbeitslosigkeit bei Jugendlichen durchschnittlich mindestens noch einmal den Wert der registrierten Daten erreicht (vgl. Maier 1983: 4).2) Danach wären auch im Kontext der Dunkelziffer die offiziellen Werte mit dem Faktor 2 zu multiplizieren.

Da allerdings keine Informationen darüber vorliegen, wie lange die durchschnittliche Arbeitslosigkeit bei den nicht-registrierten Jugendlichen dauert, sind hier u.U. auch gegenläufige Entwicklungen möglich. So könnte es sein, daß nicht-registrierte arbeitslose

---

1) Die vorliegenden Daten (für die Bundesrepublik) variieren um diesen Wert. Gewisse Differenzen ergeben sich hinsichtlich der Altersklassen Jugendlicher wie im Zeitablauf seit dem Auftreten der Jugendarbeitslosigkeit. Vgl. etwa Beywl 1985: 19; Bundesminister für Bildung und Wissenschaft 1986: 65; für Duisburg: Stadt Duisburg 1986(Berufsbildungsbericht) 170 ff..

2) Für Duisburg sprach 1983 der Sozialdezernent, nach dortigen Erhebungen, davon, daß die Zahl der real arbeitslosen Jugendlichen gegenüber dem registrierten gar den vierfachen Wert erreicht (Vgl. Fichtner 1983: 9).

Jugendliche z.T. schneller einen Arbeits- bzw. Ausbildungsplatz finden; eine höhere subjektive Zuversicht evtl. daher auch nicht zur Meldung beim Arbeitsamt führt. Andererseits ist aber auch denkbar, daß in dieser Dunkelziffer überproportional stark die deutlichsten Problemfälle des Arbeitsmarktes Jugendlicher verborgen sind. Angesichts dieser vielfältigen Unwägbarkeiten wurde im folgenden davon ausgegangen, daß es angemessen erscheint, die jeweils registrierte (offizielle) Jugendarbeitslosigkeit mit dem Faktor 2 zu multiplizieren.

Diese Operation erscheint zur annähernden Verdeutlichung des realen Problemdrucks Jugendarbeitslosigkeit insgesamt tragfähig.

5.1.3. Programmspektrum

Als wichtige Auswertungskategorie sind hier die "Aktivitätstypen" ("Programmtypen") näher zu erörtern. Dieser Auswertungskategorie wurde in ein theoretisch wie praktisch relevantes Programmkontinuum differenziert. Die Aktivitätstypen, die in der Tat einen sehr hohen Prozentsatz aller gemeldeten Aktivitäten abdecken, sind:

- "Beratung und Betreuung". Diese Angaben decken alle Meldungen ab, die von freizeitpädagogischen Angeboten über Betreuungs- und Beratungsstellen bis zu direkten sozialpädagogischen Maßnahmen im schulischen und berufsschulischen Bereich reichen.
- "Nachholen von Schulabschlüssen". Damit sind zumeist Aktivitäten der Volkshochschule (VHS) erfaßt, die sich um das Nachholen von Hauptschulabschlüssen, aber auch um weiterführende Schulabschlüsse bemühen.
- "Berufsvorbereitende Maßnahmen". Diese direkt auf die Arbeitsmotivation und Berufsvorbereitung zielenden Maßnahmen, die sehr oft in Kombination mit dem Nachholen von Schulabschlüssen, ABM oder nachfolgender Berufsausbildung auftreten, werden zumeist in Werkstätten durchgeführt und von Freien Trägern präferiert. Sie sind in der Regel "BBH-Lehrgänge"

des Arbeitsamtes (z.B. G1 - J6 wie auch "Arbeit und Lernen").

- "MBSE". Dieses seit 1977 bestehende und durch Bundes- und Landesmittel finanzierte Programm fördert "Maßnahmen zur sozialen und beruflichen Eingliederung" (MSBE/1977-1980) und "Maßnahmen zur Berufsvorbereitung und sozialen Eingliederung junger Ausländer" (MBSE/1980-heute). Beide Programmformen enthalten sowohl sozialpädagogische als auch arbeitsmotivierende/berufsvorbereitende Maßnahmen.
- "Arbeit und Lernen". Dies ist das z.Z. wohl am weitesten verbreitete Arbeitsamtsprogramm und basiert auf dem "Gesetz über die Gewährung von Bildungsbeihilfe für arbeitslose Jugendliche aus Bundesmitteln" von 1982. Durch "Arbeit und Lernen" werden halbtags Bildungsmaßnahmen gefördert, während die zweite Tageshälfte in ABM verbracht wird. "ABM", "Sozialhilfeempfängerprogramm" und "Arbeit und Lernen" werden vielfach auch als "Zweiter Arbeitsmarkt" charakterisiert.
- "Außerbetriebliche Ausbildung". Hierunter werden alle Leistungen gefaßt, die zusammenhängen mit: Vollzeitschulischer Berufsausbildung, Ausbildung bei der Stadt über deren Nachwuchsbedarf hinaus, Berufsausbildung in außerbetrieblichen Lehrwerkstätten, alle Aktivitäten im Rahmen des Bundesbenachteiligten-Programmes von 1980 sowie des Landesprogramms NW für Sonderausbildungsgruppen zur Förderung über- und außerbetrieblicher Berufsausbildung. Insbesondere bei Werkstatt-Projekten lassen sich dabei oft kombinierte Maßnahmen erkennen, die die eben genannten Bestandteile, aber auch andere Aktivitätstypen beinhalten. Soweit diese Werkstätten jedoch offensichtlich primär durch Berufsausbildungsleistungen zu charakterisieren sind, wurden sie im folgenden zum Aktivitätstyp "Außerbetriebliche Ausbildung" gerechnet.
- "ABM" (= Arbeitsbeschaffungsmaßnahmen) verweisen auf verschiedene Aspekte: Sie werden von der Arbeitsverwaltung (also vom Bund) finanziert, während die Träger jeweiliger Maßnahme nur Sachmittel aufzubringen haben. ABM werden vielfach als Instrument

charakterisiert, um (hier) Jugendliche (wieder) zur Arbeit oder Ausbildung zu motivieren oder auch um ein Anrecht auf Arbeitslosenunterstützung zu realisieren. Vielfach entlasten sie (zumindest temporär) die kommunalen Sozialhilfebudgets. Zugleich aber sind sie häufig auch der Kritik ausgesetzt; sowohl von Seiten der örtlichen Handwerks- und Dienstleistungsunternehmen, die in ihnen Konkurrenzprobleme sehen, aber auch der Gewerkschaften, die Gefahren für Arbeitsplätze im regulären Beschäftigungssystem befürchten.

- "Sozialhilfeempfängerprogramm". Dieses Programm des Landes NW (MAGS) zielt insbesondere auf jugendliche Sozialhilfeempfänger unter der Maxime: "Arbeit statt Sozialhilfe". Es ist ein vom Land finanziertes "ABM-Programm".
- "Bildung eines Arbeitskreises". Damit werden sämtliche Aktivitäten erfaßt, die - faktisch im Projektrahmen nur durch Öffentliche Träger realisiert - die Bildung von Unterausschüssen, Arbeitskreisen, Gesprächsrunden etc. enthalten.
- "Sonstige". Darunter sind alle Aktivitäten gefaßt, die nicht in das bisherige Schema einzuordnen waren. Die Meldungen zu "Sonstige" werden an betreffender Stelle in den detaillierten einzel-kommunalen Darstellungen jeweils näher beschrieben (vgl. Krüger, Pojana, Richter 1988, 2 Bd.).

Das hier dargestellte Spektrum der Aktivitätstypen zeigt sich damit wesentlich als ein Kontinuum von mehr oder weniger beschäftigungs-/ausbildungswirksamen Leistungen. Dieses Merkmal wird im Horizont des Gesamtprojekts später systematisch zu diskutieren sein.

5.2. Zusammenfassender interkommunalen Vergleich: Lokale Programme gegenüber der Jugendarbeitslosigkeit

5.2.1 Reaktionsgeschwindigkeit und Aktivitätsniveau

Insgesamt zeigt sich, mit der Ausnahme Dortmunds, daß die lokalen öffentlichen Träger gegenüber den Freien

Trägern früher auf das Problem Jugendarbeitslosigkeit reagierten (vgl. Übersicht 24):

Übersicht 24: Interkommunaler Vergleich: Aktivitätszeitpunkte nach Trägern

	Öffentliche Träger	Freie Träger
Dortmund	1975	1975
Duisburg	1975	1979
Essen	1982	1983
Hamm	1977	1979
Krefeld	1977	1980
Oberhausen	1975	1980

Quelle: Eigene Erhebungen.

Nach den verfügbaren Informationen geschah dies zwischen einem und fünf Jahre früher. Dabei ist erkennbar, daß insbesondere die Freien Träger erst aktiv wurden, als entsprechende Programme und das heißt auch: finanzielle (Zuschuß-) Ressourcen des Bundes und/oder des Landes, oder auch der Kommunen verfügbar waren. Das Kriterium "höherer Reaktionsgeschwindigkeit", größere (Problem-) Anpassungsfähigkeit, das nach dem Subsidiaritätsgedanken von den Freien Trägern reklamiert, ihnen wissenschaftlich teilweise und politisch vielfach zuerkannt oder zugewiesen wird, ist danach nicht voraussetzungslos erkennbar. (Zur theoretischen Diskussion vgl. II.5.)

Dieses Ergebnis, das sich aus der Analyse der Zeitpunkte für erste Aktivitäten der Träger ergibt, ist durch die Betrachtung des Aktivitätsniveaus zu ergänzen. Wird der prozentuale Anteil der Aktivitäten der öffentlichen wie der Freien Träger an den gemeldeten Gesamtaktivitäten in einer Kommune pro Jahr ermittelt, zeigt sich, daß die Anteile der Freien Träger an den Gesamtaktivitäten in allen Kommunen und über den gesamten Untersuchungszeitraum ständig zunehmen und in Dortmund (ab 1985), Duisburg (ab 1982) und Hamm (ab 1980) höher sind als die Anteile der Aktivitäten der Öffentlichen Träger an den Gesamtaktivitäten dort (vgl. auch Übersicht 25). Zwar ist auch hier wieder auf die möglichen Verzerrungen durch den Fragebogen-Rücklauf hinzuweisen, jedoch zeigen sich unabhängig davon diese Differenzen zwischen den Kommunen. In den Experteninterviews waren möglichst auch die Gründe für das unterschiedliche Engagement der Träger auszuloten (vgl. III.7.).

Übersicht 25: Zeitliche Entwicklung des Aktivitätsniveaus nach Akteuren für alle untersuchten Kommunen (1975 - 1987 kumuliert) und Problemdruck JAL (Daten für alle Kommunen erst ab 1980)

Jahr	Anzahl der Aktivitäten	Öffentliche Tr.	Freie Tr.	JAL (15 - u.25 J.) aller unt.Kommunen
1975	5	4	1	5842
1976	7	6	1	9956
1977	14	13	1	10910
1978	17	14	3	10675
1979	21	17	5	10450
1980	33	24	9	14516
1981	38	26	12	20371
1982	48	29	19	29508
1983	70	41	29	36454
1984	102	54	48	33766
1985	126	64	62	32754
1986	152	66	86	-----
1987	137	62	75	-----

Quelle: Eigene Berechnungen.

5.2.2 Akteurssystem

Das Spektrum wie die Aktivitätsintensität der Öffentlichen Träger zeigen ein recht einheitliches Bild. Alle Jugendämter der untersuchten Kommunen waren selbstredend auch Beteiligte. Das gilt weithin ebenso für die Volkshochschulen. Auch die Schulämter, Sozialämter und Personalämter zeigen ein zwar unterschiedliches, jedoch deutliches Aktivitätsniveau. Abhängig davon, wieweit bzw. wie lange in den Kommunen die Jugendarbeitslosigkeit eher in traditionellen Aufgabenkategorien der Jugendhilfe oder im Sinne einer quantitativ wie (insbesondere auch) qualitativ neuen Herausforderung verstanden und angenommen wurde, stellen sich auch das Akteurssystem, das Aktivitätsspektrum (dazu unten) wie die organisatorisch-adminstrativen Kooperationsformen unterschiedlich dar. Soweit und solange die Jugendarbeitslosigkeit vorwiegend in kurzen Zeithorizonten, als temporäre Erscheinung und (dies ging wesentlich parallel) zugleich als primär ökonomisch-konjunkturelles Steuerungsproblem und (damit) vorrangig als Steuerungsaufgabe insbesondere des Zentralstaats interpretiert wurde, blieben die kommunalen Programm-Aktivitäten quantitativ begrenzt und qualitativ wesentlich an traditionellen Kategorien der Jugendhilfe orientiert. Insgesamt hat diese konservative Grundhaltung auch auf dezentraler Ebene lange vorgeherrscht. Erst zu Beginn der 80er Jahre - und das heißt ja: fünf bis sieben Jahre nach dem massenhaften Auftreten der Jugendarbeitslosigkeit - wurden Reorientierungen durchgängig erkennbar. Diese waren allerdings zunehmend und zugleich durch überlokale Akteure, Bund bzw. Land NW, angestoßen, als Programme der dezentralen Handlungsebene angeboten und (überwiegend) zentralstaatlich finanziert.

Erst dann und dort, wo die Jugendarbeitslosigkeit schließlich als neue Herausforderung, als eine "kommunale Querschnittsaufgabe Ausbildungsstellenbeschaffung" verstanden und im gleichen Maße die traditionellen Bahnen der Jugendhilfe verlassen wurden (vgl. II.6.), weitete sich das Akteursspektrum aus. Nun traten seitens der öffentlichen Träger, neben dem Jugendamt, teilweise die Stadträte durch spezifische Ausschüsse, das Schulamt, die Volkshochschule, das Amt für Wirtschaftsförderung mit auf. Sie wurden ergänzt durch verbandliche Vertreter der Jugendhilfe, der Kirchen, der Wirtschaftsvereinigungen (Kammern), der Gewerkschaften. Im Sinne der obigen Differenzierung (III.6.1.3.) kam es nun zu stärkeren Grenzüberschreitungen der traditionellen Jugendhilfe durch Engagements mittelbar oder unmittelbar auch im Produktionssektor. Damit waren innovative Elemente gegenüber der traditionellen kommunalen Jugendpolitik identifizierbar.

Innovativ wurde damit zugleich über die Ressource Organisation verfügt. Schon mit dem Vierten Untersuchungsschritt (vgl. III.5.) wurde deutlich, daß die Jugendarbeitslosigkeit im Zeitablauf auf lokaler Ebene zu einer Mehrzahl, teilweise auch Vielzahl, paralleler Gremien führte. Gleichwohl entsprachen nicht immer diese organisatorischen Neuerungen auch erkennbaren Wirksamkeitsfortschritten, teilweise erschien das Akteursspektrum damit diffus. Merkmale symbolischer Politik mischten sich mit realen administrativ-technischen Vorteilen - oder auch nur mit der Befolgung entsprechender Auflagen staatlicher Förderprogramme. Als weitestgehende, zugleich inhaltlich-programmatisch wie organisatorische Innovation sind oben (II.6.) die "Verbundsysteme" jugendpolitischen Handelns auf lokaler Ebene angesichts der Jugendarbeitslosigkeit dargestellt worden. Die Forderung nach Verbundsystemen wird sowohl in der fachwissenschaftlichen Diskussion wie auch teilweise als Auflage verschiedener Förderprogramme formuliert. Obwohl in mehreren der untersuchten Kommunen im Gespräch, wurden jedoch nur in Oberhausen (ab 1981), Duisburg (ab ca. 1984) und Essen (ab 1985) ausgeprägte Verbundsysteme, im Sinne eines durchlässigen, gestuften, aufeinander aufbauenden und festen Fördersystems, in dem der Jugendhilfesektor als Zentrum fungiert, erkennbar.1)

---

1) Ebenfalls nicht in allen untersuchten Kommunen ist es offenbar zur Gründung von "Vereinen der Jugendberufshilfe" gekommen. Zwar lassen sich in jeder Kommune im Rahmen arbeitsweltbezogener Jugendsozialarbeit öffentliche Aktivitäten auch in der Jugendberufshilfe finden (im Sinne einer Vorbereitung auf eine Berufsausbildung). Diese haben jedoch offenbar nicht durchgängig zum eigentlichen Ziel, der Etablierung von Werkstätten, geführt, die als "Vereine" und in meist öffentlicher Trägerschaft auch praktische Berufsausbildung leisten (Duisburg: "Verein für Jugendberufshilfe e.V.", Esssen: "Jugendberufshilfe Essen e.V.", Oberhausen: "Jugendberufshilfe Oberhausen e.V."). Diese Vereine sind zwar als Freie Träger der Jugendhilfe (§ 9 JWG) anerkannt. Gleichwohl stellen sie realiter wohl eher eine durch öffentliche lokale Akteure dominierte, zumindest jedoch in der Regel "halböffentliche" Einrichtung dar. Dieses Charakte-

Die Freien Träger, die Aktivitäten gegenüber der Jugendarbeitslosigkeit aufweisen, sind: die Arbeiterwohlfahrt (AWO), das Deutsche Rote Kreuz (DRK), der Deutsche Paritätische Wohlfahrtsverband (DPWV) und die Kirchen. Aktivitäten der beiden Kirchen sind in allen Kommunen vorzufinden. Sie manifestieren sich entweder in speziellen Organisationen innerhalb der jeweiligen Kirche ("Caritas" und "Kolpingwerk" in der Katholischen Kirche und "Diakonisches Werk" bei der Evangelischen Kirche) oder zeigen sich in kleineren Projekten innerhalb der Gemeindearbeit. Organisatorisch und qualitativ sind die Aktivitäten der Kirchen recht unterschiedlich. So sind Caritas und Diakonisches Werk nicht in allen untersuchten Kommunen gegenüber der Jugendarbeitslosigkeit engagiert. Dies gilt auch für das Kolping-Werk. Aktivitäten der Gewerkschaft (bzw. der Gewerkschaftsjugend) scheinen in den untersuchten Kommunen selten über Verlautbarungen zum Problem hinauszugehen. Vereinzelte Antworten (Dortmund und Hamm) verweisen auf Beratungs- bzw. Betreuungsseminare. Die Aktivitäten der Jugendverbände sind ebenfalls schnell charakterisiert (die zugehörige Gewerkschaftsjugend sowie die DRK-Jugend wurden bereits angeführt): Von den etwa angeschriebenen "Naturfreunde" (Essen), "Die Falken" (Dortmund, Duisburg, Oberhausen, Essen), "SDAJ" (Dortmund), "CVJM" (Hamm, Duisburg, Essen) kamen entweder keine Rückläufe oder Negativmeldungen. Nur der CVJM in Essen meldete eine Beratungs- und Betreuungsstelle.

Sonstige: Die übrigen angeschriebenen Akteure, die teilweise auch antworteten, repräsentierten eine heterogene Gruppe. Hierzu gehören etwa der "Internationale Bund für Sozialarbeit" in Dortmund und Krefeld (mit Maßnahmen) und Duisburg (ohne Maßnahmen). Weiter gehören dazu spezifische Organisationen, Vereine und Initiativen der "Jugendarbeit", die nicht öffentliche

----

ristikum scheint insgesamt auch eher von Vorteil zu sein. Finanzielle, organisatorische und personelle Ressourcen sind offenbar so am ehesten zu mobilisieren.

oder etablierte Freie Träger der Wohlfahrtspflege sind und auch nicht dem DPWV angehören. Insbesondere umfassen diese Adressaten selbstinitiierte, selbsthilfeorientierte Projekte. Die bereits beschriebenen Rücklaufprobleme erlauben hier keine konkreteren Aussagen. Zu den Akteuren, die zu nennen wären und schwer in ihrer Arbeit einzuschätzen sind, gehören z.B. "Druckluft" (Oberhausen), "Arbeitslosenzentrum Dortmund e.V." (Dortmund) und "Verein zur Verminderung der Jugendarbeitslosigkeit e.V." (Duisburg). Zu erwähnen sind schließlich noch Maßnahmen, die im Rahmen des Projekts aus theoretischen wie forschungspraktischen Gründen nicht analysiert wurden. Es handelt sich primär um Aktivitäten auf der Achse: "Arbeitsamt-Kammern-Wirtschaft", um sonstige "Ausbildungsaktionen" oder um Aktivitäten verschiedener Ämter oder "Vereine", insbesondere im Hinblick auf Arbeitsbeschaffungsmaßnahmen oder sonstige spezielle "Projekte". Mit diesen Ausnahmen deckt das bis jetzt gezeichnete Bild jedoch die Realität auf der Akteursebene in den untersuchten Kommunen ab. Insgesamt läßt sich zusammenfasend festhalten:

In allen untersuchten Kommunen kristallisieren sich insgesamt einige zentrale Akteure heraus, die über mehrere Jahre und in entsprechendem Umfang als Maßnahmenträger Konturen gewannen. Sie agieren entweder als (Maßnahmen-) Vermittler, Koordinator oder Umsetzer. Diese zentralen Akteure sind durchgängig das Jugendamt, das Schulamt, die VHS, das Arbeitsamt, die Vereine für Jugendberufshilfe, die Evangelische Kirche, die Katholische Kirche und die AWO. Dieses relativ einheitliche Bild ist jedoch in der Analyse der Aktivitätstypen zu differenzieren.

5.2.3 Aktivitäts-Typen und Aktivitäts-Zielrichtungen

Die Übersicht 26 faßt die gemeldeten Aktivitäten, unterschieden nach Öffentlichen und Freien Trägern, für den gesamten Untersuchungszeitraum und bezogen auf das (oben beschriebene) "Aktivitätskontinuum" zusammen. Auch diese Angaben müssen zwar vor dem Hintergrund des Fragebogenrücklaufs gesehen werden, gleichwohl lassen sich wichtige Differenzen beobachten.

Übersicht 26: Aktivitätsumfang ("Programme") unterschieden nach Aktivitätstypen und Trägern für alle Untersuchungseinheiten (1975-1987)

	Öffentliche Träger	Freie Träger	Gesamt
Bildung eines Arbeitskreises	7	7	14
Beratung und Betreuung	6	22	28
"ABM"	6	4	10
"Sozialhilfeempfängerprogramm"	3	3	6
"Arbeit und Lernen"	7	19	26
"MBSE"	13	6	19
Berufsvorbereitende Maßnahmen	7	25	32
Nachholen von Schulabschlüssen	15	2	17
Außerbetriebliche Ausbildung	23	13	36

Quelle: Eigene Berechnungen.

Es läßt sich somit festhalten (gestützt auch durch Resultate anderer Untersuchungsschritte), daß sich die <u>Freien Träger</u> in der Regel an fremdinitiierten und (damit fremdfinanzierten) Förderprogrammen beteiligten und ihnen seitens der öffentlichen Träger, im Sinne des Subsidiaritätsprinzips, vielfach auch der Vorrang eingeräumt wurde (mehr oder minder freiwillig, mehr oder minder früh). Die Tatsache, daß sowohl durch Bundes- bzw. Landesprogramme Leistungen im Bereich der (sozialpädagogisch gestützten) Arbeitsmotivation und Berufsvorbereitung (teilweise auch der Berufsausbildung) mehrheitlich gefördert wurden, erklärt das deutliche Engagement der Freien Träger in diesem Feld: Finanzwirksame Förderungsangebote führten zu entsprechenden Förderungsmaßnahmen.

Das Aktivitätsbild der <u>Öffentlichen Träger</u> zeigt sich interkommunal unterschiedlich. Möglicherweise je spezifisch wahrgenommener lokaler Legitimationsdruck, spezifische Kooperationsbeziehungen mit Freien Trägern oder auch Einflüsse parteipolitisch gefärbter Selbstverständnisse der kommunalen Sozial- und Jugendpolitik, wie schließlich der personale Faktor wirkten hier offenbar ebenso mit wie fiskalische Restriktionen. Teilweise sind auf Seiten der kommunalen Ämter Leistungen zu finden, die eine hohe Eigenfinanzierung aufweisen. Jugendpolitische "Pflichtleistungen" wie "MBSE" (die oft mit negativen Erfahrungen versehen wurden), schulische und berufsschulische Qualifizierungsleistungen, vor allem vollzeitschulische und außerbetriebliche Berufsausbildungsleistungen, wurden zwar durchgängig gefördert, weisen jedoch interkommunal deutlich verschiedene Größenordnungen auf. Zu diesen, sowohl (eher) dem reproduktiven wie (eher) dem produktiven Sektor zugehörigen Leistungen kamen Aktivitäten, die weitere personelle, organisatorische und zeitliche Ressourcen beanspruchten. Insbesondere sind hier die "Arbeits"-, "Koordinierungs"- und "Gesprächskreise", Fonds und Planungstätigkeiten zu nennen.

Zusammengefaßt zeigt sich:

- Nur von Öffentlichen Trägern wurden offenbar wesentlich organisatorische Restruktuierungen vorgenommen. Sie bildeten Arbeitskreise, Unterausschüsse oder sonstige Gremien, die allerdings nicht immer auch die Freien Träger erreichten.
- Eine Konzentration sozialpädagogischer Beratungs- und Betreuungsleistungen sowie berufsvorbereitender Maßnahmen auf Seiten der Freien Träger; dazu gehört auch das gehäufte Vorhandensein des Arbeitsamtsprogramms: "Arbeit und Lernen" dort.
- Die Konzentration der Öffentlichen Träger auf Leistungen wie "Nachholen von Schulabschlüssen" sowie auf die eigentliche Berufsausbildung (insbesondere in den "Vereinen für Jugendberufshilfe").

Diese Gesamteindrücke werden auch durch die seitens der Akteure formulierten Zielrichtungen für ihre jeweiligen Maßnahmen vermittelt. Auch hier wurden die Aktivitäten der Freien Träger gehäuft mit den Zielrichtungen "Sozialpädagogische Beratung und Betreuung" und "Arbeitsmotivation/Berufsvorbereitung" versehen. Die Öffentlichen Träger dagegen gaben vermehrt "Schulische Qualifikation", "Berufsausbildung" und "ABM für Jugendliche" als Aktivitätsziele an. Das aber heißt auch zugleich: Die "Ziele" waren mit den (wesentlich) überlokal initiierten Programmevorgaben identisch.

Insgesamt erschweren Probleme des Fragebogenrücklaufs sowie kommunale Spezifika die weitergehende Zeichnung eines kommune-übergreifenden Gesamtbildes. Etwa von einer den "reproduktiven" und den "produktiven" Sektor betreffenden eindeutigen Arbeitsteilung zwischen Freien Trägern und öffentlichen zu sprechen, ist letztlich kaum möglich, wenn auch Tendenzen in diese Richtung weisen. Gestützt wird dieser Eindruck auch durch die Erhebungskategorie: "Wirkungsmessung". Differenzen zwischen den einzelnen Untersuchungseinheiten, empirisch und theoretisch u.U. wichtige Varianzen, sind für die einzelnen Kommunen noch knapp anzuführen.

In Dortmund wurden seitens der öffentlichen Träger Berufsausbildungsleistungen (Ausbildungsleistungen über den Bedarf hinaus) und vollzeitschulische Berufsausbildungen ("Dortmunder Modell") präferiert. Auch die Freien Träger zeigten hohe außerbetriebliche Ausbildungsleistungen; sie machten regen Gebrauch von fremdinitiierten und fremdfinanzierten Programmen. Dies zeigt sich in großen Anteilen sozialpädagogischer, arbeitsmotivierender und berufsvorbereitender Leistungen. Ein zentraler Akteur der Maßnahmen gegen Jugendarbeitslosigkeit war in Dortmund nicht erkennbar; das Jugendamt war jedoch oft informierende und koordinierende Instanz. In Dortmund scheint sich ein "Zweiter Arbeitsmarkt" (ABM) entwickelt zu haben; es wurden jedoch keine selbsthilfeorientierten Handlungsstrategien (und dies gilt wohl für alle Kommunen) bekannt. Als z.Z. wohl einzigen Kommune arbeiten in Dortmund "streetworker" u.a. mit jugendlichen Arbeitslosen. Trotz einer starken Repräsentanz der Jugendverbände im Dortmunder JWA, spielen sie bei Maßnahmen gegen Jugendarbeitslosigkeit offenbar keine Rolle.

Auch in Duisburg waren eigentliche Ausbildungsleistungen (in mehreren Freien und Öffentlichen Werkstattprojekten) primäre Problemlösungsstrategien. Zugleich wurden umfangreiche ABM-Projekte realisiert.

Insgesamt hat sich ein umfassendes Verbundsystem herausgeschält. Die Freien Träger machten regen Gebrauch von fremdinitierten und fremdfinanzierten Programmangeboten. Das Jugendamt hatte offenbar mit dem Koordinierungskreis und durch seine Trägerschaft beim "Verein für Jugendberufshilfe" eine zentrale, koordinierende, informierende, aber auch praktisch tätige Rolle übernommen.

Dies scheint in Essen nicht der Fall zu sein. Dort eröffnet das Jugendamt zwar auch vermehrt außerbetriebliche Ausbildungsleistungen, jedoch war innerhalb eines in Essen verwirklichten Verbundsystems das Amt für Entwicklungsplanung die zentrale Koordinierungsinstanz (und das Amt für Wirtschaftsförderung gab den "Maßnahmenführer" heraus). Jugendarbeitslosigkeit wurde in Essen somit primär im Rahmen beschäftigungswirksamer Maßnahmen bei einem wesentlich "nur" ausführenden Jugendamt bekämpft. Die Freien Träger zeigten dabei dieselben Aktivitätstendenzen wie in den anderen Untersuchungskommunen. Dabei existiert in Essen ein Jugendberufshilfeverein unter primärer Trägerschaft der Jugendverbände.

In Hamm war es der Unterausschuß: "Jugendhilfeplanung", der auch durch sein "Querschnittsprogramm" dem Anspruch nach plante, koordinierte und informierte. Gleichwohl aber ist das sogenannte "Hammer Modell" dadurch gekennzeichnet, daß die Freien Träger relativ autonom operierten, ohne Kooperation oder Koordination mit dem Öffentlichen Sektor. Erschwerend kam offenbar eine etwas disfunktionale Rolle des Hammer Arbeitsamtes hinzu. Öffentliche Träger bildeten primär und mit hohen finanziellen Eigenleistungen über Bedarf hinaus aus und förderten Werkstattprojekte Freier Träger. Weder ein lokales Verbundsystem noch ein Jugendberufshilfeverein wurden realisiert; realiter existierte keine zentrale Koordinierungsinstanz.

Zwar war im Gegensatz zu Hamm in Krefeld das Jugendamt eine informierende Instanz. Zugleich zeichneten sich im Gegensatz zu den anderen Kommunen die Krefelder Maßnahmen durch geringe Ausbildungsleistungen aus. Dies scheint in der dort erkennbaren politischen Rücksichtnahme auf das etablierte duale System der Berufsausbildung begründet zu sein. Krefeld gewinnt unter diesem Aspekt und unter der Randbedingung, daß es sich um die einzige Kommune mit einer CDU-Ratsmehrheit unter den untersuchten Städten handelt, Merkmale einer Kontrolleinheit.

In Oberhausen scheinen sich die meisten Maßnahmen um die Beratungsstelle des Jugendamtes und auf die "Jugendberufshilfe Oberhausen e.V." zu zentrieren. Das Jugendamt war die zentrale Koordinierungs- und Informationsinstanz des Verbundsystems, innerhalb dessen die Aktivitäten aller lokaler Träger erfaßt sind.

Zusammengefaßt:
- in Duisburg und Oberhausen fungierten die Jugendämter als zentrale Koordinierungs- und Informationsinstanzen (in den anderen Kommunen nicht oder nur eingeschränkt),
- in Duisburg, Essen und Oberhausen existierten Vereine für Jugendberufshilfe (in den anderen Kommunen nicht),
- in Duisburg, Essen und Oberhausen wurden Verbundsysteme etabliert (in den anderen Kommunen nicht).
- Es waren interkommunale Aktivitätsschwerpunkte erkennbar (z.B. "Dortmunder Modell", "Hammer Modell"), die mehr oder minder u.a. auf beschäftigungswirksame Aktivitäten abzielten.

5.2.4. Maßnahmeneffekte/Wirkungen

Zwar nur eingeschränkt verwertbar (vgl. oben), zeigen die Daten hinsichtlich der Maßnahmeneffekte doch, daß es auf Seiten der öffentlichen Träger zu vermehrten Leistungen der eigentlichen Berufsausbildung kam, während die Freien Träger - damit dem bisher beschriebenen Eindruck entsprechend - vielmehr Jugendliche einfach "nur erreichten". Insgesamt verweisen allerdings die Angaben zur Wirkungsmessung auf nur begrenzte Informationen seitens der lokalen Akteure selbst. Zwar wurden vielfach Antworten zum Umfang der mit den verschiedenen Programmen "erreichten" jugendlichen Arbeitslosen gegeben, teilweise auch zur Zahl der in "Arbeit/Ausbildung vermittelten". Dabei waren die Daten vielfach geschätzt. Eine Wirkungsmessung im strengen Sinne, insbesondere hinsichtlich des Verbleibs der Klientel, fand jedoch praktisch kaum statt. Hierbei dürften auch finanzielle und personelle Restriktionen der lokalen Akteure eine wichtige Rolle spielen. Das Interesse an solchen Informationen über die eigene Arbeit wurde gleichwohl häufig betont.

Die Übersicht 27 faßt die Maßnahmeneffekte zusammen. Zur methodischen und empirischen Problematik der Gegenüberstellung "vermittelte/erreichte" Jugendlicher und der registrierten jugendlichen Arbeitslosen wurde zuvor ausführlich gesprochen: Um die Dunkelziffer und die Dauer der der Jugendarbeitslosigkeit (Zeitraumbetrachtung) hier zu berücksichtigen, müßten diese Werte der registrierten Arbeitslosigkeit (mindestens) verdoppelt werden. Demnach wären (mindestens) rund 430.000 Jugendliche im Untersuchungszeitraum in den sechs untersuchten Kommunen und im gesamten Untersuchungszeitraum arbeitslos gewesen. Gegenüber diesem Wert erreicht die Zahl der insgesamt gemeldeten "erreichten/vermittelten" Jugendlicher nur weniger als 10 v.H.!

Übersicht 27: Summierte Maßnahmeneffekte/Wirkungen (1975-1985) und Problemdruck JAL (erst ab 1980 mit den Werten aller Kommunen)

Vermittelte bzw. erreichte Jugendliche nach Trägern

	Öffentl.Tr.	Freie Tr.	Gesamt
Jgdl. in Ausb. od. Arbeit	10090	2542	12632
erreichte Jgdl.	15062	7775	22837
Gesamt	25152	10317	35469

Registrierte Jugendarbeitslosigkeit

Jahr	JAL (15 -u.25 J.) abs.; AA-Bezirk
1975	5842
1976	9956
1977	10910
1979	10450
1980	14516
1981	20371
1982	29508
1983	36454
1984	33766
1985	32754
Gesamt	215202

Quelle: Eigene Berechnungen nach Angaben der Träger.

5.2.5. Finanzierungsmodi und Personaleinsatz

Die Analyse der Aktivitätstypen machte deutlich, daß der größte Anteil aller Maßnahmen der verschiedenen Träger als fremdinitiiert einzustufen ist. Diese Maßnahmen, die also von lokalen (Öffentlichen oder Freien) Trägern umgesetzt wurden und auf Programmen von Bund oder Land beruhen, sind i.d.R. damit auch ganz oder überwiegend fremdfinanziert. Zwar wurden die erbetenen Antworten zur Fragebogen-Kategorie: "Finanzierung" teilweise recht undiszipliniert gegeben, jedoch sind die Daten soweit möglich kontrolliert und teilweise nacherhoben worden. Die Übersicht 28 faßt die Finanzierungsdaten der sechs Untersuchungseinheiten zusammen:

Übersicht 28: Finanzierungsmode der gemeldeten Programm-Aktivitäten für alle Untersuchungseinheiten (1975 - 1987)

überwiegend fremdfinanziert	überwiegend eigenfinanziert	sonstige
abs.: 144 rel.: 77(in v.H.)	22	34

davon durch:		
Bund	Land	Kommune (nur Fr.Tr.)
91	56	13

durch:	
zusätzl.Eigenm.	Umwidmung von Eigenmitteln
11	4

dabei Eigenanteile zu:	
5 v.H.	5
10 v.H.	16
20 v.H.	22
30 v.H.	12

in Form von:	
zusätzl.Eigenm.	Umwidmung von Eigenm.
34	10

Quelle: Eigene Berechnungen.

Die Übersicht 29 gibt den Grad der Fremdfinanzierung nach Trägern wieder.

Übersicht 29: Grad der Maßnahmen-Fremdfinanzierung nach Trägertypen (circa)

	Öffentl.Träger	Freie Träger
Dortmund	60 v.H.	95 v.H.
Duisburg	75 v.H.	80 v.H.
Essen	100 v.H.	100 v.H.
Hamm	0 v.H.	78 v.H.
Krefeld	75 v.H.	80 v.H.
Oberhausen	100 v.H.	100 v.H.

Quelle: Eigene Berechnungen.

Anmerkung: Angesichts der beschriebenen Probleme der Datenerreichbarkeit geben diese Werte Tendenzen wieder.

Auf Seiten der Öffentlichen Träger sind somit tendenziell höhere finanzielle Eigenleistungen vorzufinden. Dabei sind die oft sehr hohen kommunalen Ausgaben in der Berufsausbildung über den eigenen Bedarf oder in der vollzeitschulischen Form wesentlich. Die dazu erforderlichen hohen finanziellen Eigenleistungen, aber auch politische Rücksichtnahmen, könnten Gründe dafür sein, daß in anderen Kommunen (Essen, Oberhausen) diese Handlungsstrategien nicht eingeschlagen wurden.

Die ebenfalls gestellte Frage, wieweit finanzielle Eigenleistungen der Träger zusätzliche Leistungen waren oder durch interne Finanzumwidmungen realisiert wurden, wurde nur selten beantwortet. Insgesamt dürften die Werte zur Fremdfinanzierung für die Freien Träger eher noch nach oben zu korrigieren sein: Wo keine Fremdfinanzierungsquellen existierten, war offenbar kaum ein Freier Träger bereit oder in der Lage, sich zu engagieren. Die größten Probleme bereiten dabei i.d.R. die Personalkosten. Darin erklärt sich auch das gehäufte Auftreten von Fremdprogrammen bei den Freien Trägern, in deren Rahmen alle Personalausgaben getragen wurden ("Fachkräfteprogramm", "Benachteiligtenprogramm"). Insgesamt ist festzuhalten, daß viele kleine Initiativen nur existierten, weil und wenn finanzielle Fremdzuschüsse verfügbar waren. Viele Aufgabenbereiche auch der etablierten Freien Trägern wurden nur unter dieser Bedingung realisiert. Die halböffentlichen Vereine für Jugendberufshilfe existieren nur auf der Basis kommunaler Infrastrukturen und überkommunaler finanzieller Leistungen. Diese Vereine wurden gerade kommunal realisiert, um den Topf überlokaler Finanzquellen ausschöpfen zu können. Ebenso waren finanzwirksame öffentliche Leistungen gegenüber dem Problem Jugendarbeitslosigkeit wesentlich von Bundes- und Landeszuschüsse abhängig.

Die meisten dieser Bundes- oder Landesprogramme waren mit der Einstellung neuen Personals bzw. der Einrichtung neuer Stellen verknüpft. Die sozialpädagogischen Fachkräfte wurden ganz überwiegend fremdfinanziert (meist auch als ABM), ebenso die teuren Fachkräfte der Berufsausbildung. Auch die Ausbildungsvergütungen und Taschengelder für die Jugendlichen waren weitgehend fremdfinanziert, oft ebenfalls die technische Infrastruktur. Offen ist, wieweit Problemlösungabsichten und Problemlösungschancen seitens der Träger immer mit den überlokalen Förderprogrammen inhaltlich kompatibel waren - oder wieweit die Teilhabe daran (auch oder primär) im Sinne des Organisationsinteresses, der Domänensicherung wie symbolischer Politikformen handlungsleitend war (vgl. dazu theoretischer II.5.).

Die Übersicht 30 faßt die personellen Konsequenzen der realisierten (gemeldeten) Maßnahmenprogramme für alle Untersuchungseinheiten im Untersuchungszeitraum zusammen:

Deutlich ist insgesamt, daß primär mit neuem hauptamtlichem Personal (einschließlich Arbeitsbeschaffungsmaßnahmen, ABM) auf lokaler Ebene gegenüber der Jugendarbeitslosigkeit operiert wurde. Öffentliche wie Freie Träger verfügten über diese Personalkategorie in etwa gleichem Umfang.

Übersicht 30: Neu geschaffene Stellen (1975 - 1985) für alle Untersuchungseinheiten, nach Trägern

	Öffentl. Trägern	Freie Trägern
Hauptamtl. Personal (davon ABM...)	414 (97)	389 (168)
Nebenamtl. Personal	190	90
Ehrenamtl. Personal	3	63 1)

Quelle: Eigene Berechnungen.

Theoretisch wie sozialpolitisch-praktisch insgesamt erschienen in diesem Zusammenhang Fragen nach dem <u>ehrenamtlichen Element</u> der örtlichen Personalpolitik. Wie deutlich, verfügten faktisch nur die Freien Träger über diesen Personaltypus. Allerdings geschah dies auch in eher nur geringem Umfang, gemessen an den neubeschäftigten hauptamtlichen und nebenamtlichen Mitarbeitern. Die Rolle des ehrenamtlichen Elements in der Arbeit der Freien Träger ist sozialwissenschaftliche kontrovers (vgl. II.5.). Gleichwohl wird es immer noch als mitkonstitutives Moment der Arbeit der Freien Träger definiert bzw. reklamiert. Gerade im Horizont der wohlfahrtsstaatlichen Dezentralisierungsdiskurse werden hier vielfach neue Impulse und Potentiale unterstellt. Im gegebenen Untersuchungsfeld der Jugendarbeitslosigkeit erscheinen allerdings eher skeptische Einschätzungen angemessen und realitätsgerecht. Diese Skepsis stützt die obigen Hinweise, wonach (insbesondere) auch die Freien Träger jugendpolitisch als <u>Implementationsinstanz</u> und wesentlich erst dann aktiv wurden, als <u>überlokal</u> initiierte und damit fremdfinanzierte Programme verfügbar waren. Eigeninitiierte, zielgruppenspezifishe Programme, etwa in und mit den bestehenden Einrichtungen der örtlichen jugendpolitischen Infrastruktur, die die Freien Träger

---

1) Nicht als ehrenamtliches Personal qualifiziert wurden (164) Stellen beim Kath. Fachverband "Mädchensozialarbeit" (INVIA).

zu großen Teilen kontrollieren, wurden, wie gezeigt, in allen Untersuchungsschritten nicht erkennbar. Hier wären vielleicht am ehesten potentielle Wirkungschancen für ehrenamtliche Mitarbeiter denkbar. Faktisch jedoch fiel dieses bestehende Netz der jugendpolitischen Einrichtungen insgesamt aus der örtlichen Diskussion um die lokale Jugendpolitik heraus (vgl. dazu auch die Interviewaussagen III.6.3.4.

6. Sechster Untersuchungsschritt. "Subjektive Erhebungsdimension (high-position approach): Kommunale Eliten und Jugendarbeitslosigkeit1)

6.1. Das Erkenntnisinteresse

Zwei Ziele wurden mit diesem Sechsten Untersuchungsschritt, den Intensiv-Interviews mit lokalen Eliten des Sozialsektors, verfolgt. Zum einen waren erklärende bzw. ergänzende Informationen zu Teilen der bisherigen Untersuchungsschritte zu gewinnen. Dazu gehörten insbesondere Fragen, die sich aus der Arbeitsmarkt- (III.2.), der Haushaltsanalyse (III.3.), aus ungeklärten Aspekten der JWA-Protokolle (III.4.), aber auch und vor allem aus Unklarheiten des Fragebogen-Rücklaufs (III.6.) ergaben.

---

1) Auch dieser Abschnitt mußte gegenüber dem Originalbericht deutlich gekürzt werden. Zu detailierten Information vgl. Krüger/Pojana/Richter 1988, Bd. II, S. 759 ff.

Zum anderen, als Hauptfunktion der Intensivinterviews, sollten subjektive Einschätzungen lokaler sozialpolitischer Handlungspotentiale, des Handlungsbedarfs und der Handlungsspielräume angesicht wohlfahrtsstaatlichen Krisenerscheinungen und sozialpolitischer Dezentralisierungsdiskurse erfaßt werden. Es interessiert dabei sowohl die Einschätzungen des lokalen Sozialpolitiksektors allgemein als auch hinsichtlich der lokalen Handlungsrealität angesichts der Jugendarbeitslosigkeit im besonderen. Folgende Befragungsdimensionen galt es zu erschließen:

- Werden die aktuellen wohlfahrtsstaatlichen Probleme als (primär) zentralstaatlich lösbar bzw. nur dort lösbar angesehen oder werden (in welchem Maß) dezentral orientierte Lösungsansprüche formuliert?
- Werden die dezentralen Folgen der Krise des Wohlfahrtsstaates (hier angesichts des Problems der Jugendarbeitslosigkeit) eher sozialpolitisch(hilfe-) orientiert wahrgenommen, eher haushaltspolitisch-fiskalisch interpretiert oder eher als Legitimationsproblem formuliert?
- Wie wird der Handlungsspielraum auf dezentraler Ebene angesichts der Jugendarbeitslosigkeit wahrgenommen, bzw. wie wird demgegenüber der Bedarf an dezentralen Handlungsstrategien eingeschätzt? Orientieren sich (dabei) die Handlungsmuster der kommunalen Eliten (primär) an den traditionellen wohlfahrtsstaatlichen Steuerungsressourcen oder sind hier die in den Dezentralisierungsdiskursen unterstellen Innovationen erkennbar?
- Wo werden Änderungswünsche im Problemfeld der Jugendarbeitslosigkeit verortet: Wird ein Transformationsbedarf primär im vertikalen Kompetenzgeflecht (Bund/Länder/Kommunen) oder ein Reorganisationssbedarf primär auf lokaler Ebene (= horizontal) gesehen? Welche wohlfahrtsstaatlichen Steuerungsressourcen (Geld, Recht, Programm, Personal) werden dabei vorrangig angesprochen?

An dieser (zentralen) Forschungsdimension wurde sowohl der Interviewleitfaden orientiert wie auch das Schema der Interviewauswertung.

6.2. "Kommunale Eliten": Zum Sozialprofil der Befragten

Kommunale "Eliten" und damit Partner für Expertenintensivinterviews1) waren sowohl politische wie administrative Akteure des öffentlichen kommunalen Sozialsektors wie auch die Spitzen bzw. Experten der Freien Träger der Jugendhilfe. Selbsthilfeorientierte Beschäftigungsinitiativen konnten nicht erreicht werden. Auf seiten der Öffentlichen Träger wurden die jeweiligen Sozialdezernenten (mit einer Ausnahme) und Jugendamtsleiter ("formale Eliten") befragt. Zusätzlich, soweit erreichbar, Experten aus spezifischen Jugend-/ sozialpolitischen Maßnahmen sowie ("politische") Mitglieder der JWA, ("funktionale Eliten"). Die befragte Experten der Freien Träger lassen sich ebenfalls nach ihrem "formalen" bzw. nach ihrem "funktionalen" Status unterscheiden. So wurden teilweise Geschäftsführer bzw. Abteilungsleiter befragt, teilweise Sachexperten einzelner Maßnahmen, häufig jedoch beide Akteurstypen. Während der Interviews ergaben sich gleichwohl verschiedentlich Hinweise auf Personen, die örtlich offenbar entscheidungszentral sind, aber nicht dem (durch die Interwievauswahl erfaßten) Sozialsektor selbst angehören. Diese Existenz einer "Spitzen-Elite" verweist sowohl auf theoretisch wichtige Dimensionen lokaler Politikforschung wie methodische Probleme (vgl. dazu systematisch II.3.).

---

1) Methodisch-technische Probleme wie theoretische Implikation von Expertenintensivinterwievs, der Fragebogen-(Leitfaden) Konstruktion, der Datenauswertung, Dateninterpretation u.a. werden hier nicht erörtert. Siehe neben den Ausführungen unter I.3. und II.3. zur näheren Information v. Alemann 1984, Friedrichs 1973, Hoffmann-Riehm 1980, Hucke/Wollmann 1980, Mühlfeld u.a. 1981.

Mit insgesamt 47 Elitenangehörigen wurden 38 jeweils ca. 1,5 stündige, tonbandprotokollierte Intensivinterviews geführt. Die Interviews wurden anonymisiert. Die Übersicht 31 enthält Informationen zum (berufs-/professionsbezogenen) Sozialprofil der befragten Eliten (zur theoretischen Diskussion vgl. Krüger/Pojana/Richter 1988, Bd. I, I.3.2.). Es zeigt sich eine hohe Konzentration von Lehrern, Sozialarbeitern/Sozialpädagogen sowie Dipl.Pädagogen auf seiten der Freien Träger. Bei den Öffentlichen Trägern läßt sich bei den eigentlichen Maßnahmenexperten ebenfalls ein Übergewicht an Sozialarbeitern und Sozialpädagogen erkennen, während die Verwaltungsspitzen (Sozialdezernenten) oder auch politischen Akteure oft eine juristische oder kaufmännische Ausbildung aufweisen. Mehrere JWA-Mitglieder gaben darüberhinaus Handwerksberufe an ("Sonstige").1)

1) Eine Unterscheidung der Gesprächspartner nach Alter zeigt, daß die Freien Träger mit einem Durchschnittsalter ihrer Experten von 38 Jahren recht jung besetzt sind. Das Durchschnittsalter im Politiksektor beträgt 44, das im Verwaltungsbereich 48 Jahre. Die Differenzierung nach dem Geschlecht zeigt, daß die befragten Verwaltungsangehörigen alle männlich waren, in drei Kommunen die JWA-Leitung aus Frauen bestand ("Politik"). Bei den Freien Träger waren 30 v.H. der Befragten Frauen.

Übersicht 31: Berufsprofil der befragten Eliten

Beruf / Ausbildung	Akteurssystem: Politik	Verwaltung	Freie Träger	Gesamt
Jurist	I	II		3
Kaufmann	I	I		2
Betriebswirt			I	1
Dipl. Pädagoge		I	III	4
Dipl. Psychologe	I			1
Dipl. Sozialwiss.			I	1
Sozialarbeiter / Sozialpädagoge		IIIIII	IIIIIIII I	15
Lehrer	II		IIII	6
Verwaltg.Beamte		II	I	3
Sonstige	IIIIII	I	IIII	11

Quelle: Eigene Berechnungen

6.3. Interview-Auswertung

6.3.1. Generelle Einschätzungen kommunaler Handlungsspielräume im Sozialsektor

Die Übersicht 32 faßt die geäußerten Einschätzungen hinsichtlich der generellen Handlungsspielräume lokaler Sozialpolitik zusammen. Die meisten befragten Akteure des örtlichen Sozialsektors konstatieren - bedauernd - einen <u>geringer gewordenen</u> bzw. <u>generell geringen Handlungsspielraum</u>:

"Die wichtigste Politik, find ich schon, ist eigentlich die Kommunalpolitik, weil man da vor Ort eben bürgernah und bürgergerecht Dinge tun und lassen kann. Nur wenn ... Gelder ständig abgezogen werden und (man) dazu letztlich ... einen reglementierten Zuschuß biete(t), ist das nicht im Sinne... des Artikels 28" (JWA-Vorsitzende, C 8).

Übersicht 32: Einschätzung Handlungsspielräume kommunaler Sozialpolitik, nach Akteuren

Einschätzungen	Akteurssystem			
	Öffentliche Träger		Freie Träger	Gesamt
	Politik	Verwaltung		
Größerer Handlungsspielraum				----
Gleichgebliebener Handlungsspielraum	II	II	IIIII	9
Geringerer/wenig Handlungsspielraum	IIIII	IIIIIII	IIIII	17
Kein Handlungsspielraum	I	I		2

Quelle: Eigene Berechnungen.

Die überwiegenden Interviewer-Aussagen thematisierten als die wichtigsten Ursachen eines eingeschränkten Handlungsspielraumes finanzielle Restriktionen (Übersicht 33):

Übersicht 33: Ursachen-Einschätzungen geringerer oder nicht vorhandener Handlungsspielräume nach Akteuren

Begründungen	Akteurssytem			
	Politik	Verwaltung	Freie Träger	Gesamt
Finanzielle Restriktionen	IIIII	IIIIIIII	IIII	17
Gesetzliche Vorgaben (Pflichtaufgaben)	IIIII	I	I	7
Hoher Problemdruck (Arbeitslosigkeit)	II	I	II	5

Quelle: Eigene Berechnungen.

Neben der fehlenden Finanzausstattung werden als weitere, den Handlungsspielraum begrenzende Faktoren die Vielzahl gesetzlicher Vorgaben (etwa bestimmte Pflichtaufgaben) oder hoher lokaler Problemdruck (hier besonders Arbeitslosigkeit) genannt. Vor allem das Problem der Langzeitarbeitslosigkeit belastet die Kommunen durch die steigenden Sozialhilfeausgaben in gravierender Weise (vgl. zur theoretischen Diskussion insbes. II.3.). Die Interviews verweisen damit auf einen gleichsam negativ akzentuierten Bedeutungszuwachs kommunaler Sozialpolitik im Spannungsverhältnis zur überlokalen wie auf der lokalen Ebene: Einerseits manifestieren sich, so das allgemeine Fazit, auf kommunaler Ebene die sozialen Folgen und ökonomischen Lasten verschärfter Problemlagen, womit grundsätzlich ein erhöhter Handlungsbedarf einhergehe. Andererseits würden die (faktischen) Handlungsmöglichkeiten durch eine negative Funktionalisierung der Kommunen seitens der überlokalen Ebene massiv eingeschränkt. Diese Funktionalisierung wird vornehmlich in finanzieller und gesetzlicher Hinsicht gesehen. Die finanzielle Ausstattung der Kommunen sei insgesamt nicht mehr tragbar und den Erfordernissen kommunaler Sozialpolitik angesichts bestehender und zukünftiger Problemlagen weitgehend unangemessen bzw. in hohem Maße defizitär. Damit korrespondieren diese Daten den Untersuchungsergebnissen Arzbergers (vgl. II.3.).

Zusammenfassend gehen somit die Experten des lokalen Sozialsektors im wesentlichen von faktisch geringer gewordenen kommunalen Handlungsspielräumen aus. Diese doch sehr eindeutige Bewertung steht in Spannung zumindest zu eher voraussetzungslos formulierten wohlfahrtsstaatlichen Dezentralisierungspostulaten (vgl. I.1.). Örtlich wird eine zunehmende Diskrepanz zwischen notwendigem Handlungsbedarf (angesichts sozioökonomischer Krisenphänomene) und entsprechender Handlungsmöglichkeiten festgestellt. Finanzielle Knappheit - also die Verfügbarkeit über die traditionelle (!) sozialpolitische Steuerungsressource Geld - könne nicht durch "sozialpolitische Phantasie" kompensiert werden. "Wir haben genug Phantasie und genug Ideen", jedoch finde diese ihre Grenze in der Verfügbarkeit finanzieller Ressourcen, sie könne nicht zu deren Substitut werden: Die insgesamt eher negative Einschätzung des Handlungsspielraumes kommunaler Sozialpolitik (im Rahmen vertikaler Politikverflechtung) wird von den verschiedenen Akteurstypen durchgängig geteilt. Lediglich die Freien Träger beurteilen den kommunalen Handlungsspielraum etwas positiver. Interessant ist, daß die Freien Träger in ihrer Wahrnehmung dabei anscheinend eher einen (zumindest) gleichgebliebenen Handlungsspielraum einräumen. Dabei wird offenbar die Fremdfinanzierung, über die Freie Träger im besonderen verfügen, als Indikator für das Machbare bewertet.

Wird das Antwortverhalten zu dieser Fragedimension - soweit von den einzelnen Interviewpartnern Äußerungen vorliegen - nach Kommunen geordnet, zeigt sich eine recht eindeutige Tendenz (vgl. Übersicht 34):

Übersicht 34: Einschätzung des Handlungsspielraumes kommunaler Sozialpolitik, nach Kommunen

Einschätzungen	Kommunen A	B	C	D	E	F
Größerer Handlungsspielraum	---	---	---	---	---	---
Gleichgebliebener Handlungsspielraum	---	II	I	---	I	IIII
Geringerer/wenig Handlungsspielraum	IIII	II	IIIII	IIII	II	---
Kein Handlungsspielraum	---	---	---	I	I	---

Quelle: Eigene Berechnungen.

Mit Ausnahme der Kommune F, (für die drei der vier relativ positiven Einschätzungen solche Freier Träger waren und wonach in Kommunen "etwas bewegt werden könne"), vermitteln die Interviewdaten somit auch im interkommunalen Vergleich die Wahrnehmungen eines geringer gewordenen (oder überhaupt geringen) Handlungsspielraumes kommunaler Sozialpolitik. Die allgemein skeptische Einschätzung des Handlungsspielraumes weist demnach sowohl nach Akteurstypen wie nach Kommunen unterschieden keine auffälligen Abweichungen auf.

6.3.1.1. Einschätzungen "Kommunaler Handlungsspielraum und Jugendarbeitslosigkeit"

Die Interviewdaten zu dieser Fragedimension, also bezogen auf die Jugendarbeitslosigkeit, zeigen interessanterweise und projektrelevant ein heterogenes Bild. Es weicht doch in Teilen von dem eben referierten Bild ab. Im folgenden wird versucht, die zentralen Antwortaspekte in qualitativer Hinsicht zu ordnen und zumindest ansatzweise in ein Einschätzungskontinuum zu bringen.

6.3.1.1.1. Einschätzungsmuster A: "Kommunale Jugendhilfepolitik nicht zuständig und ohne Spielräume"

Den negativen Endpunkt im Antwortspektrum bilden die Einschätzungen, die eine kommunale Zuständigkeit zur Bearbeitung des Problems Jugendarbeitslosigkeit grundsätzlich in Zweifel ziehen. Hier wird letztlich die Problemlösung als überlokale bzw. Aufgabe des ökonomischen Systems definiert (vertikale Problemverschiebung). In diesem Interpretationsmuster erscheint die kommunale Jugendhilfe günstigenfalls als ein flankierendes Interventionssystem, dem aber generell nur sehr begrenzte Handlungsspielräume zuerkannt werden (Jugendhilfe als "Reparaturbetrieb"):

"Sie können das Problem Jugendarbeitslosigkeit überhaupt nicht als Kommmune dezentral lösen, auch nicht im Prinzip wesentliche Lösungsansätze machen. Sie können als Kommune im Sinne des sozialen Netzes im Grunde genommen nur auffangen, den ein oder anderen Fall. Sie können den ein oder anderen Fall mildern. Sie helfen beim Vertuschen des Problems. Aber ansonsten ist die Kommune, was Jugendarbeitslosigkeit betrifft, total überfordert. Was wir tun können ist das: allenfalls im Qualifikationsbereich etwas Motor sein. Ansonsten sind die Handlungsmöglichkeiten sehr gering. Sofern kann der Bund schon viel in diesem Bereich (Arbeitsmarktpolitik) tun, um die jungen Leute hier zu halten. Das kann man nicht dezentralisieren. Es ist nicht Aufgabe der Kommunen. Kommune ist mehr soziales Netz, Auffang, und wenn es anders nicht läuft. Das ist ja die Grundidee von Sozialhilfe und von sozialer Arbeit. Wir verdecken ja teilweise das Problem durch eine gute Jugendfreizeitstättenarbeit" (Sozialdezernent, F 1). Danach erscheinen dann auch konsequenterweise eigene, lokale Programme eher illusorisch:

"Also alles, was sich bei uns inhaltlich in der Jugendhilfe getan hat, ist eigentlich vorgedacht worden auf Landesebene" (Jugendamtsmitarbeiter, C 5). Aber auch mit Fremdprogrammen, kann man darüber hinaus scheinbar "ganz wenig tun. Wir erreichen nur einen kleinen Teil von Jugendlichen" (Sozialdezernent, E 1).

6.3.1.1.2. Einschätzungsmuster B: "Kommunale Jugendhilfepolitik zuständig, aber ohne Spielräume"

Als größerer Teil und sehr breite Mitte des Antwortspektrums lassen sich die Antworten zusammenfassen, in denen die Interviewpartner zunächst prinzipiell auch Handlungszuständigkeiten der kommunaler Ebene betonen. Gleichwohl - und das entspricht der eher negativen Einschätzung des Handlungsspielraumes kommunaler Sozialpolitik im allgemeinen (vgl. zuvor) - werden die Handlungsmöglichkeiten kommunaler Jugendpolitik gegenüber dem Problem Jugendarbeitslosigkeit als eingeschränkt bewertet. Es wird jedoch auch hervorgehoben, daß falsche Situationsdefinitionen mögliche Handlungsspielräume verdecken können; es gilt das Thomas-Theorem:

"Wenn man sich auf so einen Standpunkt stellt: 'wenn in Bonn nichts passiert, kann (hier) auch nichts passieren', dann wird man niemals praktisch arbeiten können. Wir machen eine sozialpädagogische Arbeit ... und in dem begrenzten Ausmaß sehe ich also, daß da auch in einer Kommune eine ganze Menge Spielräume bestehen" (Freier Träger, E 6). Auch Experten des öffentlichen Sozialsektors bestätigen: "Wir kommen also immer wieder darauf zurück, daß eigentlich die Blockade von Denken und Planen in die Zukunft immer da gesetzt wird, wo man sagt, das ist nicht zu finanzieren". Er weist darauf hin, daß "je nach dem, was für ein Programm ich gerade anziehen kann, danach richtet sich auch ganz konkret die Möglichkeit, in welchen Bereich ich zum Beispiel meine Schwerpunkte setzen kann. Die inhaltlichen Spielräume sind sehr gering. (Jedoch) es gibt bewegliche Programme und es gibt unbewegliche Programme" (Jugendamtsmitarbeiter, E 8).

Erneut zeigt sich, zusammenfassend, daß wesentliche Ursachen, die von den kommunalen Experten als Einschränkungen des eigenen Handlungsspielraumes aufgeführt werden, finanzielle und rechtliche Restriktionen sind. Insbesondere auch die Abhängigkeit von fremdinitiierten und fremdfinanzierten Programmen wird als zentrale Restriktion wahrgenommen. Bund und Land finanzieren die einzelnen Programme zwar weitgehend, jedoch liege, so die Meinung einiger Befragter, die Brisanz auch hier in der Restkostenabdeckung angesichts der prekären Haushaltssituation der Kommunen.

Neben diesem finanziellen Gesichtpunkt wird vor allem die oftmals als unübersehbar bezeichnete Programmvielfalt kritisiert ("Maßnahmendschungel"). Neben (diesen) Hinweisen (auch) zur Politiksegmentierung und Verwaltungsfragmentierung auf überlokaler Ebene wird eine Tendenz der "Bürokratisierung" einzelner Programme, d.h. der Verstärkung von Kontrollmechanismen seitens der überlokalen Geldgeber, als massive Einschränkung lokaler Handlungsmöglichkeiten empfunden. Diese Entwicklungen habe zu einer Ausweitung der Professionalisierung auf lokaler Ebene, gerade auch bei Freien Trägern, geführt (dazu theoretisch II. 5.). Nur mit verstärktem Expertenwissen seien noch gewisse örtliche Handlungsspielräume im Rahmen des (über-)komplexen Programmangebotes zu eröffnen, etwa indem neue Kombinationsmöglichkeiten verschiedener Programmformen gesucht und erprobt würden.

Als weitere Restriktion kommunaler Handlungsspielräume im Problemfeld Jugendarbeitslosigkeit wurden in den SPD-regierten Kommunen zudem die Bedingungen des dualen Berufsausbildungssystems, d.h. konkret die Interessen der Industrie und des Handwerks, genannt (s.u.).

Neben dieser allgemeinen Kritik an überlokal gesetzten Restriktionen kommunaler Sozial- bzw. Jugendpolitik gegenüber dem Problem Jugendarbeitslosigkeit (hinsichtlich der Steuerungsressourcen Recht, Geld und Programm) lassen sich auch durchaus positive Bewertungen der überlokalen Initiativen festmachen. Insbesondere in den von SPD-Mehrheitsverhältnissen dominierten Kommunen wird darauf hingewiesen, daß das Land NW im Vergleich zu anderen Bundesländern gute Anstöße im Problemfeld Jugendarbeitslosigkeit gegeben habe. Im Gegensatz dazu zeigen CDU-Politiker bzw. einige der dieser politischen Richtung nahestehenden Freien Träger eher eine gewisse Zurückhaltung gegenüber der

Landespolitik. Hier werden etwa die Initiativen des Landes vielfach als plakative, als symbolische Politik bewertet.

6.3.1.1.3. Einschätzungsmuster C: "Kommunale Jugendhilfepolitik zuständig und mit Spielräumen"

Den positiven Endpunkt des Antwortspektrums bilden die wenigen Einschätzungen, die doch eine wesentliche Zuständigkeit der kommunalen Jugendhilfepolitik hervorheben <u>und</u> dabei auch vorhandene Handlungsspielräume betonen. So sei man als <u>Freier Träger</u> "sehr wohl in der Lage gewesen, auch ohne Bundes- und Landesmittel, Projekte auch zur Bekämpfung von Jugendarbeitslosigkeit durchweg nur mit kommunalen Mitteln auf die Beine zu stellen. Grundsätzlich denke ich, können wir schon mit neuen, mit kreativen Gedanken aufwarten oder auch an die Kommune herantreten, die darüber gesprächsbereit ist, nicht immer entscheidungsbereit" (Freier Träger, C 9).

Ein Freier Träger der Kommune E bestätigt, daß Handlungsspielräume vorhanden seien, "aber die sind klein, zäh zu erkämpfen und klein nicht nur im statischen Sinne, sondern im zeitlichen Sinne. Also man braucht sehr viel Zeit, sehr lange, um was zu bewegen oder zu verändern. Ich denke, daß wir bewegen können und daß wir es auch tun. Ich denke, man kann eben auch sehr viel Geld und Programme mitnehmen, als Träger auftreten; und dann ist das eine Frage der betriebsinternen Klugheit und Phantasie, wie man die dann zusammenstrickt, entwickelt, miteinander verknüpft, daß da mehr rauskommt als nur Kurzfristarbeit" (Freier Träger, E 3).

Dieser Hinweis auf die notwendige innerorganisatorische Effektivität verweist also auf Chancen eigen verantworteter Handlungsspielräume:
"Nur wenn dieses Faktorenbündel da ist (Ideen, Personal, Finanzen, Technik, administrative Entscheidung, politischer Wille) kann ein erkannter Handlungsspielraum auch tatsächlich besetzt werden. Das gelingt so in der Form nicht, weil wir nicht immer alle Faktoren

unter einen Hut kriegen" (Freier Träger, F 4). Ähnlich Vertreter Öffentlicher Träger: "Da hat sich das Jugendamt anfangs gewehrt ... und haben gesagt, das ist eigentlich nicht unser Problem, außer ... sozialpädagogische Maßnahmen und so weiter. Aber hier Ausbildung und so was alles, ... (das) ist keine Sache der Jugendhilfe. Das hat sich in den letzten Jahren entscheidend gewandelt" (JWA-Vorsitzende, F 2). "Es ist sicherlich eine ganze Menge machbar innerhalb der Kommune und ich gehe auch davon aus, daß Ortsnähe entscheidend ist ... für solche Maßnahmen. Die Bekämpfung der JAL (ist mit) ein Schwerpunkt der Jugendhilfe. Wir tun in Sachen JAL ja eine ganze Menge auch mit städtischen Mitteln. Ich gehe davon aus, wenn die Stadt mehr Mittel zur freien Verfügung hätte, daß man dann sicher mehr und bessere Maßnahmen machen kann als das, was finanziert wird" (JA-Leiter, E 5).

Hier werden also Handlungsspielräume identifiziert, die lokal nur noch nicht ausgeschöpft seien. Insgesamt muß jedoch festgehalten werden, daß die subjektiven Einschätzungen des Handlungsspielraumes kommunaler Jugendhilfepolitik gegenüber dem Problem Jugendarbeitslosigkeit eher mit den skeptischen Bewertungen der generellen Handlungsmöglichkeiten kommunaler Sozialpolitik korrespondieren (vgl. oben). Im Verständnis der befragten kommunalen Akteure leitet sich diese relative Begrenzung des kommunalen jugendpolitischen Handlungsrahmens wesentlich ab aus den als äußerst restriktiv wahrgenommenen Bedingungen auf überlokaler und lokaler Ebene, insbesondere aus der Finanzknappheit und der daraus folgenden weitgehenden Abhängigkeit von fremdinitiierten und fremdfinanzierten Programmen: Fremd-Programme werden entsprechend vielfach auch nicht als Basis eines örtlichen Handlungsspielraums kommunaler Jugendhilfepolitik erachtet (vielleicht mit Ausnahme einiger Freier Träger); sie seien quantitativ nicht ausreichend und qualitativ nicht flexibel genug (vgl. unten).

6.3.1.2. Einschätzungen "Einflußchancen gegenüber überlokalen Politikebenen"

Die Einflußchancen der kommunalen gegenüber der überlokalen Politikebene (Bund/Land) werden allgemein als relativ begrenzt und folgenlos eingeschätzt, teilweise werden "überhaupt keine Einflußmöglichkeiten" gesehen. Eine Stärkung bzw. Institutionalisierung solcher Einflußwege in Sinne vertikaler Politikverflechtung (vgl. II.) wird aber generell als wünschenswert und notwendig erachtet. Soweit Einflußmöglichkeiten als bereits existent gesehen oder auch zu realisieren versucht werden, läßt sich das Spektrum der Einflußkanäle wie folgt differenzieren (Übersicht 35):

Übersicht 35: Einschätzung Einflußchancen der dezentralen gegenüber überlokalen Ebenen, nach Akteuren

Wege der Einfluß-mögichkeiten	Akteurssystem			
	Öffentliche Träger		Freie Träger	Gesamt
	Politik	Verwaltung		
Engagement einzelner Personen (personaler Faktor)				21
- Kommunale Politikelite	IIII		I	5
- Verwaltungsspitze (Dezernent)	II	IIII	III	9
Landtags- oder Bundestagsabgeordnete (der jeweiligen Kommune)	IIII	I	II	7
Verbandlicher Einfluß				7
- Kommunalpolitische Vereinigungen der Parteien		I	I	2
- Bundesverband (jeweiliger Freier Träger			III	3
- Landschaftsverband	I		I	2

Quelle: Eigene Berechnungen.

Die Übersicht 35 verdeutlicht somit, daß das Engagement einzelner Personen aus den Bereichen Politik und Verwaltung als dominanter Kanal der Einflußnahme gegenüber überlokalen Ebenen eingeschätzt wird: "Es ist sehr stark an Transmissionsriemen gebunden ... an Personen, die den Kontakt zu Land und Bund haben. Das hängt sehr stark von Persönlichkeiten ab und es hängt sehr stark vom fachlichen Know-How ab. Wie also, ich sag mal, vom Amtsleiter bis zum Dezernenten diese

Probleme aufgegriffen werden" (Jugendamtsmitarbeiter, C 5).

Dem personalen Faktor messen die befragten kommunalen Experten in diesem Kontext also eine entscheidende Bedeutung zu. Insbesondere die Verwaltungsspitze, hier der Sozialdezernent, wird als (potentiell) einflußstark bewertet (dieses Moment findet sich auch in der Selbsteinschätzung der Sozialdezernenten). Die Richtung dieses Einflusses weist vor allem zu den Landschaftsverbänden und zum Land NW. Einflußchancen gegenüber Bonn werden unter spezifischen parteipolitischen Vorzeichen negativ bzw. äußerst skeptisch beurteilt. Auch die Wirksamkeit des verbandlichen Einflusses (vgl. dazu auch II.4.) erscheint im Verständnis der Interviewpartner äußerst begrenzt zu sein. Lediglich einiger Freien Träger sehen über ihren jeweiligen Bundesverband gewisse Chancen der politischen Umsetzung örtlicher Vorstellungen und Konzeptionen. Das korrespondiert zudem der - oben bereits angesprochenen - Strategie mancher Freier Träger, sich bei der Realisierung entsprechender Programme direkt mit der überlokalen Ebene (etwa dem Bund) auseinanderzusetzen. Auch hier jedoch herrscht offenbar gegenüber den eigenen Bundesverbänden vielfach Skepsis vor:

"Im Felde Jugendarbeitslosigkeit hat die .. kein Konzept. Es gibt Papiere auf Bundesebene, aber ein Konzept haben die nicht. Es gibt in Einzelfällen eine sehr intensive Mitarbeit an einzelnen Programmteilen, ... aber man kann nicht sagen, daß quer durch die Bank ... die ..auf der Höhe ist" (Freier Träger, E 3).

Der <u>interkommunale Vergleich</u> (Übersicht 37) der Einschätzungen zeigt für die Kommune A ein recht homogenes Einfluß-Antwortverhalten bezüglich der Verwaltungsspitze (hier des Sozialdezernenten). Hier erscheint also - im Verständnis der kommunalen Akteure - der personale Faktor im politisch-administrativen Spannungsfeld von Kommune und überlokaler Ebene eine herausragende Rolle zu spielen. In den übrigen Kommunen konzentriert sich die Einschätzung vornehmlich auf den politischen Bereich.

Übersicht 36: Einschätzung Einflußchancen der dezentralen gegenüber üerlokalen Ebenen, nach Kommunen

Wege der Einflußmöglichkeiten	Kommunen A	B	C	D	E	F
Engagement einzelner Personen (personaler Faktor)						
- Kommunale Politikelite	I	I		II		I
- Verwaltungsspitze (Dezernent)	IIIII		I	I		I
- Landtags- oder Bundestagsabgeordnete (der jeweiligen Kommune	I	I		III	II	
Verbandlicher Einfluß						
- Kommunalpolitische Vereinigungen der Parteien	II	I				
- Bundesverband (jeweiliger Freier Träger		I			I	
- Landschaftsverband	II					

Quelle: Eigene Berechnungen.

Ein weiterer Bestandteil dieses Fragekomlexes war die Frage, wieweit evtl. unterschiedliche parteipolitische Mehrheitsverhältnisse von Bund, (bzw. Land NW) und jeweiliger Kommunen negative Auswirkungen für die lokale Sozialpolitik zeitigen. Die Übersicht 37 vermittelt die entsprechenden Einschätzungen, differenziert nach Akteuren.

Übersicht 37: Einschätzungen der parteipolitischen Konstellation: Kommune - Land/Bund, nach Akteuren

Parteipolitische Konstellation	Akteurssystem: Öffentliche Träger – Politik	Öffentliche Träger – Verwaltung	Freie Träger	Gesamt
Große Auswirkungen	III	IIII	IIII	11
Mittlere Auswirkungen	III	I	III	7
Geringe Auswirkungen	I	III	III	7

Quelle: Eigene Berechnungen.

Die meisten der hier untersuchten Kommunen werden von einer SPD-Ratsmehrheit dominiert. Vor diesem Hintergrund ist eine insgesamt relativ starke Betonung der parteipolitischen Konstellation wichtig. Die parteipolitische Identität wird als wesentliche Voraussetzung für die Institutionalisierung allgemeiner Kommunikations- und spezieller Informationswege gesehen. Die damit möglichen Rückkoppelungsprozesse können, so ein zentrales Argument in den Interviews, insbesondere bei der lokalen Umsetzung (hier) entsprechender Arbeitslosenprogramme von entscheidender Bedeutung sein. Die Relevanz des Landes NW wird naturgemäß besonders dann hervorgehoben, wenn Bundesprogramme gar nicht oder nur in geringem Umfang existieren, die Notwendigkeit einer Einflußnahme dorthin entsprechend entfällt. Da der Bund seine Leistungen reduziert (hat), wird zugleich das Land NW verstärkt zum Adressaten lokaler Ansprüche. Gleichwohl wird die parteipolitische Nicht-Identität von SPD-regierten Kommunen und CDU-regiertem Bund deutlich registriert. Allgemein identifizieren fast alle Befragten eine "Wendepolitik":

"Wir haben große Probleme mit Bonn. Überwiegend seit '83. Es ist ein bißchen System dahinter, das Ruhrgebiet ausbluten zu lassen" (JWA-Vorsitzende, E 2). Entsprechend sehen Experten des Jugendamtes, daß die "Parteimitgliedschaft des Oberbürgermeisters" den Zuwendungsmodus (hier des Bundesbenachteiligtenprograms) beeinflußt.

Der interkommunale Vergleich verdeutlicht jedoch, daß andererseits in der von einer CDU-Mehrheit dominierten Kommune deren parteipolitische Konstellation, also die parteipolitische Nicht-Identität von Kommune und Landesregierung, als weniger entscheidend angesehen wird. Der kommunale Handlungsrahmen gegenüber der Jugendarbeitslosigkeit scheint dort vielmehr vornehmlich vor dem Hintergrund lokaler Besonderheiten interpretiert zu werden: "Es gibt hier örtliche Grundbedingungen, die vielleicht das eine oder andere erschweren" (JA-Leiter, B 1). Die nur relative Relevanz der parteipolitischen Mehrheitsverhältnisse wurde auch von CDU-Politikern, einschließlich einem der CDU angehörenden Sozialdezernenten formuliert.

Somit kann als wesentliches Teilresultat festgehalten werden, daß sich offenbar die - in den früheren Untersuchungsschritten identifizierten - relativen kommunalen Unterschiede der Reaktions- und Handlungsmuster gegenüber der Jugendarbeitslosigkeit in erster Linie aus den verschiedenen örtlichen politisch-administrativen Konstellationen wie den Trägerstrukturen ableiten lassen und weniger Resultat überlokaler Einflüsse sind. Die untersuchten Kommunen werden i.d.R. aus vertikaler Warte gleichbehandelt, sowohl im positiven (Finanzmittel, Programmangebote) wie im negativen (restrikiven) Sinne. Unterschiedliche kommunale Aktivitätsprofile deuten somit auf gewisse lokale Handlungsspielräume hin, die (primär) örtlichen Handlungsstrukturen und Handlungsprozessen geschuldet sind (vgl. auch unten).

6.3.1.3. Einschätzungen "Änderungsbedarf vertikaler Politikverflechtung"

Vor dem Hintergrund ihrer jeweiligen Erfahrungen wurden die kommunalen Experten auch nach den evtl. notwendig erachteten Veränderungen hinsichtlich der vertikalen Politikverflechtung (Kommune - Land - Bund) befragt. Ihre Antworten müssen dabei in Verbindung mit der - eben dokumentierten - generell eher skeptischen Einschätzung der Handlungsspielräume kommunaler Sozial- und Jugendpolitik interpretiert werden. In der übersicht 38 sind die sehr breit gestreuten Antworten den wohlfahrtsstaatlichen Steuerungsressourcen subsumiert worden:

Übersicht 38: Einschätzung des notwendigen Änderungsbedarfs! "Vertikale Politikverflechtung" zur Bekämpfung der JAL, bezogen auf wohlfahrtsstaatliche Steuerungsressourcen (nach Akteuren)

Notwendige Veränderungen bezogen auf die Steuerungsressource	Akteurssystem: Öffentliche Träger – Politik	Akteurssystem: Öffentliche Träger – Verwaltung	Akteurssystem: Freie Träger	Gesamt
Geld	IIIIIIII III	IIIIIIIIIII IIII	IIIIIIIIIIIII	39
Recht	IIIIIIII IIIIII	IIIIIIIIIII	IIIIIIIIIIIII	38
Programm	IIII	IIII	IIIIIIIIIIIII	21
Organisation	IIIIIII	IIIIII	III	16

Quelle: Eigene Berechnungen.

Die von den Gesprächspartnern gewünschten notwendigen Veränderungen im Austausch mit den überlokalen Ebenen beziehen sich somit vornehmlich auf die "klassischen" wohlfahrtsstaatlichen Steuerungsmedien Geld und Recht. Auf einem deutlich niedrigeren quantitativen Niveau werden Forderungen erhoben, die Veränderungsnotwendigkeiten auch im Rahmen der Steuerungsressourcen Programm und Organisation anzeigen (wobei evtl. die einer Steuerungsressource zugeordnete Veränderungsnotwendigkeiten auch Sekundäreffekte für andere Steuerungsmedien anzeigen können).

Die sich auf die Steuerungsressource Geld beziehenden Veränderungsforderungen umschließen wesentlich zwei Antwortrichtungen: Zum einen sehen die Befragten in der Einrichtung einer Poolfinanzierung die Möglichkeit, den kommunalen jugendpolitischen Handlungsspielraum zu erweitern. Eine Poolfinanzierung soll dadurch gekennzeichnet sein, daß die Kommunen von Bund und/oder Land eine entsprechende finanzielle Zuweisung (nur) mit der allgemeinen Zweckbestimmung "Bekämpfung der Jugendarbeitslosigkeit" erhalten. Innerhalb dieser globalen Aufgabenzuweisung hätten die Kommunen die Möglichkeit, die finanziellen Ressourcen den spezifischen lokalen Gegebenheiten problemadäquater einzusetzen. Damit würde sich, so die Überzeugung des überwiegenden Teils der Befragten, die Flexibilität des lokalen Handlungsrahmens gegenüber dem Problem Jugendarbeitslosigkeit erheblich erhöhen, weil dann auch Modelle zu realisieren wären, die nicht nur auf bestimmte (programmfixierte) Maßnahmen bezogen sind. Es existieren aber auch gegenteilige Auffassungen, die skeptisch auf allgemeine Strukturen und/oder örtliche Spezifika verweisen (vgl. auch unten):

"Da hätte ich allergrößte Probleme mit, da traue ich den Kommunen nicht über den Weg. Mit einigen Kommunen würde das gut laufen, würde das auch sehr klar verlaufen, in anderen würde das ausgesprochen schlecht laufen", sagt ein Experte des Jugendamtes (C 4). Aber auch Sozialdezernenten äußern sich skeptisch. "Daß natürlich Leute, die mit Zweckzuweisung hantieren - dazu gehört auch ein Sozial- und Jugenddezernent - das mit etwas gemischten Gefühlen sagen, ist auch klar. Denn bei dem heutigen System weiß natürlich der einzelne Interessent, daß es für bestimmte Programme bestimmte Mittel gibt. Wenn die alle wegfallen und wenn das nur allgemein verteilt wird, ist der Verteilungskampf in der Kommune stärker" (Sozialdezernent, E 1). Oder: "In der Theorie hört sich das ja sehr schön an: Alles in einen Topf und dann verteilt. Nur der Praktiker wird sagen: Wenn ich nur einen Topf habe, ist garantiert weniger drin als wenn ich 40 Töpfe habe. Und da kann ich mehr rausholen aus den 40 Töpfen, als aus einem großen Topf und kann viel flexibler auch drauf reagieren, auf die einzelnen Herausforderungen" (Sozialdezernent, F 1). Ein Freier Träger bestätigt diese Skepsis auf seine Art: "Globalzuweisung, da würde ich sehr genau wissen wollen, unter welchen Konstruktionen das läuft: Von wem kommt das Geld, mit welchen Auflagen ist das versehen, wer verwaltet das Geld, nach welchen Voraussetzungen wird das dann umgesetzt in Programme" (E 3).

Die im Horizont der wohlfahrtsstaatlichen Steuerungsressource Recht (Übersicht 38) ermittelten Befragungsdaten ergeben eine breitere Streuung der Antworten. Die häufigste Nennung bezieht sich in diesem Kontext auf die Novellierung des JWG. Hier solle die Funktionszuweisung der sozialpädagogisch orientierten Berufsausbildung (und darüber hinaus auch der Beschäftigung) für die Jugendhilfe gesetzlich festgeschrieben werden. Diese Forderung wird u.a. damit begründet, daß die Jugendarbeitslosigkeit kein konjunkturelles, sondern eben ein strukturelles, auf längere Sicht akutes Problem darstelle; und "diese Unverbindlichkeit, das ist z. B. wirklich eine Sache, wo dann auch Jugendpolitik unter einem Legitimationsdruck steht. Wenn man über Jugend nachdenkt, über das Wohl der Jugendlichen, dann muß man einfach sagen, daß letztendlich der Start in ein Berufsleben doch ein ganz wichtiger jugendpolitischer Gesichtspunkt ist, den man auch durchaus so verbindlich festschreiben sollte" (JWA-Vorsitzende, C 8).

Andere Befragte waren jedoch auch der Meinung, daß das JWG eindeutig für Maßnahmen gegen die Jugendarbeitslosigkeit offen sei, so daß eine zusätzliche Normierung verzichtbar wäre. Ein weiteres als besonders wichtig und dringlich herausgestellte Veränderungserfordernis (Steuerungsressource Recht) betrifft die Modifizierung der ABM-Richtlinien (Laufzeitverlängerung, Öffnung zum Zweiten Arbeitsmarkt).

Bei den der wohlfahrtsstaatlichen Steuerungsressource Programm (vgl. Übersicht 38) zugeordneten Nennungen kristallisierte sich eine Forderung bei mehreren Befragten besonders heraus. Notwendig sei, eine prinzipiell bessere Programmabstimmung auf der überlokalen Ebene (Bund/Land) selbst. Das verlange z.B. eine Vereinfachung und Harmonisierung der einzelnen Programme, eine längerfristige Planung und Sicherstellung von Programmen sowie die Eröffnung eines größeren Handlungsspielraumes innerhalb eines Programms für die jeweiligen Träger auf lokaler Ebene. (Freie Träger nehmen sogar Rat bei privaten Programm-Beratungs-Instituten in Anspruch.)

Bei den Nennungen, die primär der Steuerungsressource Organisation (vgl. Übersicht 38) zuzuordnen sind, läßt sich eine dominante Antwortkategorie identifizieren. Diese beinhaltet die Forderung nach einer besseren Koordination der Kommune mit der überlokalen Ebene bei gleichzeitiger Kompetenzerweiterung der kommunalen Instanzen ("Kommune als Leitstelle"). Damit ist als Muster einer vertikalen Politikverflechtung (zur theoretischen Entfaltung vgl. II.) das sogenannte "vertikale Verbundsystem" angesprochen. Dieses Modell betont die Politik der Dezentralisierung, d.h. einer modifizierten Verteilung allgemeiner politischer Entscheidungs- und Umsetzungskompetenzen zugunsten der lokalen Ebene zwischen den Politikebenen.

Zusammenfassend läßt sich konstatieren, daß überdurchschnittlich häufig Veränderungsnotwendigkeiten genannt werden, die sich auf das wohlfahrtsstaatliche Steuerungsmedium Geld beziehen ("insgesamt bessere finanzielle Ausstattung der Kommunen", "Einrichtung einer Poolfinanzierung"); es folgt die Steuerungsressource

Recht ("Novellierung des JWG", "Modifizierung der ABM-Richtlinien"); auf der nächsten Position rangiert die Steuerungsressource Programm ("bessere Programmabstimmung auf überlokaler Ebene"); als letzte folgt die die Organisationsebene betreffende Thematisierung eines "vertikalen Verbundsystems". Für den Zusammenhang von Akteurssystem und gefordertem Veränderungsbedarf läßt sich als Tendenz feststellen, daß die kommunalen politischen Akteure die Notwendigkeit der Reorientierung im Verhältnis von Kommune und überlokaler Ebene eher als Notwendigkeit im Rahmen rechtlicher Änderungen sehen. Demgegenüber sehen die Akteure der Verwaltung die Veränderungsnotwendigkeit häufiger unter finanziellen Aspekten. Die Freien Träger schließlich reklamieren einen Veränderungsbedarf etwa gleichgewichtig über die Steuerungsmedien Geld, Recht und Programm.

6.3.2. Einschätzungen "Relevanz des lokalen Sozialpolitiksektors"

Die Relevanzeinschätzung des lokalen Sozialpolitiksektors durch Akteure dieses Feldes selbst muß als (mit-) entscheidender Faktor für die tatsächlichen örtlichen Handlungsstrategien zur Nutzung, Eröffnung oder Erweiterung von Handlungsspielräumen erkannt werden (vgl. II.1.). Eine hohe Bedeutungseinschätzung des eigenen Politik- und Aufgabenbereiches läßt bei der Bearbeitung (hier) des Problems Jugendarbeitslosigkeit eine eher aktive Funktionsdefinition erwarten. Die (Relevanz-) Einschätzungen des kommunalen Sozialsektors im örtlichen horizontalen Interessengeflecht gibt die Übersicht 39 wieder:

Übersicht 39: Relevanzeinschätzung des kommunalen Sozialsektors, nach Akteuren

Bedeutung des Sozialsektors	Akteurssystem			
	Öffentliche Träger		Freie Träger	Gesamt
	Politik	Verwaltung		
zugenommen	III	IIII	IIII	11
gleichgeblieben	IIIIII	IIIIII	I	13
abgenommen	I	I	III	5

Quelle: Eigene Berechnungen.

Es fällt auf, daß die Gesprächspartner i.d.R. den (ihren) lokalen Sozial- und Jugendhilfesektor im Kanon anderer kommunaler Politiksektoren als relativ bedeutend, z.T. sogar mit zugenommener Bedeutung charakterisieren. Dies sehen insbesondere die Akteure aus den Bereichen Politik und Verwaltung so. Der interkommunale Vergleich hinsichtlich der Relevanzeinschätzungen des kommunalen Sozialsektors liefert jedoch kein homogenes Gesamtbild. Das deutet offenbar sowohl auf lokale Spezifika wie auf institutionelle Zugehörigkeiten der jeweils Befragten als intervenierende Variablen hin. Es ist zu vermuten, daß hier auch Identifikationsprozesse eine Rolle spielen, d. h., daß die jeweils eigenen Organisationen in den Selbsteinschätzungen der Funktionsträger vielfach positiver geschildert werden als es vielleicht realitätsgerecht ist, bzw. als es in Fremdwahrnehmungen durch Dritte geschieht. So haben Sozialdezernenten und Jugendamtsmitarbeiter durchweg die Bedeutung ihrer Ämter recht positiv geschildert, während politische Akteure und insbesondere Freie Träger demgegenüber differenzierte Meinungen vortrugen.

An der generellen Bewertungstendenz jedoch in Richtung einer Bedeutungserhöhung (oder doch zumindestens gleichgebliebener Relevanz) des lokalen Sozialsektors ändert sich jedoch nichts. Dies verweist - sehr vorsichtig formuliert - auch auf Ansätze einer Ausweitung örtlicher Handlungsspielräume - zumindest partiell. Dieser Befund wird darin gestützt, daß - soweit hierzu Antworten gegeben wurden - der Großteil der Befragten den Status des Sozialsektors im oberen Drittel der Rangordnung oder Prioritätenskala kommunaler Politiken sieht. Allerdings wird der konstatierte Relevanzgewinn (bzw. ein zumindest gleichgebliebener Stellenwert) des lokalen Sozialsektors auch mit durchaus unterschiedlichen Argumenten begründet. Ein - scheinbar paradox - negativ begründeter Bedeutungszuwachs des Sozialsektors - wie er oben bereits im Kontext der vertikalen Politikverflechtung diagnostiziert worden ist - wird oft am (knappen) Faktor Geld festgemacht:

"Er (der Sozialsektor) kostet mehr Geld. Insoweit hat er schon Gewicht, aber mehr in der negativen Weise, daß Soziallasten ... die jährlich um X-Prozente steigen, die Handlungsfähigkeit der Kommunen gewaltig einschränken" (Sozialdezernent, D 1). In ähnlicher Form, wenn auch nicht so dramatisch, konstatiert der Sozialdezernent der Kommune E: "Der Sozialsektor hat schon deswegen an Bedeutung gewonnen, weil der Sozialdezernent ... inzwischen wohl derjenige ist, der im Verwaltungshaushalt nächst dem Personaldezernenten das meiste Geld ausgibt für Sozialhilfe und er hat sicher auch an Bedeutung gewonnen, weil diese Programme zur Minderung oder Milderung von Jugendarbeitslosigkeit ... deutlich gemacht haben, daß kommunale Sozialpolitik eben nicht nur Politik zur Bekämpfung vorhandener, strikt wirtschaftlicher Armut ist, sondern etwas zu tun hat auch mit Gleichgewicht von Lebenschancen in einer Stadt" (E 1).

Zugleich wird der Tatbestand, daß in den letzten zehn Jahren im gesamten Jugendpolitiksektor, trotz der prekären allgemeinen Finanzlage, kaum Haushaltskürzungen erfolgten, in nahezu allen Kommunen als Beleg für einen auch politischen Bedeutungsgewinn des kommunalen Sozial- bzw. Jugendsektors angeführt. Als bedeutsame intervenierende Variable zwischen den lokalen Handlungsmöglichkeiten einerseits und dem faktischen örtlichen Aktivitätsniveau andererseits (und damit auch als potentielles Relevanzelement des Sozialsektors) erscheint zusätzlich der personale Faktor. So konstatiert ein Freier Träger: "Ich glaube, daß die Macht in der Kommune nicht nur vom Geld abhängt, sondern auch von dem, was die einzelnen Politiker machen" (D7). Dieses Einflußmoment wird insbesondere an der Person des Sozialdezernenten festgemacht - und zwar sowohl in positiver wie in negativer Hinsicht. Gleichwohl zeigen die Befragungsdaten auch die offenbar ambivalante Qualität des Sozialsektors insgesamt. Z.T. hat er immer noch ein eher negatives Image: sozialer Problemdruck ist kein positiv besetztes Attribut. Im Gesamtbild einer kommunalen Selbstdarstellung, der Repräsentation politischer Leistungen, steht der Sozialsektor, im Verständnis einiger Interviewpartner nach wie vor im Schatten anderer Ressorts.

6.3.3. Einschätzungen "Jugendarbeitslosigkeit und lokaler Legitimationsdruck"

Fragen nach der Perzeption eines lokalen Legitimationsdrucks angesichts der Jugendarbeitslosigkeit als mögliches (notwendiges?) Bewegungsmoment örtlicher Sozialpolitik sind sowohl theoretisch wie sozialpolitisch-praktisch im Horizont der wohlfahrtsstaatlichen Dezentralisierungsdiskurse relevant (vgl. zur theoretischen Entfaltung II.4.). Wie interpretieren Elitemitglieder des örtlichen Sozialsektors die eigene Handlungssituation - und welche Handlungsstrategien folgen daraus? Perzipieren sie ihr Handeln in einer Loyalitätsperspektive gegenüber dem kommunalen Publikum, u.U. auch in dem Sinne, daß mögliche Loyalitätsbedrohungen durch Verweise auf zentralstaatliche Zuständigkeiten abzuwehren versucht werden?

Auf diesbezügliche Fragen und verbale Anreize resultierte jedoch nur wenig Interviewresonanz. Besonders Freie Träger argumentierten eher formal, indem sie etwa auf die Grundposition ihrer jeweiligen Organisation verwiesen, in der ein soziales Engagement festgeschrieben sei. Ein Selbstverständnis, nach dem "immer wenn sich gesellschaftliche Probleme stellen, ... die AWO sich da einklinken muß" (Freier Träger, F 3). Ein anderer Freier Träger (als katholischer Fachverband der Mädchensozialarbeit) sieht sich "sowieso in dieser Problematik involviert" und (mit Maßnahmen für Mädchen) gefordert. Dabei wird zugleich der spezifische Auftrag der Kirche hervorgehoben. Diesen gleichsam generalisierten Auftrag der Kirche betonte auch der Leiter eines Evangelischen Trägers in der Kommune E und erklärte, daß weitere, vor allem politische Perspektiven und Motive keine Rolle gespielt hätten. Andere Freie Träger betonten, daß ihr Verband einfach erkannt hätte, daß örtlich strukturierte (stadtteilorientierte) Hilfen notwendig seien. Hervorgehoben wird, daß das verbandsoriginäre Engagement von initiierender Bedeutung gewesen sei.

Zusammengefaßt sahen sich somit die Freien Träger angesichts der Jugendarbeitslosigkeit offenbar keinem besonderem Legitimationsdruck ausgesetzt. Dieses Resultat steht im Einklang mit den oben referierten Befunden, wonach Freie Träger sich oft erst dort engagierten, wo staatliche Finanzzuschüsse realisierbar waren, ja sich oft erst Arbeitsbereiche erschlossen, weil neue Finanzierungsmöglichkeiten existierten. In die gleiche Richtung deuten die Befunde, wonach in den untersuchten Kommunen keine resonanzstarken Selbsthilfe-Organisationen jugendlicher Arbeitsloser existieren, die für Freie Träger Legitimationsprobleme erzeugen bzw. verstärken könnten (vgl. dazu systematisch II.5.). Auch seitens der Öffentlichen Träger scheint das Legitimationsmoment insgesamt eher nur schwach wirksam gewesen zu sein. Obwohl ein Mitarbeiter des Jugendamtes in der Kommune E für seine Kommune "massiven" Legitimationsdruck identifizierte, ist insgesamt festzuhalten, daß die Befragten überwiegend einen Handlungsimpuls aus der allgemeinen Dringlichkeit sozialer Probleme und/oder aus ihrem jeweiligen politischen bzw. organisatorischen Selbstverständnis heraus begründeten. Ein lokaler Legitimatationdruck - im Sinne einer politisch-kritischen, fordernden Öffentlichkeit - hat sich im Problemfeld Jugendarbeitslosigkeit offenbar nicht herausgebildet. Dieser Befund entspricht in der Tendenz auch den Ergebnissen des Dritten Untersuchungsschrittes, also den problemorientierten Zeitungsauswertungen für die Kommunen Duisburg und Krefeld wie der Analyse einschlägiger Verbandspublikationen (vgl. III.4.).

6.3.4. Einschätzungen zum Problemfeld "Jugendarbeitslosigkeit und Jugendfreizeitheime"

Nach Ansicht der Mehrzahl der Befragten hat die traditionelle Konzeption der öffentlichen bzw. halböffentlichen Jugendfreizeiteinrichtungen ihre Grenzen angesichts struktureller Jugendarbeitslosigkeit sichtbar werden lassen. Diese seien für mögliche Aktivitäten in Richtung Jugendberufshilfe - vor allem für sozial Schwache - nicht vorbereitet bzw. ausgerüstet. In nahezu allen Jugendfreizeitheimen der untersuchten Kommunen wurden und werden tatsächlich keine spezifischen Aktivitäten für jugendliche Arbeitslose angeboten. Insoweit scheint für die kommunale Jugendpolitik der oben nachdrücklich betonte (vgl. I.3.) enge Zusammenhang von dauerhafter Jugendarbeitslosigkeit und (darum) auch notwendiger sozialpolitisch-sozialpädagogischer innovativer Hilfe, ebenfalls durch Einbezug dieser ja existenten jugendpolitischen Infrastruktur, nicht oder kaum realisiert worden zu sein. Aufgrund der Befragungsdaten läßt sich generalisierend feststellen, daß der (teil)offenen Jugendarbeit als möglicher jugendpolitischer Reaktionsinstanz im Problemfeld Jugendarbeitslosigkeit im gesamten Untersuchungszeitraum tendenziell die Attribute Inflexibilität, unbestimmte Aufgabenzuweisung bzw. nicht problemorientierte Methodik zuzuschreiben sind. Die (faktischen) Reaktionsmuster in diesem Bereich können danach nicht als ein tragfähiges Indiz für dezentral eröffnete Handlungsspielräume herangezogen werden.

Im einzelnen sieht die Situation in den untersuchten Kommunen folgendermaßen aus: In der Kommune F ist die Arbeit der öffentlichen Jugendheime nicht speziell an jugendliche Arbeitslose orientiert, diese sollen in die allgemeine Arbeit "integriert" werden. Die dortigen 25 öffentlichen Freizeitstätten sieht der Sozialdezernent gleichwohl als Auffangpositionen, von denen vier auch vormittags (eben wegen der Arbeitslosen) geöffnet seien, "... damit sie eben einen Treffpunkt haben" (Sozialdezernent, F 1). Dabei muß allerdings der Jugendfreizeitbereich, der "tatsächlich schon immer sehr viel getan hat", jedoch mit der normalen Ausstattung auskommen, denn eine gute Jugendfreizeitstättenarbeit "vertuscht ... im Prinzip nur das Problem" (Sozialdezernent, F 1). Die Kommune F war andererseits zum Untersuchungszeitpunkt die einzige der untersuchten Kommunen, die Streetworker einsetzte. Diese sollen u.a. auch jugendliche Arbeitslose in ihre Arbeit einbeziehen.

Ein von 1973 - 1975 dagegen in der Kommune E durchgeführtes Streetwork-Projekt für jugendliche Arbeitslose ist interessanterweise dort heute kaum noch bekannt, hat also keinen Nachhall gefunden. Streetwork wird dort offenbar auch nicht als Problemlösungsstrategie anerkannt. "Ich glaube nicht, daß das viel bringt" (Freier Träger, E 3). In der Kommune E bieten die dortigen 17 Jugendfreizeitstätten in öffentlicher Hand keine schwerpunktmäßigen Veranstaltungen für jugendliche Arbeitslose an. Auch sie verstehen sich nur als - gleichsam passiv ausgerichtete - Treffpunkte für Gesprächschancen in jedem Stadtbezirk. Diese Funktion der Jugendzentren wird allerdings betont. Daß Jugendheime eine erste Stufe und Anfangspunkt eines örtlichen Maßnahmenverbundsystems darstellen sollten, deutet auch der Leiter des Jugendamtes an, aber "... ob das überall nun so bis ins kleinste hinein praktiziert wird, das ist natürlich auch wieder eine Einstellung der einzelnen Heimleiter, des Heimpersonals. Aber ich glaube (!) schon, daß in den Programmen der Jugendzentren die Frage der Jugendarbeitslosigkeit eine wesentliche Rolle spielt" (E 5). Die Evangelische Kirche in E betonte ebenfalls, Jugendliche aus evangelischen Jugendheimen an Beratungsstellen heranzuführen, gleichsam als erste Stufe eines Verbundsystems. Jedoch stehen dafür keine hauptamtlichen Mitarbeiter zur Verfügung. Dieser - eher unbestimmte Eindruck - der Jugendfreizeitstättenarbeit im Problemkontext der Jugendarbeitslosigkeit wird durch Aussagen von Mitgliedern der Jugendamtsverwaltung bestätigt: "Nur das ist also, wenn ich die kommunale Konzeption richtig einschätze, kein Bestandteil der kommunalen Konzeption im Bereich offener Jugendarbeit in Jugendzentren. Das ist auch bißchen von den Teams abhängig, welchen Leidensdruck das umliegende Stadtquartier auf sie ausübt und welche Maßnahmen sie dann ergreifen ..." (E 8).

Für die Kommune D konstatiert ein Freier Träger, daß der Bereich der offenen Jugendarbeit insgesamt in den letzten 10 bis 15 Jahren sehr stark zugenommen habe, mit der Tendenz zu präventiven Maßnahmen. Zugleich wird aber betont, daß in der überwiegenden Zahl der Jugendhäuser arbeitslose Jugendliche kaum auftreten, mit den traditionellen Programmen auch kaum ansprechbar seien. Als mögliche Konsequenz werden z.B. dezentrale Beratungsstellen in den Jugendhäusern genannt. Die Antworten seitens der Öffentichen Träger (Verwaltung) signalisieren ebenfalls eine eher skeptische Einschätzung bezüglich der Erreichbarkeit jugendlicher Arbeitsloser durch die traditionelle offene Jugendarbeit. "Die Jugendfreizeitarbeit ist sicherlich in dieser Stadt dazu völlig ungeeignet. Das hat sich sehr deutlich herausgestellt, weil die angebotsorientiert und nicht zielgruppenorientiert ist. Die geht also nicht zielbewußt auf bestimmte Gruppen zu. Das wird im Augenblick diskutiert und muß verändert werden. Deswegen ist die Zielgruppe Jugendarbeitslose im Grunde in den Jugendfreizeitstätten nie besonders" (Jugendamtsleiter, D 2).

Die oben (vgl. II.6.) dargestellte aktuelle Fachdiskussion über das Konzept der offenen Jugendarbeit wird (erst) seit 1984 in dem Unterausschuß "Jugendpflege" in D berührt. Gefordert wurde dort nun u.a. eine Anbindung von Werkstattmaßnahmen an die Jugendeinrichtungen, um Möglichkeiten zur produktiven Tätigkeit zu eröffnen. Nach eigenen Aussagen haben die kirchlichen Freien Träger versucht, in ihren Einrichtungen und in verschieden Projekten ("Arbeiten und Lernen") diese Einbeziehung von Werkstattmaßnahmen in die allgemeine Jugendarbeit zu realisieren. Die Interviewpartner der Evangelischen Kirche bemerken dazu: "Wir (haben) 30 offene Einrichtungen und da sind die arbeitslosen Jugendlichen drin. Da bringen die ihr Problem selber mit ein, auch wenn die das nicht verbalisieren. Die sind da, und wenn sie sich als Hauptamtlicher oder als Ehrenamtlicher aus der Gemeinde mit denen auseinandersetzen, muß ich mich zwangsläufig mit den Problemen der Jugendarbeitslosigkeit auseinandersetzen. Und da ist das eigentlich gewachsen und hat dazu geführt, daß in diversen Jugendeinrichtungen auch Projekte laufen" (D 6). Dabei sei auch von entscheidender Bedeutung, daß die Stadt OT's weiterhin finanziell fördert, obwohl das Land seit 1984 keine neuen Einrichtungen mehr anerkennt und somit die entsprechende Finanzierung eingestellt hat. Hier deutet sich an, daß auch für die mögliche Arbeit mit arbeitslosen Jugendlichen in Jugendeinrichtungen der finanzielle Aspekt als zentral betont wird: "Dann ist natürlich auch die Frage: Wenn ich was machen will, wie kriege ich das finanziert?" (Freier Träger, D 5). Insgesamt muß allerdings davon ausgegangen werden, daß die Arbeit mit jugendlichen Arbeitslosen in den öffentlichen und Freien Jugendeinrichtungen in zeitlicher, sachlicher und personaler Hinsicht eine eher marginale Bedeutung hatte.

Auch in den insgesamt sieben städtischen Jugendzentren bzw. Jugendheimen der Kommune C werden keine explizit zielgruppenspezifischen Aktivitäten für jugendliche Arbeitslose realisiert: "Wir haben gesagt, diese Häuser sind ja für die Allgemeinheit errichtet. Sie sollen möglichst integrierend wirken, sie sollen möglichst Gruppen zusammenfassen ... (Ein spezifischer) Arbeitslosentag ist pädagogisch, sozialpädagogisch, ganz problematisch ... Wir haben nun gesagt, es ist für alle da, je mehr kommen, desto besser, je mehr gemischt das ist, um so besser ... Also, da ist eine ganze Menge - ohne daß man das konstruieren muß - de facto auf einen solchen Personenkreis ausgerichtet" (Sozialdezernent, C 1). Bei den Freien Trägern scheint die Tendenz insgesamt ähnlich zu sein, wenn auch versucht wurde, seitens kirchlicher Träger in ihren Freizeitstätten arbeitslose Jugendliche anzusprechen.

Der begrenzte Stellenwert offener Jugendarbeit im Kontext der Jugendarbeitslosigkeit muß in der Kommune B vor dem Hintergrund gesehen werden, "daß die Jugendpflege hier ... immer etwas kleiner geschrieben worden (ist)" (JA-Leiter, B 1). Momentan wird ein Jugendfreizeitstättenplan erarbeitet, viel später, als dies in den anderen Kommunen der Fall war/ist. Die dortigen Interviewpartner des politisch-administrativen Bereichs bewerten zum einen die bisherigen Erfahrungen mit speziellen Programmen für arbeitslose Jugendliche in Jugendfreizeiteinrichtungen negativ. So wurde z.B. die Werkstattarbeit in einem HOT wieder ausgelagert und in einer separaten Jugendwerkstatt weitergeführt. Insgesamt liegen der Verwaltung auch keine näheren Informationen seitens der Freizeitheime über Kontakte mit arbeitslosen Jugendlichen vor. Zum anderen wurde (ähnlich auch in anderen Kommunen) eine weitgehende Skepsis geäußert, "ob die traditionelle Jugendarbeit, so wie sie konzipiert ist, Jugend noch erreicht" (JWA-Vorsitzender, B 2). Darüberhinaus stand wiederum die Verfügbarkeit finanzieller Ressourcen im Vordergrund der Diskussion. Die Befragungsdaten lassen auch an dieser Stelle die Tendenz erkennen - und das gilt nicht nur in der Kommune B -, daß die Themenkarriere Jugendarbeitslosigkeit im Lichte offener Jugendarbeit in hohem Maße von entsprechenden Programm- und Geldressourcen der Landesebene abhängig ist. Den vereinzelten Interviewhinweisen, daß die Jugendfreizeitheime aufgrund ihrer Dezentralität und damit ihrer potentiellen Adressatennähe ein wichtiges Element im Aktivitätsspektrum gegenüber der Jugendarbeitslosigkeit sein könnten, kontrastiert also eine weitgehende Passivität in diesem Aktivitätsfeld.

In der Kommune A wird die Arbeit mit arbeitslosen Jugendlichen in HOT's (Freizeit- und Werkkurse) seit 1980 von der Stadt finanziell gefördert. Ob und inwieweit dieser finanzielle Ausweis jedoch Ausdruck einer besonderen Problemsensibilität ist und zu entsprechenden dezentralen Aktivitäten in den geförderten Jugendeinrichtungen geführt hat, muß wohl eher skeptisch beurteilt werden. Es finden sich Hinweise, daß dies eher eine politische bzw. verwaltungstechnische Haushaltsstelle ist. Demnach werden in den geförderten OT's zwar auch jugendliche Arbeitslose betreut, aber die Haushaltsstelle scheint keinen speziellen Effekt bzw. kein gesondertes Programm gegen Jugendarbeitslosigkeit zu beinhalten. Daher ist die Vermutung plausibel, daß die finanzielle Förderung seitens der öffentlichen Hand zwar unter diesem bestimmten Titel firmiert, jedoch wohl primär als ein genereller Zuschuß für die HOT's zu verstehen ist. Daß dort letztlich der inhaltliche Programm-Aspekt von untergeordneter Bedeutung gewesen zu sein scheint, zeigt sich auch in der Äußerung eines Freien Trägers, wonach die konzeptionelle Reorientierung der offenen Jugendarbeit im Problemfeld Jugendarbeitslosigkeit (noch 1987!) als eine zukünftige, erst aufzugreifende Aufgabe definiert wird. Zugleich wird darauf hingewiesen, daß sich ein Arbeitskreis der Träger der offenen Jugendarbeit mit der Entwicklung eines entsprechenden Konzeptes befaßt. Obwohl die HOT's insgesamt in den Handlungsrahmen des Verbundsystems in A integriert sind, scheint doch deren Aufgabenzuweisung im Problemfeld Jugendarbeitslosigkeit bisher eher unbestimmt geblieben zu sein. Dieser Interview-Befund entspricht damit den Einschätzungen in den anderen untersuchten Kommunen.

6.3.5. Einschätzungen "Lokale Organisationsstrukturen und Jugendarbeitslosigkeit"

6.3.5.1. Zum Status und zur Funktion von Jugendamt und Jugendwohlfahrtsausschuß

Die Befragungen der kommunalen Eliten zur Einschätzung des Kommunalen Jugendamtes und des Jugendwohlfahrtsausschusses sollten ebenfalls im wesentlichen der Überprüfung bisheriger Befunde und Thesen dienen, wie sie sich hauptsächlich in den (insoweit evtl. vorläufigen) Ergebnissen des Vierten Untersuchungsschrittes spiegeln (vgl. III.4.). Als Fazit ist dort formuliert worden, daß der nach dem JWG intentional politisch-konzeptionell wirksame JWA in den untersuchten Kommunen eher <u>nicht</u> die zentrale Instanz allgemeiner jugendpolitischer Willensbildung, nicht das Forum programmatischer Diskussion, Anregung und Koordination des jugendpolitischen Handlungsrahmens gegenüber dem Problem Jugendarbeitslosigkeit gewesen ist. Diese Funktion, so der obige zusammenfassende Befund, wurde ausschnittsweise von anderen Gremien, Arbeitskreisen und Akteuren auf kommunaler Ebene wahrgenommen. Danach hat etwa auch die Verwaltung des Jugendamtes "politische" Aufgaben realisiert.

Insgesamt läßt sich feststellen, daß die Interview-Aussagen zur Aktivitätsqualität der jeweiligen Jugendamtsverwaltungen interkommunal variieren, von deutlich positiven Einschätzungen bis zu betont negativen Urteilen. Dabei ist auch auffallend, daß teilweise erhebliche Diskrepanzen zwischen der Selbsteinschätzung und der Fremdwahrnehmung des Jugendamtes existieren. So formulierte in der Kommune F ein Mitarbeiter des Jugendamtes: "Das Jugendamt initiiert. Z.B. ich in meiner Stelle: ich habe also den größten Überblick über Programme, über Maßnahmen. Ich habe den Kontakt zur Wirtschaft, ich habe den Kontakt zum Arbeitsamt, ich stimme mich mit den Leuten ab" (F 5). Demgegenüber wurden von Freien Trägern für dieses Jugendamt gegenteilige Einschätzungen formuliert. Dem Jugendamt wird maximal die Funktion einer Anlaufstelle zuerkannt, denn das Jugendamt "... hier in .. (sei) recht mager besetzt und ... Jugendarbeitslosigkeit nicht so sehr im Bewußtsein, bis auf eine Zusammenschreibung aller Maßnahmen"(F 8). Oder deutlicher: "Die Jugendämter waren ja auch lange Jahre nicht für diesen Bereich Jugendarbeitslosigkeit ... zuständig. Ich glaube manchmal, daß es für die auch ein Umdenken erfordert und eine Überforderung vielleicht ist. Außer dem Namen Jugendarbeitslosigkeit, der da drin ist, gibt es ja eigentlich nicht viel. Und die tun sich unwahrscheinlich schwer in dem Apparat. Die haben ihre klassischen Felder" (Freier Träger, F 7).

Auch das Jugendamt in E war nach den Einschätzungen Freier Träger nicht der Ort zentraler Koordinierung und Problemorientierung. Zugleich wird der Stadt, in Gestalt des Jugendamtes und dem (praktisch angeschlossenen) Verein für Jugendberufshilfe, eine negativ akzentuierte, dominierende Vorgehensweise im Problemkontext vorgeworfen ("Moloch"). Eine positive, alle Gruppen einbeziehende Koordinations- und Initiativfunktionen wird dem Jugendamt von dieser Seite jedoch nicht zuerkannt. Es lassen sich in anderen Kommunen auch gegenteilige Bewertungen identifizieren. So hatten insbesondere die Jugendämter in den Kommunen A und D (hier allerdings erst ab 1984) sowohl die Funktion der zentralen, technisch-praktischen Koordination als auch (teilweise) die Aufgabe der politischen (Mit-)Initiierung von Programmen erfüllt. Aus den Befragungsdaten wird weiterhin deutlich, daß dabei dem personalen Faktor (Sozialdezernent, Jugendamtsleiter, Fachkräfte) für die Umsetzung von Handlungsmöglichkeiten in konkrete Aktivitäten bzw. für die Eröffnung von Handlungsspielräumen eine entscheidende Bedeutung zukam. Personale Kompetenz, d.h. Problemsensibilität, Fachwissen auf hohem Niveau sowie verwaltungsinterne (und politische) Durchsetzungsfähigkeit, stellen somit eine zentrale Variable innerhalb der Struktur (jugend)politischen Handelns auf kommunaler Ebene dar. So wird hier von allen Akteuren, also auch den Freien Trägern, durchweg die initiierende Funktion des Sozial- und Jugenddezernenten akzentuiert. In D stellen die Befragten seit der Neubesetzung des Sozialdezernats und der Jugendamtsleitung einen spürbaren positiven Wandel im Aktivitätsniveau der Verwaltung fest. Diese positive Charakterisierung wird jedoch nur in zwei zwei der untersuchten sechs Kommunen erkennbar.

Auch hinsichtlich der Rolle der Jugendwohlfahrtsausschüsse werden wesentlich die Ergebnisse der früheren Untersuchungsschritte bestätigt. Die Jugendwohlfahrtsausschüsse haben und hatten (mit Teilausnahmen) im Problemkontext Jugendarbeitslosigkeit keine zentrale Koordinations- und Initiierungsfunktion. Zwar waren auch hier Diskrepanzen zwischen der Selbsteinschätzung von Mitgliedern (Vorsitzenden) der Ausschüsse und der Fremdwahrnehmung dieser Gremien gegeben. Allgemein jedoch bestätigen auch die JWA-Vorsitzenden, daß "... mit diesem riesigen Jugendwohlfahrtsausschuß ... bestimmte Grundsatzdiskussionen gar nicht mehr so zu führen sind" (C 8). Zwar wird konstatiert, daß im Jugendwohlfahrtsausschuß wohl maßnahmenrelevante Förderungsleistungen/Zuschüsse beraten werden (auch in den nicht-öffentlichen Sitzungen), jedoch folgt diesen Hinweisen stets die Bewertung, daß oft Entscheidungen am JWA vorbei getroffen werden: "Wenn die Freien Träger das machen, da wissen wir teilweise gar nicht unbedingt etwas. Höchstens beim Ablauf der Maßnahmen, wenn da geschrien wird" (C 8). Aus der Einsicht in die Handlungsgrenzen des Jugendwohlfahrtsausschusses (Kommune E) wurden teilweise neue Gremien geschaffen.

Auch für die Kommune C wird eher eine marginale Rolle des Jugendwohlfahrtsausschusses, der dort eher um "Verfahrensfragen" als um "Grundsätzliches" zentriert sei, bestätigt. Der Sozialdezernent dort definiert sich selbst in der Position des Vorentscheiders. Diese Rolle des Dezernenten als Vorentscheider wurde von anderen Interviewpartnern bestätigt. Auch die Jugendwohlfahrtsausschußvorsitzende in der Kommune F weist der Ratsfraktion sowie dem Sozialdezernent die Entscheidungspriorität zu: "Die Fraktionen, die legen sich fest. Und nachdem die SPD-Fraktion hier eindeutig die Mehrheit hat, kann man das schon so ausdrücken, daß da vorentschieden wird" (F 2). Der Sozialdezernent der Kommune F versteht sich selbst als "politischer Beamter". Da Konflikte und Kontroversen vorher und vor allem mit den Dezernenten bereinigt und vorentschieden würden, bestehe danach kein Anlaß für Debatten im Jugendwohlfahrtsausschuß. Symptomatisch für die Einschätzung, daß in den JWA eher in diesem Sinne symbolische Politikstrategien dominieren, sind ferner die folgenden Interviewaussagen in der Kommune D: "Sie können in einem öffentlich tagenden Ausschuß keine Grundsatzdiskussion oder doch nur eine sehr oberflächliche führen" (Sozialdezernent, D 1). Oder: "Das sind Schaufensterreden. Das weiß man. Je nachdem, wer von der Presse da ist, dann werden die Schaufensterreden geradezu brillant" (Freier Träger, D 5).

Die Freien Träger verneinen eher generalisiert die Relevanz der Jugendwohlfahrtsausschüsse im Problemfeld Jugendarbeitslosigkeit. Man verweist auf die "wirklich wichtigen" vorentscheidenden Gremien. Die faktische Nichtaktivität der Freien Träger in den Jugendwohlfahrtsauschüssen ist oben (III.5.) herausgearbeitet worden. Daneben gibt es jedoch auch selbstkritische Äußerungen seitens der Freien Träger. Exemplarisch illustriert die Antwort eines Freien Trägers in der Kommune A diesen Aspekt: "Aber wenn es wirklich ein gesellschaftliches Problem ist, müßte die politische, die gesellschaftliche Ebene im JWA auch angesprochen werden und nicht nur: 'krieg' ich Geld, dann bin ich zufrieden, dann sag' ich nichts mehr'" (A 5).

Resümierend lassen sich die Befragungsdaten wie folgt interpretieren: Insgesamt ist der JWA (bzw. der UA: "JAL"), den befragten lokalen Experten zufolge, im wesentlichen ein Forum der Entgegennahme von Berichten der Verwaltung sowie der Beschlußfassung entsprechender Verwaltungsvorlagen gewesen. Dies entspricht den Befunden des Vierten Untersuchungsschrittes (III.5.). Die spezifische, auch vom JWG vorgesehene Funktion des JWA, als zwingend vorgeschriebener Ausschuß den grundsätzlichen jugendpolitischen Handlungsrahmen für öffentliche und Freie Trägern in programmatischer und organisatorischer Hinsicht zu erörtern und letztlich koordinierend abzustecken, war von insgesamt marginaler Bedeutung. Der JWA als zentrale Instanz der Fach-Diskussion, Anregung und politisch-praktischen Koordination im Problem Jugendarbeitslosigkeit ist - wenn auch mit gewissen kommunalen Unterschieden - weitgehend ausgefallen.

Das schon im Vierten Untersuchungsschritt konstatierte Nicht-Engagement der Freien Träger in diesen Ausschüssen läßt sich dabei vielleicht u.a. auch dadurch erklären - so die These eines Interviewpartners -, daß die Kommunen größtenteils als Geldgeber entfallen und sich die Freien Träger von daher direkt an die überlokalen Finanzierungs-Instanzen wenden - zu Lasten örtlicher Koordinationspolitiken. Die Dominanz der Steuerungsressource Geld, der Domänensicherung als Orientierungshorizont erscheint zentral. Der Jugendwohlfahrtsausschuß wird von den Befragten als die letzte (gesetzlich geforderte) formale Beschlußinstanz gesehen, in der "Vorentscheidungen" (als Verwaltungsvorlagen) schließlich formal-verbindliche Entscheidungsqualität erhalten. Jedoch wird zugleich konstatiert, daß die relevanten politischen Willensbildungsprozesse vielfach - wenn nicht sogar überwiegend - im politisch-verbandlichen Vorfeld des JWA stattfinden, etwa in Fraktionsarbeitskreisen, in Arbeitskreisen der Freien Träger oder in den Beigeordnetenkonferenzen.

6.3.5.2. Zur Problemlösungskapazität neugeschaffener Gremien (= Verfügung über die Ressource Organisation)

Im folgenden sind der Stellenwert und die Funktion der weiteren, neben dem JWA teilweise neugeschaffenen lokalen Gremien zur Bekämpfung der Jugendarbeitslosigkeit in den Einschätzungen der kommunalen Eliten zu referieren. Diese Befragungsdaten sind (somit) als Ergänzungen bzw. Korrekturen dessen zu lesen, was bereits in der Analyse des Vierten Untersuchungsschrittes herausgearbeitet wurde (vgl. III.4.). Hier werden insbesondere die folgenden Aspekte berührt: (1) das Problem örtlicher "Verbundsysteme", (2) die Rolle der Jugendberufshilfevereine, (3) Fragen nach der tatsächlichen Maßnahmen-Koordinierungsinstanz gegenüber der Jugendarbeitslosigkeit und schließlich (4) das Verhältnis der Träger zum jeweiligen Arbeitsamt. Auch hier ist noch einmal darauf hinzuweisen, daß diese subjektiven Experten-Äußerungen nicht notwendig die "objektive" Realität abbilden. Im Sinne des Unterschungsansatzes (vgl. I.3.) sollten vielmehr die "objektive" und "subjektive" Erhebungsdimensionen zusammen und aneinander kontrolliert ein möglichst wirklichkeitsnahes Bild liefern. Deutlich ist, daß offenbar die Anzahl der (neugeschaffenen) Gremien noch nichts über die tatsächliche Qualität der jeweiligen lokalen Aktivitäten im Problemkontext Jugendarbeitslosigkeit aussagt. Dies gilt ebenfalls für die evtl. Existenz einer formalen Koordinierungsinstanz oder eines Verbundsystems. Die neben dem JWA etablierten Gremien (Akteurssysteme) signalisierten jedoch insgesamt kommunal unterschiedliche Reaktions- und Handlungsmuster gegenüber der Jugendarbeitslosigkeit. Dieser Befund bekräftigt die empirische Tragfähigkeit der Annahme, daß in einem zumindest und zunächst organisatorischen Rahmen kommunale Handlungsspielräume vorhanden waren (sind). Die Übersicht 40 zeigt die einschlägigen Gremien(typen) in den untersuchten Kommunen.

Die Kommunen A, D und E zeigen annähernd einheitliche organisationelle Reaktionen, hier vor allem in der Etablierung eines übergreifenden Verbundsystems als

Ansatz einer innovativen Reorientierung der Steuerungsressource Organisation (vgl. II.6.).

Übersicht 40: Örtliche Gremien/Akteure zur Bekämpfung der JAL (neben dem JWA; Stand 1987)

Gremien / Akteure	Kommunen						
	A	B	C	D	E	F	Gesamt
Unterausschuß "JAL"		(bis 1984)	bis heute		(bis 1979)	(bis 1979)	4
Verbundsystem	I			I	I		3
Kommunaler Arbeitskreis "JAL" auf: (Koord.)							
- Trägerebene	I			I	I	bis 1979	4
- Fachkräfteebene	I			I	I	I	4
Verein f. Jugendberufshilfe (Trägerverein)	I			I	I		3
Arbeitskreise d. Jugendverbände/Wohlfahrtsverbände			I	I	I		3
Verwaltungsinterner Arbeitskreis		I					1
Lokale Arbeitsmarktkonferenzen/"Oberbürgermeisterrunde"		I				I	2
Ratsausschuß "JAL"					I		1
Arbeitskreis "Ausbildung" (Kreishandwerkerschaft)						I	1
Planungskommission "Ausbildung (Arbeitsamt)						I	1

Quelle: Eigene Berechnungen.

Mit (1) einem <u>Verbundsystem</u> wurden seitens der Befragten assoziiert: "Wissen, was läuft. Das zweite, was wichtig wäre, wäre auch eine zeitliche Vernetzung ..., daß wir bestimmte Maßnahmetypen so zeitlich koordinieren,daß das möglichst übergangslose Übergehen in die nächste Stufe möglich wird ... Das dritte, was einen Maßnahmenverbund ausmacht, also inhaltlicher Verbund, daß mit ähnlichen Prinzipien gearbeitet wird, mit ähnlichen Ansprüchen" (Freier Träger, E 6). Daß hierzu jedoch offenbar nur Ansätze existieren, bestätigt auch ein Experte des Jugendamtes: "Es ist teilweise unmöglich, Maßnahmen miteinander zu verbinden und das hat dann natürlich auch den Effekt auf das Verbundsystem, daß das Verbundsystem sich nur in ganz bestimmten Bereichen bewähren kann" (E 8). Freie Träger sehen die "Realität" des Verbundsystems in E noch nüchterner: "Also Verbund ist ein Zauberwort, das öffnet die Herzen und Portemonaies von Geldgebern. Von daher ist Verbund ein Anspruch" (Freier Träger, E 6). Und: "Es gibt eins, man muß aber wissen, es muß auch eins geben, sonst gibt es keine Gelder. Das ist die Crux" (Freier Träger, E 9). In den anderen Kommunen, wie z.B. in C und F, wurde offenbar nicht versucht, die Ressource Organisation in Form eines Verbundsystems zu aktivieren. In F existiert günstigenfalls ein informelles nur für die Freien Träger. "Ein übergreifendes Verbundsystem, ein funktionierendes Verbundsystem, das funktioniert eigentlich nur auf der Basis informeller Zusammenarbeit der einzelnen Verbände" (Freier Träger, F 3). Und: "Wenn das nicht von den Initiativen selber kommt, so ein Verbundsystem, ... das wird sowieso nichts werden" (Freier Träger, F 7). Andere Einschätzungen sind noch skeptischer. Insgesamt wird als Erklärung für die Nicht-Existenz eines Verbundsystems in der Kommune C angeführt: "Wenn das für zweckmäßig erachtet würde von allen Wohlfahrtsverbänden, wäre es schon erfolgt" (Freier Träger, C 2).

Die in A, D und E installierten (2) "Trägervereine für Jugendberufshilfe" deuten auf ein insgesamt relativ hohes Aktivitätsniveau dieser Kommunen im genuin jugendpolitischen Sektor hin. Aber auch hier werden unterschiedliche Qualitäts-Einschätzungen formuliert: Neben der eher positiven Einstellung eines Freien Trägers (Kommune E): "Ich heg dem Verein gegenüber sehr große Sympathien, weil er einfach als Wegbereiter fungiert (hat) ..." (E 6), sieht der Experte des dortigen Jugendamtes auch eine Konkurrenz-Stellung des Vereins gegenüber den Freien Trägern: "Das ist vielleicht eine ganz unterschiedliche Sichtweise. Weil Konkurrenz zwischen dem Verein Jugendberufshilfe, dem Ev. Verein für Jugendberufshilfe oder auch zwischen der ... irgendwo da ist. Und wir uns also sehr intensiv und mit Hilfe praktisch der ganzen Verwaltung um Ausbildung kümmern können und auch, ich sag mal so, einen direkteren Zugang zu städtischen Mitteln haben, als das der Herr (X) oder der Herr (Y) haben können"

(E 8). Auch der Vertreter der Opposition im dortigen JWA bekräftigt: "O.K., die Freien Träger sind oft unzufrieden, weil der Verein Jugendberufshilfe sich oft die Rosinen herauspickt, das stimmt". Aber: "Wenn also wir zur Auffassung kommen oder die Vereine zu uns sagen würden ...: ihr stört uns jetzt, dann lösen wir den Verein Jugendberufshilfe sofort auf" (E 4). Trotzdem lautet das Ziel wohl der Freien Träger: "... diese Hegemonie der Stadt zu brechen und Unabhängigkeit von der Stadt zu bewahren ... Ich finde die Zusammenarbeit von den Evangelen und von unserem Verein mittlerweile als gesunde Kontrolle über das Gebaren dieses Vereins, weil der Verein sich zu einem städtischen Unteramt entwickelt hat" (Freier Träger, E 3).

Der Sozialdezernent der Kommune F, die besonders stark in der vollzeitschulischen Berufsausbildung engagiert ist, erklärte skeptisch: "Die Leute kriegen eine Ausbildung, brauchen danach einen Arbeitsplatz. Wenn die Handwerkskammer Träger der Maßnahme ist, dann ist die Chance, daß die einen Arbeitsplatz bekommen innerhalb der Zweiten Schwelle, innerhalb der Handwerksbetriebe usw., jedenfalls größer als wenn es irgendso ein Verein für Berufsbildung macht, der jetzt abgehoben etwa von anderen Institutionen ist" (F 1). Von seiten der Freien Träger wurden eher negative Einschätzungen geäußert: "Wir können andererseits aber auch froh sein, daß es nicht noch mehr solche Einrichtungen gibt ... solche Vereine wie in ... . Dann würden ja bestimmten Initiativen im Grunde genommen ... das Wasser noch mehr abgegraben" (Freier Träger F 7).

Im Horizont des Pojektinteresses besonders interessant war auch die Frage, welche kommunale Instanz die Akteure als die (3) <u>zentrale örtliche Koordinationsstelle</u> gegenüber der Jugendarbeitslosigkeit einschätzten und zwar sowohl in (a) politisch-programmatischer als auch in (b) technisch-praktischer Hinsicht. Die Übersicht 41 gibt die entsprechenden Daten wieder. Zu beachten ist auch hier, daß Gesprächspartner zu bestimmten Aspekten entweder oft keine Antworten gaben oder Mehrfachnennungen formulierten.

Zunächst fällt auf, daß in einigen Kommunen, wie in B, D und E, das Antwortverhalten recht heterogen ist. Dagegen verorten die Akteure in A die Funktion der zentralen Koordinierung recht eindeutig und einheitlich bei beim Arbeitskreis "Jugendarbeitslosigkeit" und dem Jugendamt (Beratungsstelle). Für C und F - aber auch noch in B und E - haben eine große Anzahl von Interviewpartnern das Nicht-Vorhandensein einer Koordination festgestellt. Dabei handelt es sich interessanterweise fast ausschließlich um Äußerungen Freier Träger. Auf der Ebene (a) politischer Koordination und Willensbildung im Sektor Jugendarbeitslosigkeit wird in A der kommunale Arbeitskreis: "Jugendarbeitslosigkeit" als zentrales Forum eingeschätzt: "Da kommen die (zentralen Akteure jugendpolitischen Handelns, d.V.) dann thematisch eher zur Sache, als das im JWA möglich ist" (JA-Leiter, A 2). Als federführend in diesem seit 1977 bestehenden Diskussionsforum, dem alle maßgeblichen Träger der Jugendhilfe angehören, wird das Jugendamt gesehen. Während sich so in A nach den Befragungsdaten ein zentrales Gremium der politischen Willensbildung herauskristallisieren läßt, zeigen die Anworten aus den anderen Kommunen eher das Fehlen eines Zentrums. In D wird den Fraktionsarbeitskreisen zwar bis zu einem gewissem Grad eine Koordinierungsfunktion zugewiesen, jedoch scheinen sich darüber hinaus diese Abstimmungsprozesse in weiteren Gremien bzw. auf mehreren Ebenen zu vollziehen. Hier wird von einer "Dezentralität" der politischen Willensbildung gesprochen: "Die Ideen kommen von allen Ebenen", bestätigt ein Freier Träger (D 7). In B scheint sich die politische Willensbildung in der dortigen "Oberbürgermeisterrunde" (erst seit 1983) zu zentrieren. Jedoch ist dieses Gremium offenbar eher, wie es einige Antworten nahelegen, als ein symbolisches Politikforum zu charakterisieren (vgl.auch oben).

Für die Kommune F wird eine zentrale Koordination zwar als notwendig eingeschätzt, zugleich aber als nicht gegeben gesehen: "Man muß einfach zusammenfassend festhalten, daß hier in ... bei den Entscheidungsträgern der Freien Wohlfahrtsverbände und auch bei den entsprechenden Multiplikatoren bei der Stadt und des Arbeitsamtes es eine Mentalität gibt, sich auf mini-

Übersicht 41: Einschätzungen zur Gremienrelevanz gegenüber der JAL, nach Kommunen

Zentrale Koordination	Kommunen A	B	C	D	E	F	Gesamt
Politisch							
Fraktionsarbeitskreise		I		IIIII	II	II	10
Beigeordneten-Konferenz	I						1
Arbeitskreise d. Jugendverbände/Wohlfahrtsverbände			II	III	III		8
Kommunaler Arbeitskreis "Jugendarbaitslosigkeit"	IIIII			III	III(Ratsausschuß)		11
Jugendberufshilfeverein				I			1
Lokale Arbeitsmarktkonferenz		II				I	3
JWA			I	I	I	I	4
Keine		I	IIII		IIII	III	12
Technisch-praktisch							
Jugendamt	IIIII					I	6
Verwaltungsinterner Arbeitskreis (Koord.)		II			I		3
Amt f. Entwicklungsplanung				IIIII			6
Sozialdezernent			I			II	3
Keine		II	III			I	6

Quelle: Eigene Berechnungen.

sterielle oder ähnlich hoch angesetzte Vorgaben zu verlassen, die möglichst buchstabengetreu umzusetzen. Ansonsten auf informelle Kanäle zu vertrauen, die sich seit Jahren bewährt haben. Originäre eigenständige Initiativen zu entwickeln, bisherige Praxis auszuwerten und innovativ tätig zu werden, ist ziemlich unbekannt hier. Es ist risikobesetzt, dazu fehlt die Bereitschaft bei den Entscheidungsträgern und es fehlt auch die Bereitschaft, jüngere Nachwuchskräfte in dem Bereich zu fördern. Arbeitskreise haben insofern Alibicharakter. Man muß natürlich bestimmte Gremien haben, wenn man rein auf der quantitativen Ebene Millionen umsetzt. Es ist eine Pflichtaufgabe, ganz klar. Aber die tagtägliche Effektivität der Arbeitskreise tendiert gegen Null" (Freier Träger, F 4).

Dabei erscheint die Einschätzung des "politischen" Koordinierungsforums - die "Oberbürgermeisterrunde" - zwischen öffentlichen und Freien Trägern charakteristisch gespalten: Während Vertreter öffentlicher Instanzen die Bedeutung der Runde hervorheben: "Das ist also auf höchster Ebene, da sitzen die Präsidenten drin, und wenn wir die Zustimmung dieses Kreises haben, daß also die Präsidenten der Kammern sagen: wir ziehen in diesem Jahr mit und wir setzen moralischen Druck zumindestens aus auf die uns unterstellten Betriebe, dann ist viel gewonnen. .. Sie können sehen, daß das also nicht Blabla ist, sondern daß da tatsächlich auch (was) geschafft wird" (Jugendamtsexperte, F 5), urteilen Freie Träger skeptischer über: "... die Oberbürgermeisterrunde, wo verschiedene Statements abgegeben werden zur Lehrstellensituation" (F 3). Zumindest sieht derselbe Freie Träger aber einen eher informellen Wert dieser lokalen "Arbeitsmarktkonferenz": "Unterm Strich mag da wenig bei rauskommen, nur es werden in solchen Gesprächen gewisse Spielräume abgesteckt. Ich kenne unseren Geschäftsführer, der wird da also auch schon Gespräche führen, die sich natürlich nicht in irgendwelchen Protokollen wiederfinden, die aber dazu führen, daß wir in diesem oder jenem Bereich Aktivitäten entwickeln".

In der Kommune C erscheint offenbar die Abwesenheit einer zentralen Koordinierungsinstanz nicht problematisch: "Wenn man jetzt von einem ... Modell redet ... als geschlossenes Modell, als vorstellbares Modell in dem Sinne: da ist eine Instanz, dann fehlt natürlich der Koordinierungsdruck. ... Ich muß allerdings sagen, daß ich ihn ehrlich gesagt auch nicht vermisse. Weil eigentlich die Zusammenarbeit im großen und ganzen recht reibungslos klappt" (Oppositionsvertreter, C 7). Der Sozialdezernent dieser Kommune bestätigt: "Wir haben das hier diskutiert. ... Dann haben wir mal analysiert, was geschieht denn dann anders als das, was praktisch schon geschieht ... Wenn dann unterm Strich, ich sag mal genau dasselbe rauskommt ... und nichts anderes zu erwarten ist, dann sage ich ganz offen, gibt es natürlich keinen Anlaß ..., hier noch etwas zu schaffen, das ein tolles Dach darstellt, auch juristisch" (C 1).

Die Idee einer Oberbürgermeisterrunde ist in der Kommune E zwar schon einmal probiert, jedoch nicht fortgesetzt worden: "Also da gab es einmal so ein Riesen-Elefantentreffen, da werden dann also Schaufensterreden gehalten ... Arbeit für die Presse, ich weiß nicht!" (Jugendamtsmitarbeiter, E 8). Demgegenüber wird gesehen: "Das wichtigste ist die SPD-Fraktion, wenn man das als Gremium mitbetrachtet. Weil da letztendlich entschieden wird, wo die finanziellen Ressourcen hinfließen. Und es wird auch keine Entscheidung in Ratsgremien laufen, bevor die SPD-Fraktion dazu nicht ihr Plazet gegeben hat" (Jugendamtsmitarbeiter, E 8). Der örtliche Vertreter der Opposition im JWA bekräftigt zusätzlich: "Im Haupt- und Finanzausschuß ... da fallen die Entscheidungen, kurz vor der Ratssitzung" (E 4). Vielfach jedoch werden für die Kommune E von Vertretern Öffentlicher und Freier Träger hinsichtlich bestimmter Gremien konträre Ansichten geäußert. So betont der Jugendamtsleiter die Bedeutung des Rats-Ausschusses, deutet jedoch zugleich Skepsis an, wenn er die Arbeitsintensität als im Zeitablauf deutlich nachlassend charakterisiert. Der Vertreter eines Freien Trägers beurteilt die Koordinationsaktivitäten der kommunalen Seite dagegen sehr skeptisch. Entsprechend hätten die Freien Träger seit ca. einem Jahr ein Gremium der Geschäftsführer Freier Träger eingerichtet, das im Vorfeld einer möglichen/nötigen Koordination Felder, Aufgaben, Argumente usw. abstecke und offenbar Merkmale eines kommunalen Korporatismus aufweist (vgl. theoretisch II.5.): "Für mich ist mittlerweile wirklich die Arbeitsgruppe der Wohlfahrtsverbände eine Schlüsseleinrichtung, weil, was die sozialpädagogisch orientierte Arbeit angeht, die Masse der Programme eigentlich von den vier Verbänden getragen wird und wir angefangen haben, untereinander Karten auf den Tisch zu legen: wieviel Geld kriege ich für eine Maßnahme, wieviel kriegst du. Das heißt also, auch zu versuchen, daß wir nicht als Konkurrenten auftreten auf diesem Markt. Ist ja auch Markt in dem Sinne, daß wir versuchen, uns auch abzustimmen mit

Forderungen, was Programme angeht oder Umsetzung von Programmen oder Laufzeiten angeht. Daß wir zur Zeit versuchen, ganz massiv Einfluß zu nehmen auf dieses ganze Beratungsstellengeschäft, was es in E gibt ... Wir haben jetzt eine eigene Beratungsgruppe gegründet. Es hat viel Krach gegeben in E, weil wir alle einen guten Konsens verlassen haben" (Freier Träger, E 3).

Resümierend läßt sich damit festhalten, daß die Etablierung von zentralen und wirksamen jugendpolitischen Willensbildungs- und Koordinationsgremien kommunal eher eine Ausnahme darstellt. Darüberhinaus scheint in einigen der untersuchten Kommunen der spezifische Einfluß des Jugendhilfesektors innerhalb des gesamten kommunalpolitischen Handlungsfeldes gegenüber der Jugendarbeitslosigkeit von eher geringer Bedeutung gewesen zu sein. Dieser Marginalitätsbefund für die Jugendhilfe gilt neben einer inhaltlich-politischen auch für die Ebene der technisch-praktischen Koordination.

6.3.5.3. Zum Verhältnis: "Politik und Verwaltung"

Der größere Teil der Interviewpartner aus den Bereichen Politik und (Jugendamts-)Verwaltung bezeichnet das Verhältnis beider Handlungsfelder zueinander - bezogen auf den Problemkontext Jugendarbeitslosigkeit - als weitgehend konfliktfrei und kooperativ. Diese allgemeine Tendenz zeigt sich etwa in Äußerungen einer "relativen Einheitlichkeit mit Abweichungen in den Nuancen". Die Konfliktfreiheit scheint wesentlich in der personellen Überschneidung von Verwaltungsfunktionen und politischer Arbeit dort begründet zu sein, wo sich eine politische Mehrheitsfraktion über einen längeren Zeitraum etablieren konnte. Negative Einschätzungen beziehen sich dagegen eher auf das horizontale Verhältnis zwischen den Ämter-Verwaltungen selbst. Hier wird seitens des Sozialsektors vielfach eine sozialpädagogische/sozialpolitische Unkenntnis oder Unempfindlichkeit anderer Ressorts beklagt.

6.3.5.4. Zum Verhältnis: "Öffentliche und Freie Träger"

Die Einschätzungen der befragten Akteure zum wechselseitigen Verhältnis von öffentlichen und Freien Trägern der kommunalen Jugendhilfe faßt die Übersicht 42 zusammen (zur theoretischen Aufschließung vgl. II.5.). Die Bewertungen beziehen sich dort zwar primär auf den Aktivitätsrahmen im Problemfeld Jugendarbeitslosigkeit, sie erscheinen gleichwohl weitgehend auch für das allgemeine Beziehungsgeflecht charakteristisch.

Übersicht 42: Einschätzungen zum Verhältnis öffentlicher und Freier Träger, nach Kommunen

Einschätzungen	Kommunen A	B	C	D	E	F	Gesamt
Eher Kooperation (a)	IIIIII			II	II	III	13
Sowohl Kooperation als auch Konkurrenz (b)	I	II	II	II	II	I	10
Eher Konkurrenz/schlechtes Verhältnis (c)		II	IIII	I	III	II	12

Quelle: Eigene Berechnungen.

Die Übersicht zeigt, daß inter- wie intrakommunale Unterschiede der Bewertung des Verhältnisses öffentlicher und Freier Träger existieren. So haben lediglich in A sowie annähernd noch in C (mit umgekehrtem Vorzeichen) die verschiedenen Akteure ein einheitliches Votum abgegeben. Anzumerken ist, daß vor allem die <u>Freien Träger negative Urteile über ihr Verhältnis zu den Öffentlichen Trägern formulierten</u>. Insgesamt werden <u>Strategien der Domänensicherung</u> im Beziehungsgeflecht von öffentlichen und Freien Trägern (sowie im Verhältnis der Freien Verbände untereinander) als durchaus wichtige Konflikt-Größen perzipiert. Diese Beziehungsstrukturen können offenbar zugleich als eine wesentliche Ursache dafür angesehen werden, daß potentielle kommunale Handlungsspielräume nicht (hinreichend) genutzt wurden.

Für die Kommune A zeigt sich (wieder), daß die kommunalen Akteure tendenziell ihre Beziehungen zu anderen Trägern als überwiegend kooperativ charakterisierten. In A ging somit offensichtlich die Institutionalisierung zentraler Koordinierungsmechanismen im jugendpolitischen Handlungsfeld mit einem tendeziell positiven Verhältnis von Freien und öffentlichen Trägern einher. Für die Kommunen B, D, E und F zeigten sich dagegen Antwortmuster, die eher faktische und potentielle Konkurrenz- und Konfliktfelder zwischen öffentlichen und Freien Trägern signalisieren. So bekennt z.B. ein Befragter aus dem politisch-administrativen Bereich, "... daß wir es hier sehr schwer haben, uns aufzuschließen auch gegenüber den Bereichen, die uns politisch nicht so nahe stehen" (D 2). Umgekehrt läßt sich demzufolge vermuten, daß sich die Beziehung von öffentlichen Trägern und den der kommunalen Mehrheitspolitik nahestehenden Freien Verbänden eher kooperativ gestalten, wenn auch nicht notwendig völlig konfliktfrei (z.B. SPD - AWO, vgl.unten).

Auch die Beziehungen der Freien Träger untereinander erscheinen nicht umstandslos in einem Modell neokorporatistischen Handelns interpretierbar. "Die Freien Träger haben z.B. im Verhältnis zum Arbeitsamt schon untereinander eine Konkurrenz. Das ist der sensibelste Bereich" (Freier Träger, D 7). Die Konkurrenz-Strategie der Domänensicherung ist offenbar, soweit es die Interviewdaten zeigen, ein nicht unwesentlicher Faktor im Beziehungsgeflecht der Freien Träger. Priorität in der Politik der Freien Träger hat vielfach die finanzielle Absicherung der eigenen organisatorisch-institutionellen Strukturen und Aufgaben. Von daher ist es auch plausibel, daß sich die Kontakte der Freien Träger im kommunalen Feld wesentlich auf das (lokale) Arbeitsamt konzentrieren, da dieses als ein zentraler Geldgeber im Bereich der Bekämpfung von Jugendarbeitslosigkeit fungiert. (Dabei werden die Beziehungen zum jeweiligen Arbeitsamt von den befragten Freien Trägern jedoch nur zum Teil, vgl.oben, als problemlos charakterisiert.) Noch einmal erklärt dieser Befund teilweise auch das Nicht-Engagement der Freien Träger im Jugendwohlfahrtsausschuß, da das Jugendamt bzw. die öffentliche Jugendhilfe nur sehr begrenzt in der Lage (gewesen) ist, die Freien Verbände finanziell zu fördern.

Neben diesen beiden Antwortmustern kristallisiert sich noch eine dritte Kategorie heraus, in der das Element der Konkurrenz in hohem Maße betont wird und letztlich ein eigentlich schlechtes Verhältnis der Träger zueinander hervorscheint. Über die Politik der Freien Träger urteilte z.B. schon ein Befragter in D: "Die haben Mehrheiten, können Koalitionen bilden, die es unmöglich machen, bestimmte Entscheidungen herbeizuführen. Da geht es oft um Domänensicherung" (JA-Leiter, D 2).

Die Situation in C erscheint als Ausdruck eines massiv gestörten Verhältnisses der Träger im Problemkontext: "Wir haben das (X-Programm) dann irgendwann mal auf den Tisch gekriegt, aber ... ich habe das nicht gelesen. Das hat mich nicht interessiert, weil die Beziehungen zwischen Kirche und Kommune nicht die besten waren ... Also die Kontakte zwischen den Freien Trägern und der Stadt sind nicht vom besten. ... Erstmal war nichts mit der Stadt, dann war Krieg mit der Stadt ... Die Situation hat sich etwas verbessert .. Da hängt noch viel Persönliches mit zusammen ... Aber es gibt keine thematische Auseinandersetzung, keine inhaltlichen Berührungspunkte. Ich wüßte nicht, was ich mit der Stadt sollte, bei der Problematik Jugendarbeitslosigkeit. ... Für uns war Stadt und ist nichts mehr als eine Kuh, die man melken kann" (Freier Träger, C 3). Realiter nimmt offenbar in C die Arbeitsgemeinschaft der Wohlfahrtsverbände wesentliche Steuerungsfunktionen allerdings nur für diese Gruppe war. Es finden Abstimmungen der Vorsitzenden und Geschäftsführer über Gebiets-Aufteilungen und Programm-Inhalte statt. Gemeinsam tritt man den städtischen Gremien gegenüber.

Interessant im Rahmen des Gesamtprojektes war auch die Frage nach einer möglichen Arbeitsteilung zwischen Freien und öffentlichen Trägern, wonach etwa die öffentlichen Träger ihre Aktivitäten im Problemkontext Jugendarbeitslosigkeit primär auf den Produktionssektor und die Freien Träger ihr Handlungsfeld vorwiegend auf den reproduktiven Bereich zentrieren würden. Während dies in C, E und F eigentlich von allen Seiten zurückgewiesen wurde, bestätigen die Interviewpartner in A weitgehend die bereits im Fünften Untersuchungsschritt konstatierte Tendenz einer Arbeitsteilung in diesem Sinne. Die Interviewpartner in der Kommune B sehen dort ebenfalls eine tendenzielle Arbeitsteilung. Diese resultiert jedoch wesentlich aus dem seit 1984 existierenden Angebot an vollzeitschulischer Berufsausbildung. Auch für die Kommune D war im Fünften Untersuchungsschritt (mit Einschränkungen) eine gewisse Arbeitsteilung konstatiert worden. Zu diesem Aspekt liegen Interviewdaten vor, die diese Tendenz jedoch sowohl bestätigen als auch in Frage stellen. Erkennbar wurden dabei auch deutliche Informationsdefizite zwischen den Trägern. Insgesamt verweisen die Interviewdaten jedoch eher auf die Nicht-Existenz einer durchgängigen, gar bewußten Arbeitsteilung; Öffentliche und Freie Träger sind sowohl im reproduktiven als auch im produktiven Sektor tätig, mit einem gewissen Übergewicht der öffentlichen Träger.

6.3.5.5. "Ehrenamtlichkeit und Freie Träger"

Von den Freien Trägern wird einerseits die allgemeine Bedeutung der Ehrenamtlichkeit (zur theoretischen Aufschließung vgl. II.5.) für das Angebot sozialer Dienstleistungen und für die Aufrechterhaltung der organisatorischen Strukturen hervorgehoben. Hinsichtlich der Jugendarbeitslosigkeit wird die ehrenamtliche (Mit-)Arbeit dagegen sehr sekptisch gesehen. Ehrenamtlichkeit könne nicht als adäquater Ersatz für professionelle Arbeit dienen, auch wenn die Verfügbarkeit finanzieller Ressourcen für die Freien Träger (teilweise) prekär geworden sei. Insgesamt korrespondieren somit diese Interview-Daten mit den (Teil-) Befunden des Fünften Untersuchungsschrittes (vgl. III.5.), wonach die Freien Träger im Rahmen ihrer Aktivitäten gegenüber der Jugendarbeitslosigkeit nur sehr gering ehrenamtliches Personal beschäftigten.

6.3.5.6. Zu den Konfliktlinien "Jugendhilfesektor und Jugendarbeitslosigkeit"

Konfliktlinien sowohl für die Freien Träger als auch für die öffentliche Jugendhilfe sahen die befragten Experten hauptsächlich gegenüber dem (lokalen) ökonomischen System. Auch wenn sich kommunenspezifische Unterschiede im Konfliktniveau identifizieren lassen, wurde doch der generelle Befund eines tendenziell spannungsreichen Verhältnisses zwischen ökonomischem System und kommunalem Jugendhilfesektor betont. Insbesondere sind dann und dort (z.T. massive) Konfliktzonen entstanden, so der überwiegende Teil der Interviewpartner, wo öffentliche und/oder Freie Träger der Jugendhilfe ihren Aktivitätsrahmen auf den produktiven Sektor, d.h. auf die Bereiche der außerbetrieblichen Ausbildung und unkonventionellen Beschäftigungsformen ausdehnen wollten bzw. ausgeweitet haben. Exemplarisch verdeutlicht dies die Einschätzung des Sozialdezernenten in der Kommune D:

"Seitdem wir außerbetriebliche Ausbildung machen, (haben wir) erhebliche Schwierigkeiten mit der Industrie und vor allem mit dem Handwerk. ... Das Handwerk behauptet einfach, die Jugendarbeitslosigkeit ist nicht da, weil das Kreishandwerk in verschiedenen Bereichen Lehrstellen nicht besetzen kann; obwohl das Arbeitsamt deutlich andere Zahlen nennt. ... Ich halte persönlich das duale System auch sehr hoch. Aber wenn das duale System einfach bestimmte Personengruppen ausschließt, dann muß für diese Personengruppe ein Ersatz gefunden werden. ... Das stehen wir gegenüber dem Handwerk durch" (D 1).

Ein zentraler Prüfstein für die Durchsetzungsfähigkeit der kommunalen Jugendhilfe angesichts dieser Konfliktlinien bildete offenbar die Gründung entsprechender Jugendberufshilfevereine. Wie auch schon in E war offenbar ebenso in F die Existenz eines politisch hoch angesiedelten Gremiums ("Oberbürgermeisterrunde") Voraussetzung für den letztlich erfolgreichen Diskussionsprozeß: "Hier in ... war es möglich gewesen, weil der Oberbürgermeister, weil die IHK optisch für alle an einem Tisch sitzen" (Sozialdezernent, F 1). In den anderen Kommunen ist die Realisierung dieses innovativen Konzeptes der (berufsbezogenen) Jugendhilfe wohl nicht zuletzt an einer mangelnden Konfliktfähigkeit insbesondere der öffentlichen Jugendhilfe bzw. angesichts einer weitgehend politisch gewollten Rücksichtnahme auf Interessen des jeweiligen ökonomischen Systems gescheitert.

6.3.6. Einschätzungen "Selbsthilfe/Unkonventionelle Beschäftigungsinitiativen"

Selbsthilfepotentiale bzw. selbsthilfeorientierte unkonventionelle Beschäftigungsinitiativen waren in den untersuchten Kommunen kein politisches Thema. Die Interview-Ergebnisse bestätigten somit die entsprechenden Befunde des Vierten Untersuchungsschrittes (vgl. III.5.). Selbsthilfeinitiativen gehörten nicht zum bewußten Informations- und Strategiebestand der etablierten jugendpolitischen Akteure im Problemkontext. Es wird z.B. die Überzeugung geäußert: "Also wir haben keine Selbsthilfegeschichten hier in ..(C). Wir haben eigentlich einen ziemlich konkreten Überblick. Es hat sich hier nie jemand gemeldet, ist noch nie öffentlich einer in Erscheinung getreten in der Presse oder so. Das gibt es nicht" (Jugendamtsmitarbeiter, C 4). Oder aber auch: "Ich bilde mir nicht ein, daß ich über die Selbsthilfe-Szene in .. (E) genügend orientiert bin. Da tut sich in .. , glaube ich, auch ganz, ganz wenig. ...Ich halte dafür, daß solche Selbsthilfegruppen und -initiativen Beschäftigungsangebote ohnehin nur für ganz marginale Gruppen machen können. Auch da, wo es eine große Szene gibt, auch in Berlin und Hamburg und Frankfurt, erreichen die doch nicht die Masse jugendlicher Arbeitsloser ... Denn sie leben von Selbstausbeutung ... Davon verspreche ich mir also überhaupt keine Lösung des Beschäftigungsproblems" (Sozialdezernent, E 1).

Diesen Aspekt der Selbstausbeutung führten auch andere Befragte an, um ihre negativen Einschätzungen zum Selbsthilfekonzept zu umreißen. Insbesondere hinsichtlich des <u>Produktionssektors</u> (Ausbildung und Beschäftigung) werden Selbsthilfeprojekte negativ bewertet, quantitativ als gering eingeschätzt. Die generelle Skepsis gegenüber den selbsthilfeorientierten Initiativen verbindet sich vielfach mit der Auffassung, daß hier keine Aufgabe der Jugendhilfe gegeben sei. Der Sozialdezernent in C betont dagegen, daß bestimmte Selbsthilfe-Modelle und deren Klientel längst erreicht seien: "Das ist sicher eine Sache, die gut ist und die auch förderungsfähig ist. Nur manches dieser wird ja wieder schon in den halbetablierten Bereichen der Verbände gemacht, denn die holen sich ja nur noch solche Leute ... Da ist im Grunde in einer gewissen etablierten Form ein Teil dieses Potentials abgeschöpft ..." (C 1).

Oft vermittelte sich in den Interviews die soziale wie politische Distanz und (unterstellte) <u>Konfliktqualität</u> zwischen den etablierten Akteuren im Sozialsektor und Selbsthilfepotentialen. Die Rationalitäten erscheinen diskrepant: "Das sind auch verschiedene Welten, diese ganze Selbstverwaltungs - Initiativ - Welt und so Gremien wie städtische Ratsausschüsse. Da bestehen ja gegenseitig Berührungsängste ... Das Problem ist eben ..., daß viele von den Freien ... (die) ganz bestimmte politische Inhalte auch haben, die nicht mit denen der Stadt übereinstimmen. Jetzt wollen die Geld haben, und sagen aber, ansonsten laßt uns in Ruhe; wir hauen auch noch kräftig drauf. Da sagt die Stadt natürlich nein, aber von uns kein Geld. Also wenn schon, dann zumindest ein bißchen ruhiger und da gibt es eigentlich immer diese Konflikte. Die würden schon Geld nehmen, da glaube ich, haben die nicht so viel Probleme mit. Nur keine Bedingungen geknüpft ...! Man muß das Kunststück schaffen, sich auf dieser Ebene anzupassen und inhaltlich zu sagen, wir machen nur das, was wir machen wollen ..."(Freier Träger, F 6).

<u>Zusammenfassend</u> läßt sich somit festhalten, daß seitens des etablierten Sozial- und Jugendhilfesektors eine weitgehende Skepsis gegenüber den potentiellen Akteursspektrum "Selbsthilfe" vorherrscht. Gleichwohl sahen einige Interviewpartner (etwa in A) auch positive Momente in einer (möglichen) Ausweitung von

selbsthilfeorientierten Aktivitäten (gerade auch angesichts der "Zweiten Schwelle" des Arbeitsmarktes). Die hierbei betonte Bereitschaft zur Entwicklung neuer Kooperationsformen korrespondiert der Einsicht, daß die Selbsthilfe als u.U. notwendige Ergänzung zum etablierten sozial- und jugendpolitischen System fungieren sollte. So lassen sich in A und D Tendenzen erkennen, innerhalb eines "kommunalen Beschäftigungsprogrammes" mit dem Instrument einer gemeinnützigen "Beschäftigungs-GmbH" neue, unkonventionelle Formen der Arbeit zu etablieren. Dabei scheint der Schwerpunkt vor allem auf der organisatorischen Ebene zu liegen, d.h. auf der Erprobung neuer Kooperations- und Koordinationsformen zwischen allen relevanten kommunalen Akteuren. Der Jugend- und Sozialdezernent in A spricht in diesem Kontext von einer (künftigen) "Bündelung kommunaler Eigenmittel ..., aufgestockt durch andere Fördermittel, in Verbund mit Unternehmensdurchführung, aber auch mit Beschäftigungsinitiativen wie die X-Werkstatt" (A 1). Die Funktion einer zentralen Steuerung wird in dieser Konzeption der kommunalen, öffentlichen Auftragsvergabe zugewiesen. Dies sind jedoch Überlegungen, die eher auf die Ausgestaltung einer möglichen zukünftigen arbeitsweltbezogenen (beschäftigungsorientierten) Sozial- und Jugendpolitik, denn auf die Existenz bereits wirksamer Handlungsstrategien verweisen.

6.3.7. Einschätzungen "Sozialpolitischer Änderungsbedarf"

Die folgenden Gesichtspunkte nehmen, orientiert an der inhaltlichen Systematik des Interviewleitfaden (vgl. oben), wieder Fragedimensionen auf, die primär auf eher allgemeine sozial- bzw. jugendpolitische Wahrnehmungen der kommunalen Akteure abzielen. Hier steht also nicht mehr, wie überwiegend in den vorhergehenden Ausführungen, die Überprüfung kommunenspezifischer Befunde der früheren Untersuchungsschritte im Vordergrund.

Auf die Frage nach einem evtl. lokal perzipierten Änderungsbedarf hinsichtlich der vertikalen und/oder der horizontalen Politikverflechtung angesichts der Jugendarbeitslosigkeit ergaben sich folgende Einschätzungen (Übersicht 43):

Übersicht 43 : Einschätzungen sozialpolitischen Änderungsbedarfs, nach Trägern:

Änderungsbedarf eher auf:	Akteurssystem			
	Öffentliche Träger		Freie Träger	Gesamt
	Politik	Verwaltung		
vertikaler Ebene	IIIII	IIIII	IIII	14
horizontaler Ebene	I	II		3
beiden Ebenen		II	IIIIII	8

Quelle: Eigene Berechnungen.

Die Übersicht zeigt, daß die meisten Befragten, die sich zu diesem Fragekomplex äußerten, den Änderungsbedarf primär im vertikalen Beziehungsgeflecht reklamierten. Die Antwort des Jugendamtsleiters der Kommune A repräsentiert diese Einstellung exemplarisch: "Auf kommunaler Ebene kann sich nur was verändern, wenn die Kommunen auch dafür ausgestattet werden. Solange die Einnahmen aufgrund von Gesetzgebungsvorgaben weniger werden und die Probleme größer, kann sich auf kommunaler Ebene positiv nichts mehr ändern. Da ist kein Spielraum für da. Ich sehe also insbesondere für grundlegende Änderungen den Bund gefordert" (A 2). Andere Interviewspartner gingen aber davon aus, daß "... von der Sache her ... der Blick zunächst nach hier gerichtet werden (muß) vor Ort" (Jugendamtsleiter, E 5). Auch sie betonen jedoch, daß dieser Blick sofort wieder "getrübt" wird durch die Finanzierungsprobleme, die wiederum nur von außen zu lösen seien. Daß letztlich alles miteinander "vernetzt" sei und Gesamtänderungen im Sinne "dialektischer" Vorgehensweisen (Bund/Land - Kommunen) vonstatten gehen müßten, betonen insbesondere Freie Träger:

"Für mich sind alle Bereiche so ineinander verwachsen und verwoben, daß ich also sagen muß: Es muß jeder sein Drittel dazu tun ... Wenn man ... die drei Bereiche anspricht - also Bund, Land, Kommune - dann meine ich, muß auf allen Ebenen mehr getan werden" (Freier Träger, F 8).

6.3.7.1. Veränderungsbedarf auf lokaler Ebene

Schon oben zeigten die Interviewaussagen der Öffentlichen und Freien Träger eine verbreitete Skepsis hinsichtlich lokaler Handlungsspielräume gegenüber der Jugendarbeitslosigkeit, gleichwohl existieren in den Kommunen teilweise unterschiedliche Handlungsstrategien. Da diese im Prinzip unter identischen Bedingungen der vertikalen Politikverflechtung realisiert wurden, müssen sie notwendigerweise an horizontale Gegebenheiten anknüpfen. Die Diskussion von Varianzen entlang genutzter Handlungsspielräume interessiert auch im Rahmen der Interviews. Die Übersicht 44 faßt die Interviewdaten zusammen:

Übersicht 44: Einschätzungen des sozialpolitischen Änderungsbedarfs, nach Steuerungsressource und Akteuren

Veränderungsbedarf bezogen auf Steuerungsressourcen	Akteurssystem			
	Öffentliche Träger		Freie Träger	Gesamt
	Politik	Verwaltung		
Geld	III	I	IIII	8
Recht	III		IIII	7
Programm	IIIIIIII IIII	IIIIIII	IIIIIIIIIII	30
Organisation	IIIIIIII IIII	IIIIIIIII	IIIIIIIIIIIII	34

Quelle: Eigene Berechnungen.

Wie die Übersicht verdeutlicht, sind geforderte Änderungen auf lokaler Ebene primär Änderungen, die die Steuerungsressourcen Organisation und Programm betreffen. Damit werden also für die horizontale Politikebene andere Steuerungsmedien hervorgehoben als im vertikalen Politikkontext (vgl. oben). Eine geringere Nennungshäufigkeit verzeichnet damit jetzt die Steuerungsressource Geld, weil diese in der Regel als nur auf überlokaler Ebene realisierbar angesehen wird, (teilweise jedoch auch als Umlagefinanzierungen (z.B. für Betriebe, die nicht ausbilden). Die Freien Träger fordern jedoch insgesamt eine Aufstockung der kommunaler Zuschüsse.

Dem Steuerungsmedium Recht betreffende Änderungswünsche können oft solche subsumiert werden, die zugleich die örtliche wie auch die vertikale Politikebene betreffen. Hier wurden primär Forderungen formuliert, die eine andere kommunale Wirtschaftspolitik (überlokale Wirtschaftsförderung) betreffen. Eine forcierte Politik der Abkehr von der Montan-Monostruktur wird gefordert und geht bei einigen Befragten einher mit der Kritik an einer Konzeptionslosigkeit der Kommunen, die sich damit auch auf das Problem Jugendarbeitslosigkeit bezieht: "Das ist (hier) symptomatisch. Wir haben (hier) kein Konzept zur Bekämpfung oder zur Linderung von Jugendarbeitslosigkeit. Wir haben (hier) ein reichhaltiges Angebot mittlerweile geschaffen an Ausbildungsstellen, aber ... man kommt nicht zu einem Konzept, wenn man es allen recht machen will ... Also was ich vermisse, ist so ein klarer Standpunkt in einer sozialdemokratischen Stadt" (Freier Träger, E 6). Eine - auch und vor allem gegenüber der Jugendarbeitslosigkeit - künftig tragfähige Konzeption wird wesentlich nur im Sinne einer wirtschaftspolitischen Neu-Orientierung gesehen. Die rechtlichen Voraussetzungen dafür müßten auch auf kommunaler Ebene geschaffen werden.

Die für die Steuerungsressource Programm geforderten Änderungen auf der lokalen Ebene machen einen sehr hohen Anteil aller Änderungswünsche aus. Dabei wurde ein breites Handlungsspektrum genannt. Es wurde vor allem gefordert: eine kritische Auswertung bisheriger Aktivitäten (Erfolgskontrolle); mehr Stadtteilarbeit (Dezentralisierung); eine stärkere Hinwendung zum "Problem Zweite Schwelle" (kommunales Beschäftigungsprogramm); mehr Öffentlichkeitsarbeit (Herstellung von Problembewußtsein); mehr Zielgruppenspezifität der jugendpolitischen Arbeit, z.B. ausländische, weibliche Jugendliche; mehr politische, auch streitige Diskussionen; Ausbau eines qualitativen Verbundsystems; Integration der Arbeit mit jugendlichen Arbeitslosen in die offene Jugendarbeit (OT's). Darüber hinaus wird für die lokale Ebene aber häufig ein (immer noch!) fehlendes Problembewußtsein identifiziert, wie es etwa im folgenden Zitat sichtbar wird:

"Für 80 % der Mandatsträger ist Jugendarbeitslosigkeit überhaupt kein Thema, da kommen wir nur ganz schwer ran ... Selbst die Grünen mischen da nicht mit ... Wenn mir das nicht gelingt, hier die Mandatsträger zu motivieren, sich um einzelne Felder selber zu kümmern und auch hier ... in die Betriebe hinein zu wirken, daß jugendliche Arbeitslose auch noch mit Einstellungen berücksichtigt werden, wird es immer eine Sache bleiben von einigen wenigen" (Oppositionsvertreter im JWA, E 4).

Bei Betrachtung des Zusammenhangs von Akteurssystemen und den geäußerten Änderungswünschen auf lokaler Ebene fällt auf, daß sich Vertreter des Politikbereichs eher programmatischer Äußerungen bedienen, während Freie Träger vermehrt organisatorische Vorschläge und Wünsche offenbaren. Diese letzte Tendenz scheint bei den Verwaltungsexperten ebenfalls vorzuherrschen. Insgesamt ist festzuhalten, daß dabei die geforderten Änderungen interkommunal keine wesentlichen Differenzen aufweisen (vgl. Übersicht 45):

Übersicht 45: Einschätzungen notwendigen Änderungsbedarfs nach Steuerungsressourcen und Kommunen

Notwendige Änderungen bezogen auf die Steuerungsressource	Kommunen					
	A	B	C	D	E	F
Geld	III	I	I	I		II
Recht					IIIII	I
Programm	IIIII	III	III	IIIIIIII	IIIIIIII	III
Organisation	IIII	IIIIIIII	IIIIIII	IIII	IIIIII	IIII

Quelle: Eigene Berechnungen.

VIERTER TEIL

IV. UNTERSUCHUNGSERGEBNIS: DIE WOHLFAHRTSSTAATLICHE DEZENTRALISIERUNGSDEBATTE IM LICHTE DER EMPIRISCHEN DATEN

Einleitend (vgl. I.) ist ausgeführt worden, daß der Entdeckungszusammenhang des Forschungsprojekts sowohl die Wahl des Analysegegenstandes wie die schließliche Ausformulierung des Untersuchungsansatzes steuerte: Es ist die seit einigen Jahren intensiv geführte sozialwissenschaftliche Dezentralisierungsdebatte, die mit besonderem Nachdruck gerade im sozialpolitiktheoretischen, wohlfahrtsstaatlichen Argumentationszusammenhang geführt, hier gleichsam spezifiziert wird. Tatsächliche - oder als solche behauptete - Krisenmerkmale tradierter wohlfahrtsstaatlicher Systeme bilden den argumentativen Bezugspunkt dieser vielstimmigen Dezentralisierungspostulate. Dabei variieren die Argumente sowohl hinsichtlich der Krisenindikatoren wie der mit den Dezentralisierungsforderungen verknüpften Entlastungserwartungen. Es sind (primär) quantitativ (ökonomisch-fiskalisch) orientierte Krisenszenarien und primär qualitativ orientierte zu unterscheiden. Die ersten haben dominant Expansions-, die zweiten vorrangig Rationalitätsgrenzen der tradierten wohlfahrtsstaatlichen Systeme im Blick. Beiden Argumenten gemeinsam ist die Entdeckung bzw. der Verweis auf - unterstellte - dezentrale Leistungspotentiale, die in den jeweiligen Bewertungen nun höhere positive Attribute gegenüber dem wohlfahrtsstaatlichen Ist-Zustand gewinnen. In das Fadenkreuz der Kritik geraten so insbesondere die dominant zentralistisch verfaßte, bürokratisch strukturierte, durch professionelle Akteure, vorrangig mit den Steuerungsmedien Recht und Geld regulierte Sozialstaatlichkeit. Die behaupteten quantitativen wie qualitativen Leistungsgrenzen des Wohlfahrtsstaates werden damit also nicht etwa in Randbereichen, sondern an seinen Strukturmerkmalen festgemacht.

Allerdings variieren die Kritikpositionen, teilweise abhängig von den jeweiligen Argumentationsschwerpunkten, hinsichtlich der mit den positiven Annahmen verknüpften dezentralen Akteurstypen. Als Adressaten der jeweiligen Dezentralisierungsdiskurse sind das kommunale politische-administrative System und/oder die lokal verankerten Freien Träger der Wohlfahrtspflege und/oder örtliche Selbsthilfepotentiale zu unterscheiden. Mit diesen dezentral verankerten Akteurstypen sind also insgesamt die vielstimmigen Erwartungen verknüpft, wonach sozialpolitische Leistungen bzw. deren funktionale Äquivalente auf der niedrigen Handlungsebene kostengünstiger, klientennäher (bedürfnisgerechter), flexibler, innovativer und herrschaftsfreier realisiert werden können.

Nun ist deutlich, daß diese mehrdimensionalen Vorteilserwartungen durch wohlfahrtsstaatliche Dezentralisierungspolitiken wesentlich Erwartungen sind. In den Dezentralisierungsdiskursen dominieren zum einen Vermutungen, Hoffnungen, Hypothesen. Zwar existieren zum anderen inzwischen auch einzelne empirische Untersuchungen, charakteristisch ist aber für diese vielfach, daß sie an Handlungsfeldern und/oder in Städten gewonnen wurden, deren Verallgemeinerbarkeit durchaus kritisch zu sehen ist (z.B. die forcierte Politik einer "Neuen Subsidarität" im Stadtstaat Berlin oder der prominente Rang eines "Zweiten Arbeitsmarktes" im Stadtstaat Hamburg). Kurz: Die empirische Tragfähigkeit zum Teil stark meinungsgebundener Dezentralisierungserwartungen bzw. die Generalisierbarkeit einzelner Tatsachenbefunde erscheint als theoretisches wie sozialpolitisch-praktisches Problem. Hier setzt das gegebene Forschungsprojekt an.

Untersuchungsinteressant erschien, in einem breiter angelegtem empirischen Test die in den Dezentralisierungsdebatten unterstellten oder erhofften Vorteilserwartungen zu prüfen. Dieser Absicht mußten sowohl der Untersuchungsgegenstand wie das schließliche Projektdesign möglichst gerecht werden. Wie unter I.3. detailliert dargelegt, ging die Entscheidung dahin, in insgesamt sechs (Ruhrgebiets-) Kommunen die dezentralen Reaktionen angesichts beziehungsweise gegenüber dem Problem der Jugendarbeitslosigkeit zu untersuchen. Am Beispiel dieses Untersuchungsgegenstandes erschien es möglich, zentrale Stichworte der Dezentralisierungsdiskurse empirisch zu kontrollieren. Dazu gehörte insbesondere auch die sozialwissenschaftliche These, wonach ein dezentral anfallender und/oder zentralstaatlich nicht mehr (hinreichend) steuerbarer Problemdruck zu einem politischen Relevanzgewinn der örtlichen Ebene führt. Theoretisch wie politisch besonders interessant erschien das Demonstrationsfeld der Jugendarbeitslosigkeit - ein ja übereinstimmend gesellschaftlich als besonders gravierend eingeschätztes Problemsyndrom -, weil es sowohl auf Regulierungsprobleme im Produktionssektor wie auf den Reproduktionssektor verweist. Mögliche dezentrale Handlungsstrategien können sich tatsächlich auf beide Handlungsfelder erstrecken. Soweit sich örtliche Handlungsstrategien auf den Produktionssektor beziehen, wäre offenbar die traditionelle Funktionsscheidung zwischen der zentralstaatlichen Ebene einerseits - im Sinne der bisher dort verankerten (indirekten) Steuerungskompetenz des Produktionssektors - und des jugendhilfepolitisch dezentral darauf bezogenen (sekundären) Reproduktionsbereichs andererseits aufgebrochen (vgl. systematisch II.5.).

Die nunmehr vieljährige Dauer einer strukturellen Jugendarbeitslosigkeit ist allerdings ein Beleg dafür, daß Politiken im Produktionssektor zur Lösung des Problems nicht ausreichten. Die enge Verknüpfung zwischen Arbeitsmarkt- und Sozialpolitik wird hier sichtbar: Was geschah damit und daher auf örtlicher Ebene im Reproduktionsbereich? Lassen sich auf lokaler Ebene für den Produktions- wie den Reproduktionssektor positive Hinweise für die Stichworte der Dezentralisierungsdiskurse finden? Sind, angesichts eines neuen, gravierenden gesellschaftlichen Problemsyndroms, dezentral Lernfähigkeit, Innovationsfähigkeit, (schnellere) Reaktionsfähigkeit identifizierbar? Von welchen Akteuren und welchen Strategien sind sie im positiven Fall getragen? Mit welchen Effekten geschah dies? Welche sozialpolitischen Steuerungsressourcen wurden dabei präferiert? War es die Steuerungsressource Geld (die ja wohlfahrtsstaatlich vielfach in ihren Leistungsgrenzen problematisiert wird) oder waren es die Ressourcen Programm und/oder Personal und/oder Organisation? Anders formuliert: Wurden, wie es in den Dezentralisierungsdiskursen implizit oder explizit unterstellt wird (werden muß), in der wohlfahrtsstaatlichen Krise, die die Jugendarbeitslosigkeit markiert, Handlungsspielräume (vgl. II.1.-5.) (in welchen Handlungsdimensionen) auf örtlicher Ebene eröffnet?

Um möglichst viele dieser vorrangigen Stichworte der wohlfahrtsstaatlichen Dezentralisierungsdebatte empirisch kontrollieren zu können, erschien es wesentlich, ein Projektdesign zu entwerfen, das nicht etwa nur eine Zeitpunktanalyse, sondern eine Zeitraumanalyse eröffnete. Damit ist eine vielfache Schwäche einzelner vorliegender Dezentralisierungsforschungen berührt. Unterstellte Effekte einer höheren dezentralen Lernfähigkeit, Problemsensibilität, Flexibilität und Reaktionsschnelligkeit erschließen sich angemessen weithin erst einer Sequenzbetrachtung (dazu II.2.). Die Entscheidung für das Projekt ging dahin, die empirische Analyse mit dem Auftreten der Jugendarbeitslosigkeit zur Mitte der siebziger Jahre und für einen insgesamt Zehnjahreszeitraum durchzuführen. In diesem Zehnjahreszeitraum waren dann sowohl eventuelle Verschiebungen zwischen den vertikalen Politikebenen (= vertikale Transformationsprozesse) wie auf der horizontalen lokalen Handlungsebene (= horizontale Reorganisationsprozesse) kontrollierbar.

Insgesamt legen die hier zusammengetragenen Ergebnisse eher Skepsis und Zurückhaltung hinsichtlich eines wohlfahrtsstaatlichen Relevanzgewinns der lokalen Ebene nahe. Zwar wurden, wie ausgeführt, in allen untersuchten Kommunen vielfach Programme angesichts der Jugendarbeitslosigkeit realisiert. Ganz überwiegend waren diese aber zentralstaatlich und/oder föderal (hier Land NRW) initiiert und finanziert. Die lokale Ebene war insoweit Umsetzungsebene, sie agierte als Implementations- bzw. Vermittlungsinstanz. Mit und in dieser Funktionsteilung kam es tatsächlich zu einer intensivierten vertikalen Politikverflechtung. Aber diese relative Gewichtsverlagerung zugunsten der lokalen Ebene geschah doch dort weithin zugleich passiv: Innovations- und Anregungsfunktionen, die in Dezentralisierungsdiskursen gerade auf örtlicher Ebene vielfach vermutet werden, gingen <u>nicht</u> oder kaum von der örtlichen Ebene aus. Von einer "Kommunalisierung der Sozialpolitik" zu sprechen, wie es etwa Fuchs et al. (1987) am Beispiel des Münchener Arbeitsmarktes tun, erscheint in diesem Licht überzeichnet (auch diese Autoren sehen die Funktionsgewinne der örtlichen Ebene primär in der Implementationsrolle).

Nachdrücklich ist zu betonen, daß diese zurückhaltende Bewertung hier nicht bzw. nicht vorrangig auf den Tatbestand der überwiegenden oder gar ausschließlichen Fremdfinanzierung der lokal umgesetzten Jugendarbeitslosigkeits-Programme bezogen wird. Die faktische Knappheit der kommunalen finanziellen Ressourcen ist kaum den örtlichen Akteuren anzulasten. Zu fragen ist jedoch, ob und wie weit <u>trotz</u> bzw. angesichts der fiskalischen Limitationen die örtliche Ebene Attribute reklamierte bzw. tatsächlich gewann, die ihr in den wohlfahrtsstaatlichen Dezentralisierungsdiskursen zugeschrieben oder zugewiesen werden. Diese Dimensionen einzufangen, diente der mehrstufige und multimethodische Forschungsansatz. Wenn dezentralen Akteuren eine im Vergleich zu zentralstaatlichen Instanzen höhere Reaktionsfähigkeit, größere Beweglichkeit, mehr Phantasie und Publikumsnähe zugesprochen werden, so sind, wie gezeigt, hier die empirischen Befunde eher negativ. Auf lokaler Ebene reagierten die Akteure überwiegend doch mit teilweise beachtlicher Verzögerung angesichts des Auftretens der Jugendarbeitslosigkeit zur Mitte der 70er Jahre. Jugendarbeitslosigkeit wurde lange Zeit nicht als (auch) örtliche Herausforderung angenommen. Und als dies schließlich, verzögert, geschah, reklamierte und realisierte der (jugendpolitische) lokale Sozialsektor keineswegs durchgängig eine Steuerungsfunktion oder auch nur eine prominente Rolle in diesem Handlungsfeld.

Dieser Befund ist sowohl wohlfahrtsstaatstheoretisch wie sozialpolitisch-praktisch bedeutsam. In verschiedenen Zusammenhängen ist oben auf die im Kontext der Jugendarbeitslosigkeit enge Verknüpfung von Arbeitsmarkt-/Berufsausbildungs- und Sozialpolitik hingewiesen worden. Jugendarbeitslosigkeit ist unstreitig zuerst ein Problem der Ungleichgewichte auf dem Arbeits- bzw. Berufsausbildungsmarkt. Die Dauerhaftigkeit des Problemsyndroms Jugendarbeitslosigkeit zeigt aber zugleich, daß es eben nicht gelang, zentralstaatlich und lokal, mit den traditionellen beschäftigungspolitischen Handlungsstrategien die Jugendarbeitslosigkeit zu beseitigen oder hinreichend wirksam einzudämmen. Hier mußte bzw. müßte auch eine sozialpolitisch-sozialpädagogische Ersatzprogrammatik jugendhilferischen Handelns ansetzen. Hier wären am ehesten Potentiale für "sozialpolitische Phantasie", auch unter fiskalischen Knappheitsbedingungen, zu vermuten. Notwendig wäre und ist also eine enge Kooperation von lokaler Arbeitsmarkt-, Ausbildungs- und innovativer Jugendhilfepolitik. Diese Doppelaufgabe, diese zweifache Verknüpfung, ist nach den empirischen Befunden über lange Zeit auf lokaler Ebene nicht angemessen realisiert worden.

Diese Doppelperspektive war explizit so lange und so weit ausgeblendet, wie die Jugendarbeitslosigkeit als temporäres Arbeitsmarkt-/Ausbildungsplatzproblem definiert und mit traditionellen beschäftigungspolitischen (konjunkturpolitischen) Instrumenten lösbar erschien. Mit dieser Sichtweise war scheinbar legitimiert, die Rolle auch des lokalen Sozialsektors eher marginal zu definieren. Erst mit fortschreitender Dauer der Jugendarbeitslosigkeit, erst etwa zu Beginn der achtziger Jahre, gewann die Einsicht der strukturellen Grenzen traditioneller Handlungsmaximen im Beschäftigungssektor auch auf lokaler Ebene Raum. Die empirischen Belege verweisen allerdings auch für diese spätere Phase darauf, daß mit der allmählichen Vertrauensauflösung in die traditionellen Handlungsmaximen keineswegs durchgängig etwa die Aufwertung einer Doppelstrategie von Arbeitsmarkt-/Ausbildungsmarktpolitik und jugendpolitischem Handeln im charakterisierten Sinne einherging, in der notwendig auch der lokale

Sozialsektor seine verbreitete Marginalitätsrolle hätte aufgeben müssen.

Es konnte gezeigt werden, daß parallel zu der eben skizzierten Einsicht in die Grenzen traditioneller beschäftigungspolitischer Handlungsmaximen auf lokaler Ebene zwar tatsächlich neue Gremien "Jugendarbeitslosigkeit" entstanden. Typischerweise waren diese Gremien hinsichtlich des Akteursspektrums politisch höher angesiedelt (etwa als "Oberbürgermeisterrunde)" und/oder breiter beschickt. Letzteres insbesondere durch den Einbezug des Arbeitsamtes und der Arbeitsmarktparteien, der Industrie- und Handelskammern wie der Handwerkskammern. Parallel dazu wurden allerdings, soweit hier eindeutige organisatorische Entscheidungen überhaupt getroffen wurden, Koordinierungsfunktionen vielfach nicht etwa dem örtlichen Fachressort "Jugendpolitik", also dem lokalen Sozialsektor überantwortet, sondern zum Beispiel dem Amt für Wirtschaftsförderung zugewiesen.

Der politisch-administrative Sozialsektor gewann angesichts des Problemsyndroms Jugendarbeitslosigkeit also keineswegs durchgängig ein höheres Gewicht, faktisch nicht - und auch offenbar weithin nicht beansprucht. Mit der "Strategie der Einmischung" (Mielenz 1981) ist eine solche aktive Rolle des lokalen Jugendhilfesektors (als Programm) umrissen worden. In ihr wird der lokale Sozialsektor als das programmatisch anregende, drängende und koordinierende Zentrum der örtlichen Politik angesichts und gegenüber der Jugendarbeitslosigkeit begriffen. Die Strategie der Einmischung enthält also als Konzept explizit die hier vielfach betonte notwendige Doppelstrategie von Beschäftigungs- und Sozialpolitik. In diesem Konzept wird gleichsam der örtliche sozial(jugend)politische Sektor als problemsensibles, kompetenzreiches und durchsetzungsfähiges Fachressort reklamiert. In ihr sollen zum einen die zentralen Informationen über den sozioökonomischen Problemdruck Jugendarbeitslosigkeit, seine (auch) kleinräumige Verteilung und sozialstrukturelle Ausprägung, zusammenlaufen. Dort sollen die sozialpädagogischen Fachdiskussionen angesichts des neuen Problemsyndroms Jugendarbeitslosigkeit rezipiert und ressortübergreifend mit sozialpädagogischer wie beschäftigungspolitischer Phantasie umgesetzt werden. Dies unter Ausschöpfung der überlokalen Förderungsangebote und bei Einbezug aller örtlichen Träger zur Bekämpfung der Arbeitslosigkeit (=Arbeitsmarktpolitik) bzw. ihrer Folgen (=Sozialpolitik).

Wird die Strategie der Einmischung als ein idealtypisches Orientierungsmodell gewertet, ist die Realität in den untersuchten Kommunen doch eher weit von diesem Bild entfernt. Wiederholt wurde oben, in den verschiedenen Untersuchungsschritten, deutlich, daß der jugendpolitische Sektor (etwa in der Figur des Jugendamtes) keineswegs durchgängig das Informationszentrum sowohl hinsichtlich des Problemdrucks wie der traditionellen örtlichen Handlungsstrategien bildete. Als besonders gravierend wurde dabei auch deutlich, daß es verbreitet nicht gelang, öffentliche und Freie Träger zu koordiniertem Handeln, dem ein entsprechender Informationsfluß vorangehen müßte, zu bringen. Es wurde gezeigt, daß die ja bereits existente jugendpolitische Infrastruktur, die öffentlichen bzw. halboffenen Jugendfreizeiteinrichtungen auf lokaler Ebene, in den jugendpolitischen Debatten und Hilfsstrategien zur Jugendarbeitslosigkeit (beinahe) vollständig ausgeblendet blieben: Wieweit gerade in und mit diesen - kleinräumig angesiedelten - Einrichtungen, im Sinne der charakterisierten Doppelstrategie, auch sozialpolitische Hilfsangebote zu realisieren wären, wurde nicht auszuloten versucht. Erst zum Ende des Untersuchungszeitraums waren vereinzelte, aber offenbar noch folgenlose Stimmen in dieser Richtung erkennbar. Die weitgehende Passivität der Freien Träger in den Jugendwohlfahrtsausschüssen, eines Akteurstyps also, der wesentliche Teile auch dieser kostenintensiven jugendpolitischen Infrastruktur kontrolliert, wurde oben nachdrücklich hervorgehoben (zur systematischen Diskussion vgl. auch II.5.; III.6.).

Ebenso erst zum Ende des Untersuchungszeitraumes - und daß heißt: etwa zehn Jahre nach dem massenhaften Auftreten der Jugendarbeitslosigkeit - wurden vereinzelt lokale <u>Ansprüche</u> erhoben, den lokalen Akteuren, etwa durch Änderung in den Förderungsrichtlinien, stärker lokalspezifische Handlungsfreiräume zu eröffnen. Auch wurden jetzt vereinzelt Hinweise formuliert, wonach die Leistungsfähigkeit der traditionellen Jugendhilfe, gerade auch angesichts der Jugendarbeitslosigkeit, kritisch überprüft werden müßte.

Gleichwohl zeigen die empirischen Daten doch auch gewisse Unterschiede sowohl hinsichtlich der Reaktionsgeschwindigkeiten, der Anpassungsflexibilität, kurz des quantitativen wie des qualitativen Engagements lokaler Akteure angesichts und gegenüber der Jugendarbeitslosigkeit. (Allerdings sind hier selbsthilfeorientierte Potentiale fast völlig nicht in Erscheinung getreten.) Insofern wurden tatsächlich gewisse <u>lokale Handlungsspielräume</u> eröffnet. Lokale Handlungsspielräume also auch angesichts und gegenüber einem gesamtgesellschaftlichen Problem. Deutlich wurde in diesen Befunden dabei die Relevanz lokaler Spezifika, insbesondere auch des <u>personalen Faktors</u> ("gestaltungsorientierte Eliten" im Sinne von Fürst 1975: 37). So konnten tatsächlich für einzelne Kommunen überdurchschnittliches Engagement und Kreativität, etwa auch im Sinne früher, autonomer Ansätze zur Etablierung von "Verbundsystemen" der Jugendhilfe (vgl. zur theoretischen Diskussion II.6.) beobachtet werden. Damit einher ging bzw. Voraussetzung dafür war eine selbstbewußte, drängende und durchsetzungsfähige Rollendefinition des politisch-administrativen Systems im Sozialsektor. Diese personale Einflußkomponente ist analytisch allerdings von den <u>strukturellen</u> Verschiebungen zu unterscheiden, wie sie in den einschlägigen Dezentralisierungsdiskursen behauptet werden, die von einer <u>notwendigen</u> Aufwertung lokaler Handlungssysteme ausgehen. Ein "objektiver" lokaler Bedeutungsgewinn ist im Sinne der Programm-Implementationsfunktion oben betont worden. Dieser wurde jedoch zugleich als ein nur relativer, als wesentlich passiver, charakterisiert: Sowohl hinsichtlich der Initiierungsfunktion der Programmstrukturen wie der Finanzierungsmodalitäten blieb die lokale Ebene weithin an die Vorgaben der zentralstaatlichen bzw. Landesebene gebunden; quantitativ blieben die Effekte gering (ähnlich jetzt difu 1987; Langenickel/May/Zaschke).

Wie gezeigt, sehen auch die befragten örtlichen Eliten den Sozialsektor bzw. allgemein die lokale Ebene eher nur spezifisch durch die Jugendarbeitslosigkeit, durch dieses neue gravierende soziales Problem aufgewertet. Und auch objektiv erscheint das lokale politisch-administrative System legitimatorisch durch die Jugendarbeitslosigkeit kaum herausgefordert (vgl. zur theoretischen Diskussion II.4., zu empirischen Befunden III.3. und III.6.) - beides anders als es sozialwissenschaftlich vielfach unterstellt wird. Wenn und soweit gewisse Relevanzerhöhungen des dezentralen Sozialsektors zu konstatieren sind, erscheinen diese oft eher doppelbödig, ambivalent. Angesichts der Dauer-Massenarbeitslosigkeit wachsen die örtlichen Soziallasten - bei fortdauerndem, unter Umständen sich verschärfendem Problembestand: Der Sozialsektor wird insoweit wichtiger, weil er teurer wird. Kostenexpansionen und sozialer Problemdruck sind aber negativ besetzte Attribute. Der (zentralistische) "Welfare State in Crisis" (OECD 1981) führt in diesem Sinne nicht zu einem positiv besetzten dezentralen Relevanzgewinn, sondern für den örtlichen Sozialsektor eher zu verschärften Imageproblemen.

Literaturverzeichnis

Achinger, H., 1958: Sozialpolitik als Gesellschaftspolitik. Von der Arbeiterfrage zum Wohlfahrtsstaat. Stuttgart: Eigenverlag d. Deutschen Vereins für öffentliche u. private Fürsorge.

Achinger, H., 1959: Soziologie und Sozialreform. in: Soziologie und moderne Gesellschaft. Verhandlungen des 14. deutschen Soziologentages. Stuttgart: Enke.

Albrecht, Chr., 1980: Materialien zur Wirtschaftsstruktur, Beschäftigungsstruktur und Struktur der Arbeitslosigkeit in acht Arbeitsamtsbezirken des Ruhrgebiets und Aachen. Disc.Paper. Berlin: WZB.

Alemann, H. von, 1984: Der Forschungsprozeß. Stuttgart: Teubner.

Alemann, U. von/Heinze, R. (Hrsg.), 1979: Verbände und Staat. Vom Pluralismus zum Korporatismus. Opladen: WDV.

Allgemeine Bevölkerungsumfrage der Sozialwissenschaft (ALLBUS), 1984: Köln/Mannheim.

Andersen, U., 1984: Die Stellung der Gemeinden in Nordrhein-Westfalen. S.9 - 31. in: Andersen, U., (Hrsg), Kommunalpolitik und Kommunalwahlen in Nordrhein - Westfalen. Düsseldorf: Landeszentrale für politische Bildung.

Andersen, U., (Hrsg.), 1984: Kommunalpolitik und Kommunalwahlen in Nordrhein-Westfalen. Düsseldorf: Landeszentrale für politische Bildung.

Arbeiterwohlfahrt (Hrsg.), 1985: Zur Jugendberufsnot, zur Jugendarbeitslosigkeit und zu entsprechenden Programmen des Bundes. Bonn.

Arbeitsgemeinschaft Heimstatthilfe NW (Hrsg.), 1975: Jugendberufshilfe gegen Jugendarbeitslosigkeit. Heft 1. Köln.

Arbeitsgemeinschaft Heimstatthilfe NW (Hrsg.), 1976: Jugendberufshilfe gegen Jugendarbeitslosigkeit. Heft 2. Köln.

Arbeitsgemeinschaft Heimstatthilfe NW (Hrsg.), 1980: Jugendberufshilfe gegen Jugendarbeitslosigkeit. Heft 3. Köln.

Arendt, H., 1960: Vita Activa oder vom tätigen Leben. München: Piper.

Arzberger, K., 1980: Bürger und Eliten in der Kommunalpolitik. Stuttgart: Kohlhammer.

Baetcke, W., 1978: Widersprüche staatlicher Jugendpolitik. Weinheim und Basel: Beltz.

Bachrach, P./Baratz, M.S., 1977: Macht und Armut. Frankfurt/M.: Suhrkamp.

Badura, B./Gross, P., 1976: Sozialpolitische Perspektiven. Eine Einführung in Grundlagen und Probleme sozialer Dienstleistungen. München: Piper.

Banner, G., 1972: Politische Willensbildung und Führung in Großstädten mit Oberstadtdirektor-Verfassung. in: Grauhan, R.R., (Hrsg.), Großstadt-Politik. Texte zur Analyse und Kritik lokaler Demokratie. S. 162 - 180. Gütersloh: Bertelsmann.

Bauer, R., 1985: Die Politik der "freien Träger": Aufgabenfelder, Handlungsorientierungen und Leistungspotentiale. in: Krüger, J./Pankoke, E., (Hrsg.), Kommunale Sozialpolitik. S. 175 - 195. Wien und München: Oldenbourg.

Bauer, R./Storz, W., 1980: Arbeiterwohlfahrt und Reformpolitik: Vermutung, Anspruch oder Wirklichkeit ?, in: Zimmermann, K., (Hrsg.), Arbeiterwohlfahrt '80. Zwischen Vereinsmeierei und Sozialarbeit. S. 80 - 94. Frankfurt am Main: Verlag Jugend und Politik.

Becher, B., 1981: Kommunale Sozialpolitik und Jugendarbeitslosigkeit. in: Müller et al., (Hrsg.), Sozialarbeit als kommunale Sozialpolitik. Neue Praxis Sonderheft 6. S. 186 - 198. Neuwied: Luchterhand.

Becher, B./Ehm, H./Nokielski, H./Pankoke, E., 1978: Jugendarbeitslosigkeit als Problem der kommunalen Jugendhilfe, in: Deutsches Institut für Urbanistik (Hrsg.), Planung der Jugendhilfe. DIFU Arbeitshilfe 5. Köln.

Beywl,W.,1985: Jugendarbeitslosigkeit. in: Aus Politik und Zeitgeschichte B. 38. S. 16 - 26.

Blanke,B.u.a.,(Hrsg.),1986: Die zweite Stadt. Neue Formen lokaler Arbeits- und Sozialpolitik. Leviathan Sonderheft 7. Opladen: WDV.

Böcker,W./Olk,Th./Otto,H.- U.,1976: Jugendarbeitslosigkeit: Reaktionen und Perspektiven der Sozialarbeit - Aspekte der Lebens- und Arbeitssituation Jugendlicher in der gegenwärtigen Krise. in: Neue Praxis 6. S. 124 - 153.

Borsche,S./Wagner,K.,1986: Ausbildung und Beschäftigung als Aufgabe der Jugendhilfe - Anmerkungen zum Regelungsbedarf im JWG. in: Theorie und Praxis der Sozialen Arbeit 37. Heft 12. S. 408 - 416.

Braun,F.,1979: Wie jugendliche Arbeitslose für unqualifizierte Arbeit ausgebildet werden. in: Lenhardt,G.,(Hrsg.), Der hilflose Sozialstaat. Jugendarbeitslosigkeit und Politik. S. 284 - 313. Frankfurt/M.: Suhrkamp.

Braun,F.,1986: Maßnahmen in der Jugendhilfe für Jugendliche ohne Ausbildungsplatz. in: Recht der Jugend und des Bildungswesens. o.O. S. 24 - 36.

Breitling,R.,1955: Die Verbände in der Bundesrepublik. Meisenheim: Hain.

Brunkhorst,H./Sünker,H.,1985: Strategische Alternativen kommunaler Sozialarbeitspolitik. in: Neue Praxis 15. S. 120 - 132.

Bullmann,U./Gitschmann,P.,1985: Kommune als Gegenmacht. Alternative Politik in Städten und Gemeinden. Hamburg: VSA.

Bundesarbeitsgemeinschaft Jugendaufbauwerk (Hrsg.),1982: Jugendarbeitslosigkeit. Dauerproblem ohne Lösung ? Aufgaben, Möglichkeiten und Grenzen der Jugendsozialarbeit. Bonn.

Bundesarbeitsgemeinschaft Jugendaufbauwerk (Hrsg.),1983: Junge Menschen ohne Beruf und Arbeit. Ergebnisse aus einem Modellprogramm des Bundesjugendplans. Bonn.

Bundesminister für Bildung und Wissenschaft (Hrsg.),1981: Berufsbildungsbericht 1981. Bonn.

Bundesminister für Bildung und Wissenschaft (Hrsg.),1983a: Berufsbildungsbericht 1983. Bonn.

Bundesminister für Bildung und Wissenschaft (Hrsg.),1983b: Sozialpädagogisch orientierte Berufsausbildung. Bonn.

Bundesminister für Jugend, Familie und Gesundheit (Hrsg.), 1980: 5. Jugendbericht. Berichte über Bestrebungen und Leistungen der Jugendhilfe. Bonn.

Bundesminister für Jugend, Familie und Gesundheit (Hrsg.), 1981: Modelle der Jugendarbeit bei der Bewältigung von Sozialisationsproblemen für junge Arbeitslose und Jugendliche, deren berufliche Integration erschwert ist. Bonn.
Burger,A./Seidenspinner,G.,1977: Jugend unter dem Druck der Arbeitslosigkeit. München: Juventa.

Dahrendorf,Ralf,1983: Wenn der Arbeitsgesellschaft die Arbeit ausgeht. in: Matthes,J.,(Hrsg.), Krise der Arbeitsgesellschaft ? S. 25 - 37. Frankfurt am Main: Campus.

Deppendorf,O./Wicher,W.,1980: Großstädte in Krisenregionen: Das Beispiel Duisburg. in: Sozialer Fortschritt 29. Heft 9. S. 201 - 209.

Deutscher Paritätischer Wohlfahrtsverband (Hrsg.),1985: Alternative Ausbildungs- und Arbeitsprojekte für junge Arbeitslose. Frankfurt am Main.

Deutscher Städtetag (Hrsg.),1984: Alternative Jugendbewegungen. Teil II. Großstadtjugendämter und alternative Jugend-Projekte und -Initiativen. Köln.

Deutsches Institut für Urbanistik (Hrsg.),1978: Arbeitshefte 5: Planung der Jugendhilfe. Berlin.

Dieckmann,H./Hafeneger,B.,1982: Jugendpolitik im Dilemma - am Beispiel eines Modellprojektes für arbeitslose Jugend-liche. in: Neue Praxis 12. S. 187 - 201.

Doerks-Koubenec,H. et al.,1978: Jugendliche im Förderlehrgang - eine empirische Untersuchung. in: Neue Praxis 8. S. 361 - 368.

Doerrie,K.,1973: Aspekte einer Strukturanalyse der freien Wohlfahrtspflege. in: Otto,H.- U./Schneider,S.,(Hrsg.), Gesellschaftliche Perspektiven der Sozialarbeit. 2 Bände. S. 127 - 143. Neuwied: Luchterhand.

Doerrie,K.,1980: Freie Träger. in: Fachlexikon der sozialen Arbeit. S. 290 ff.. Hrsg.: Deutscher Verein für öff. u. private Fürsorge.

Domscheit,St./Kaufmann,F.X./Kühn,M.,1980: Innovative Politik im Einflußbereich verbandlicher Wohlfahrtspflege. in: Mayntz,R.,(Hrsg.), Implementation politischer Programme. S. 176 - 199. Königstein i.Ts.: Hain.

Evers,A./Opielka,M.,1985: Was heißt nun eigentlich sozial ? in: Opielka,M.,(Hrsg.), Die soziale Frage. S. 13 ff.. Frankfurt/M.: Fischer.

Faulstich-Wieland,H.,1979: Beratung und Betreuung von arbeitslosen Jugendlichen. in: Deutsche Jugend 27. S. 253 - 261.

Ferber,Chr.v.,1967: Sozialpolitik in der Wohlstandsgesellschaft. Was stimmt nicht mit der deutschen Sozialpolitik? Hamburg: Wegner.

Feser,H.- D.,1985: Zu den ökonomisch-fiskalischen Handlungsprämissen der Kommunen. In: Krüger,J./Pankoke,E.,(Hrsg.), Kommunale Sozialpolitik. S. 77 - 97. München: Oldenbourg.

Fichtner,O.,1983: Jugendarbeitslosigkeit - auch eine kommunalpolitische Herausforderung. in: Ruhrgebiet - aktuell. Heft 2. S. 6 - 9.

Fink,U.,(Hrsg.),1983: Keine Angst vor Alternativen. Ein Minister wagt sich in die Szene. Freiburg i.Br.: Herder.

Frey,R.,1977: Zur Steuerungsfähigkeit und Probemlösungsfähigkeit des politischen Systems der Kommunen. in: Sociologia Internationalis 15. Heft 1/2. S. 113 ff..

Friedrichs,J.,1973: Methoden empirischer Sozialforschung. Hamburg: Rowohlt.

Fuchs,G./Rucht,D./Treutner,E.,1987: Kommunale Arbeitspolitik im Umbruch: Das Beispiel München. in: Zeitschrift für Sozialreform 33. Heft 11/12. S. 677 ff..

Fürst,D.,1975: Kommunale Entscheidungsprozesse. Ein Beitrag zur Selektivität politisch-administrativer Prozesse. Baden-Baden: Nomos.

Furth,P./Glandorf,W./Mielenz,I./Schneider,M.,(Hrsg.),1983: Jugendhilfe und Berufsausbildung. Frankfurt am Main: IGFN.

Gau,D.,1983: Politische Führungsgruppen auf Kommunaler Ebene. München: Minerva.

Gernert,W.,1978: Jugendhilfe. München: Reinhardt.

Gernert,W.,1984: Die Rolle der freien Träger in der Jugendhilfeplanung. in: Bauer,R./Diessenbacher,H.,(Hrsg.), Organisierte Nächstenliebe. S. 27 - 42. Opladen: Westdeutscher Verlag.

Gesamtstatistik der Einrichtungen der freien Wohlfahrtspflege 1982, (Hrsg.: Bundesarbeitsgemeinschaft der Freien Wohlfahrtspflege) Bonn.

Giesbrecht,A.,1983: Jugend ohne Arbeit. Frankfurt am Main: Sauerländer.

Glazer,N.,1971: The Limits of Social Policy. in: Commentary. Sept.. S. 51 ff..

Glazer,N.,1981: Roles and Responsibilities of the Traditional Social Policy Ghetto. in: OECD (Hrsg.), The Welfare State in Crisis. An Account of the Conference on Social Policies in the 1980's. S. 240 ff.. Paris.

Gorz,A.,1985: Wege ins Paradis: Thesen zur Krise, Automation und Zukunft der Arbeit. Berlin: Rotbuch-Verlag.

Grauhan,R.R./Hickel,R.,1978: Krise des Steuerstaats ? - Widersprüche, Ausweicnstrategien, Perspektiven staatlicher Politik. in: Grauhan,R.R./Hickel,R.,(Hrsg.), Krise des Steuerstaats ? - Widersprüche, Ausweichstrategien, Perspektiven staatlicher Politik. Leviathan Sonderheft 1. S. 7 - 33. Opladen: Westdeutscher Verlag.

Greese,D.,1983: Die Jugendämter in der Finanzkrise. in: Faltermeier,J. u.a.(Hrsg.), Jugendhilfe unter veränderten sozialpolitischen Bedingungen. Beiträge und Materialien. Deutscher Verein für öffentliche und private Fürsorge. S. 81 - 95. Frankfurt/M.: Eigenverlag.

Gross,P.,1982: Der Wohlfahrtsstaat und die Bedeutung der Selbsthilfebewegung. in: Soziale Welt 33. Heft 1. S. 26 - 48.

Grottian,P.,1983a: Steuergelder für Alternativprojekte ? Von einem mutmaßlich grundsätzlichen gesellschaftlichen Konflikt. in: Grottian,P./Nelles, W.,(Hrsg.), Großstadt und neue soziale Bewegungen. S. 283 - 297. Basel/Stuttgart: Birkhäuser.

Grottian,P.,1983b: Die beschäftigungspolitischen Möglichkeiten des öffentlichen, halb-öffentlichen, kirchlichen und selbsthilfe-organisierten Sektors. in: Matthes,J.,(Hrsg.), Krise der Arbeitsgesellschaft ? S. 570ff.. Frankfurt/M.: Campus.

Grunow,D./Wohlfahrt,N.,1985: Politikkoordination oder Politiksegmentierung ? Zur Handlungsrationalität kommunaler Sozialpolitik. in: Krüger,J./Pankoke, E., (Hrsg.), Kommunale Sozialpolitik. S. 156 - 173. München: Oldenbourg.

Haasis,H.A.,1979: Entscheidungsstrukturen in der Kommunalpolitik. Eine Bestandsaufnahme der politikwissenschaftlichen Forschung in der BRD. in: Köser,H.,(Hrsg.), Der Bürger in der Gemeinde. Schriftenreihe der Bundeszentrale für Politische Bildung. S. 175ff.. Bonn.

Habermas,J.,1973: Legitimationsprobleme im Spätkapitalismus. Frankfurt am Main: Suhrkamp.

Habermas,J.,1981: Theorie des kommunikativen Handelns. 2 Bände. Frankfurt am Main: Suhrkamp.

Hadley,R./Hatch,S.,1981: Social Welfare and the Failure of the State. Centralised Social Services and Participatory Alternatives. London: Biddles Ltd..

Hafeneger,B./Schön,B.,1975: Grundlinien einer politischen Bildung mit arbeitslosen Jugendlichen. in: Deutsche Jugend 23. S. 207 - 213.

Hafeneger,B./Hanesch,W.,1977: Probleme politischer Bildung in Seminaren mit jugendlichen Arbeitslosen. in: Neue Praxis 7. S. 335 - 345.

Hanesch,W.,1983: Sanierung der öffentlichen Haushalte durch Sparen in der Jugendhilfe ? in: Faltermeier,J.u.a.,(Hrsg.), Jugendhilfe unter veränderten sozialpolitischen Bedingungen. Beiträge und Materialien. Deutscher Verein für öffentliche und private Fürsorge. S. 38 - 62. Franfurt am Main: Eigenverlag.

Hanesch,W./Reinbold,B./Reis,C.,1981: Jugendarbeitslosigkeit und Sozialarbeit - Probleme und Perspektiven. in: Nachrichtendienst des Deutschen Vereins für öffentliche und private Fürsorge 61. S. 194 - 199.

Harrer,F.,1980: Jugendhilfe. Ein Grundriß. Neuwied: Luchterhand.

Hegner,F.,1981: Sozialarbeit als Verwaltungshandeln. Fachliches und administratives Handeln im Bereich des Allgemeinen Sozialdienstes ... . in: Projektgruppe Soziale Berufe, (Hrsg.), Sozialarbeit: Problemwandel und Institutionen. Expertisen II. S. 43 - 81. München: Juventa.

Hegner,F./Schmidt,E.H.,1979: Organisatorische Probleme der horizontalen Politiksegmentierung und Verwaltungsfragmentierung. in: Kaufmann,F.X.,(Hrsg), Bürgernahe Sozialpolitik. S. 167 - 195. Frankfurt am Main: Campus.

Hegner,F./Schlegelmilch,C.,1983: Formen und Entwicklungschancen unkonventioneller Beschäftigungsinitiativen. Disc. Paper. Berlin: WZB.

Heim,K.D./Heidtmann-Frohme,S.,1981: Expandierende und neue Arbeitsfelder der Sozialarbeit. in: Projektgruppe Soziale Berufe,(Hrsg.), Sozialarbeit: Problemwandel und Institutionen. Expertisen II. S. 116 - 139. München: Juventa.

Hellwig,H.,1979: Nur noch durch eine konzertierte Aktion kann Arbeitslosigkeit der Jugend gebannt werden. in: Ruhrgebiet - aktuell. Heft 3. Seite 3 - 5.

Heinemann,K.,1978: Arbeitslose Jugendliche. Ursachen und individuelle Bewältigung eines sozialen Problems. Eine empirische Untersuchung. Neuwied: Luchterhand.

Heinze,R.G.,1985: Verbandlichung der Sozialpolitik ? Zur neueren Diskussion des Subsidiaritätsprinzips. in: Krüger,J./Pankoke,E.,(Hrsg.), Kommunale Sozialpolitik. S. 196 - 221. München: Oldenbourg.

Heinze,R.G./Olk,Th.,1981a: Die Wohlfahrtsverbände im System sozialer Dienstleistungsproduktion. Zur Entstehung und Struktur der bundesrepublikanischen Verbändewohlfahrt. in: KZfSS 33. S. 94 - 113.

Heinze,R.G./Olk,Th.,1981b: Wohlfahrtspflege. in: Eyferth,H.u.a., (Hrsg.), Handbuch der Sozialarbeit und Sozialpädagogik. S. 1262 - 1277. Neuwied: Luchterhand.

Heinze,R.G./Olk,Th.,1982: Jenseits von Elitenherrschaft und Verwaltungsdominanz: neue Wege kommunaler Demokratisierung durch dezentrale Verhandlungssysteme. in: Thänhardt,D./Uppendahl,H.,(Hrsg.), Kommunikationstechnologien und kommunale Entscheidungsprozesse. S. 234ff.. München: Minerva-Publikation.

Heinze,R.G./Olk,Th.,1984a: Rückzug des Staates - Aufwertung der Wohlfahrtsverbände ? Verbandliche Wohlfahrtspflege und "neue Subsidiarität". in: Bauer, R./Dießenbacher,H., (Hrsg.), Organisierte Nächstenliebe. Wohlfahrtsverbände und Selbsthilfe in der Krise des Sozialstaats. S. 173 - 186. Opladen: WDV.

Heinze,R.G./Olk,Th.,1984b: Sozialpolitische Steuerung: Von der Subsidiarität zum Korporatismus. in: Glagow,M.,(Hrsg.), Gesellschaftssteuerung zwischen Korporatismus und Subsidiarität. S. 162 - 194. Bielefeld: AJZ.

Helms,M.,1983: Jugendsozialarbeit vor den Problemen der Jugendarbeitslosigkeit. in: Jugend, Beruf und Gesellschaft 34. S. 75 - 83.

Henkel,J.,1985: Jugendarbeitslosigkeit - Kölner Verbundsystem. in: Pfister, W./ Osten-Sacken,A. v.d.,(Hrsg), Jugendhilfe zwischen Alltagsgeschäft und Gesellschaftpolitik. S. 111 - 116. Neuwied: Luchterhand.

Herzog,D.,1982: Politische Führungsgruppen. Probleme und Ergebnisse der modernen Elitenforschung. Darmstadt: Wissenschaftliche Buchgesellschaft.

Hesse,J.J. u.a.,(Hrsg.),1983: Staat und Gemeinden zwischen Konflikt und Kooperation. Baden-Baden: Nomos.

Hesse,J.J.,1983: Stadt und Staat - Veränderungen der Stellung und Funktion der Gemeinden im Bundesstaat ? Das Beispiel Bundesrepublik Deutschland. in: Hesse,J.J. u.a.,(Hrsg.), Staat und Gemeinden zwischen Konflikt und Kooperation. S. 11 ff.. Baden-Baden: Nomos.

Hesse,J.J.,(Hrsg.),1986: Erneuerung der Politik "von unten"? Stadtpolitik und kommunale Selbstverwaltung im Umbruch. Opladen: WDV.

Heun,G.,1981: Freie Träger der sozialen Arbeit. in: Projektgruppe Soziale Berufe (Hrsg.), Sozialarbeit: Problemwandel und Institutionen. Expertisen II. S. 140 - 161. München: Juventa.

Hoffmann-Riem,Chr.,1980: Die Sozialforschung einer interpretativen Soziologie. in: KZfSS 32. S. 339 ff..

Holler,W./Naßmacher,K.- H.,1979: Rat und Verwaltung im Prozeß kommunalpolitischer Willensbildung. in: Köser,H.,(Hrsg.), Der Bürger in der Gemeinde. S. 275 - 319. Bonn: Bundeszentrale für pol. Bildung.

Huber,J.,(Hrsg.),1979: Anders arbeiten - anders wirtschaften. Dualwirtschaft: Nicht jede Arbeit muß ein Job sein. Frankfurt am Main: Fischer.

Hucke,J.,1980: Politische Handlungsspielräume - Möglichkeiten und Probleme ihrer empirischen Bestimmung. Dissertation. Bad Honnef: Back und Herchen.

Hucke,J./Wollmann,H.,1980: Methodenprobleme der Implementationsforschung. in: Mayntz,R.,(Hrsg.), Implementation politischer Programme. S. 216 ff.. Königstein i.Ts.: Hain.

Illich,I., u.a.,1979: Entmündigung durch Experten. Zur Kritik der Dienstleistungsberufe. Reinbek bei Hamburg: Rowohlt.

Inglehart,R.,1979: Wertwandel in den westlichen Gesellschaften: Politische Konsequenzen von materialistischen und postmaterialistischen Prioritäten. in: Klages,H./Kmieciak,P., (Hrsg.), Wertwandel und gesellschaftlicher Wandel. S. 279ff.. Frankfurt am Main: Campus.

Jahoda,M.,1983: Wieviel Arbeit braucht der Mensch ? Arbeit und Arbeitslosigkeit im 20. Jahrhundert. Weinheim, Basel: Beltz.

Jahoda,M./Larzarsfeld,P./Zeisel,H.,1975: Die Arbeitslosen von Marienthal. Ein soziographischer Versuch über die Wirkungen langandauernder Arbeitslosigkeit. Frankfurt/M.: Suhrkamp.

Janowitz,M.,1976: Social Control of the Welfare State. New York: Elsevier.

Jordan,E./Sengling,D.,1977: Einführung in die Jugendhilfe. München: Juventa.

Jungblut,M.,(Hrsg.),1983: Krise im Wunderland. Neue Wege wagen - Vorschläge zu einer Umorientierung in der Wirtschafts- und Sozialpolitik. München: Goldmann.

Kaufmann,F.X.,1970: Sicherheit als soziologisches und sozialpolitisches Problem. Untersuchungen zu einer Wertidee hochdifferenzierter Gesellschaften. Stuttgart: Enke.

Kaufmann,F.X.,(Hrsg.),1979: Bürgernahe Sozialpolitik. Planung, Organisation und Vermittlung sozialer Leistungen auf lokaler Ebene. Frankfurt am Main: Campus.

Kaufmann,F.X.,1981: Gesellschaftliche Bedingungen sozialpolitischer Interventionen: Staat, intermediäre Instanzen und Selbsthilfe. in: Zeitschrift für Sozialreform. Heft 1. S. 31 - 48.

Kern,H.- A./Mielenz,I./Schneider,M.,1981: Jugendhilfe und berufliche Bildung - Was kann Jugendhilfe gegen Jugendarbeitslosigkeit tun? in: Neue Praxis 11. S. 228 - 236.

Kevenhörster,P.,(Hrsg.),1977: Lokale Politik unter exekutiver Führerherrschaft. Meisenheim: Hain.

Klages,H.,1981: Bedürfnisdynamik und Kommunaler Handlungsspielraum. in: Sozio-logia Internationalis 19. Heft 1/2. S. 19 - 30.

Klages,H./Kmieciak,P.,(Hrsg.),1979: Wertewandel und gesellschaftlicher Wandel. Frankfurt am Main: Campus.

Klauder,W./Schnur,P./Thow,M.,1985: Arbeitsmarktperspektiven der 80er und 90er Jahre. in: MITTAB 18. S. 41 - 62.

Klein,R.R.,1986: Stadtfinanzen am Ende oder kommunalfinanzpolitische Wende ? in: Hesse,J.J.(Hrsg.), Erneuerung der Politik "von unten"? S. 61 - 91. Opladen: WDV.

Kmieciak,P.,1976: Wertestrukturen und Wertwandel in der Bundesrepublik Deutschland. Göttingen: Schwartz.

Köser,H.,(Hrsg.),1979: Der Bürger in der Gemeinde. Kommunalpolitik und politische Bildung. Schriftenreihe der Bundeszentrale für politische Bildung. Bonn: Bundesdruckerei.

Köth,A.,1982: Jugendhilfe, Jugendarbeitslosigkeit und Berufsnot der Jugend - Probleme und Perspektiven der kommunalen Orientierung der Sozialarbeit. in: Neue Praxis 12. S. 285 - 293.

Kommunalverband Ruhrgebiet (Hrsg.),1983: Dokumentation regionaler Initiativen gegen Arbeitslosigkeit (DORIA). Essen: Arbeitshefte Ruhrgebiet.

Kreutz,H./Wuggening,U.,1978: Auswirkungen der Jugendarbeitslosigkeit. in: Deutsche Jugend 26. S. 491 - 502.

Krüger,J.,1979: Anmerkungen zur sozialwissenschaftlichen Wiederentdeckung der Sozialpolitik. in: Archiv für Wissenschaft und Praxis der sozialen Arbeit 4. S. 241 - 255.

Krüger,J.,1985: Kommunale Sozialpolitik und die Krise des Wohlfahrtsstaates. Zur Verortung der sozialpolitischen Dezentralisierungsdebatte. in: Krüger,J./ Pankoke,E.,(Hrsg.), Kommunale Sozialpolitik. S. 11 - 45. München: Oldenbourg.

Krüger,J.,1987: Jugendarbeitslosigkeit und lokale Handlungsebene. Erste Ergebnisse eines empirischen Forschungsprojektes. in: Zeitschrift für Sozialreform 33. Heft 11/12. S. 689 ff..

Krüger,J./Matz,S.,1985: Kommunale Eliten im Sozialsektor. in: Neue Praxis 15. Heft 2/3. S. 180 - 192.

Krüger,J./Pankoke,E.(Hrsg.),1985: Kommunale Sozialpolitik. München: Oldenbourg.

Krüger, J./Pojana, M, Richter, R., 1988: Lokale Handlungsebene und Jugendarbeitslosigkeit. Ein Forschungsbeitrag zur wohlfahrtsstaatlichen Dezentralisierungsdebatte. Endbericht eines DFG-Projekts. 3 Bde. Duisburg.

Kruschel,K./Schwinn,R.,1983: Jugendprobleme auch eine Herausforderung an die Kirchen. in: Ruhrgebiet-aktuell. Heft 2. S. 21 - 24.

Kühn,D.,1981: Die Bedeutung der Sozialplanung für eine soziale Kommunalpolitik. in: Neue Praxis. Sonderheft 6. S. 113 - 132.

Kühn,D.,1984: Kommunale Sozialverwaltung. Eine organisationswissenschaftliche Studie. Wissenschaftliche Reihe Bd.33. Bielefeld: Kleine.

Kühn,D.,1986: Die informellen Abstimmungs- und Entscheidungsprozesse der Wohlfahrtsverbände und der kommunalen Sozialverwaltung im Vorfeld der Arbeit der Ausschüsse und Arbeitsgemeinschaften. in: Thränhardt,D. u.a.(Hrsg.), Wohlfahrtsverbände zwischen Selbsthilfe und Sozialstaat. S. 224 - 238. Freiburg: Lambertus.

Kunert-Schroth,H./Rauch,N./Siewert,H.- J.,1987: Jugendarbeitslosigkeit - Lokale Ausprägungen und kommunale Strategien. Deutsches Institut für Urbanistik (DIFU). Berlin.

Landesjugendamt Rheinland (Hrsg.),1985: 5. Fortbildungsveranstaltung für sozialpädagogische Fachkräfte in Beratungsstellen im Rheinland vom 16.-20.9.1985. Köln.

Langnickel,H./May,O./Zaschke,W.,1986: Kommunale Anreiz- und Kontrollpolitik gegenüber freien Trägern - am Beispiel von Programmplanungen zur Jugendarbeitslosigkeit. in: Thränhardt, D. u.a.,(Hrsg.), Wohlfahrtsverbände zwischen Selbsthilfe und Sozialstaat. S. 85 - 118. Freiburg: Lambertus.

Laumann,O.E./Pappi,F.U.,1977: Neue Ansätze zur Erforschung kommunaler Eliten. in: Kevenhörster,P.,(Hrsg.), Lokale Politik unter exekutiver Führerherrschaft. Meisenheim: Hain.

Lenhardt,G.,(Hrsg.),1979: Der hilflose Sozialstaat. Frankfurt am Main: Suhrkamp.

Logue,J.,1979: The Welfare State: Victim of its Success. in: Daedalus 1979. S. 69 - 87.

Luhmann,N.,1970: Soziologie des politischen Systems. in: Luhmann,N., Soziologische Aufklärung I. S. 154 - 177. Opladen: WDV.

Luhmann,N.,1976: Funktionen und Folgen formaler Organisationen. Berlin: Dunker & Humblot.

Luhmann,N.,1981a: Soziologische Aufklärung II. Soziales System, Gesellschaft, Organisation. Opladen: WDV.

Luhmann,N.,1981b: Politische Theorie im Wohlfahrtsstaat. München: Olzog.

Luhmann,N.,1981c: Die Organisationsmittel des Wohlfahrtsstaates und ihre Grenzen. in: Bürger und Demokratie. Schriftenreihe des Innenministers des Landes NW. S. 43 ff.. Düsseldorf.

Maier,F.,1983: Jugendarbeitslosigkeit in der Bundesrepublik Deutschland. Disc. Paper. Berlin: WZB.

Maslow,A.,1970: Motivation and Personality. New York: Piper.

Matthes,J.,(Hrsg.),1983: "Krise der Arbeitsgesellschaft ? "Verhandlungen des 21. deutschen Soziologentages in Bamberg 1982. Frankfurt am Main: Campus.

Matzdorf,R.,1984: Qualitative Verbundsysteme - Ein Beitrag der "Arbeitsweltbezogenen Jugendsozialarbeit" zur Bekämpfung der Jugendarbeitslosigkeit. in: Jugend, Beruf, Gesellschaft 35. S. 124 - 132.

Matzner,E.,1982: Der Wohlfahrtsstaat von morgen - Entwurf eines zeitgemäßen Musters staatlicher Interventionen. Frankfurt am Main: Campus.

Mauer,D.,1979: Auswege aus der Jugendarbeitslosigkeit ? Lehrgänge zur Berufsvorbereitung für arbeitslose ausländische und deutsche Jugendliche. in: Nachrichtendienst des Deutschen Vereins für öffentliche und private Fürsorge 59. S. 190 - 197.

Mayntz,R.,1978: Soziologie der öffentlichen Verwaltung. Karlsruhe, Heidelberg: Müller.

Mayntz,R.,(Hrsg.),1968: Bürokratische Organisation. Köln: Kiepenheuer und Witsch.

Mayntz,R.,(Hrsg.),1981: Kommunale Wirtschaftsförderung. Ein Vergleich Bundesrepublik Deutschland - Großbritannien. Stuttgart: Kohlhammer.

Meinert,R.,1985: Entwicklung der Bruttowertschöpfung in Duisburg 1975 bis 1982. in: Stadt Duisburg, Amt für Statistik und Stadtforschung (Hrsg.), Statistischer Monatsbericht 2 '85. Duisburg.

Merklein,R.,1980: Griff in die Tasche. Hintergeht der Bonner Sozialstaat seine Bürger ? Reinbek bei Hamburg: Rowohlt.

Mielenz,I.,1981: Die Strategie der Einmischung - Soziale Arbeit zwischen Selbsthilfe und kommunaler Politik. in: Müller,S./Olk,Th./Otto,H.-U.,(Hrsg.), Sozialarbeit als kommunale Sozialpolitik. Neue Praxis. Sonderheft 6. S. 57 - 66. Darmstadt, Neuwied: Luchterhand.

Mielenz,I.,1984: Jugendhilfe und alternative Projekte - Möglichkeiten und Grenzen. in: Nachrichtendienst des Deutschen Vereins für öffentliche und private Fürsorge 64. S. 388 - 391.

Mielenz,I.,1985: Ausbildungs- und Arbeitsprojekte: Stellenwert und Strategie der Jugendhilfe, Deutscher Paritätischer Wohlfahrtsverband (Hrsg.), Alternative Ausbildungs- und Arbeitsprojekte für junge Arbeitslose. S. 15 - 23. Frankfurt am Main: Verlag des DPWV.

Minister für Arbeit, Gesundheit und Soziales des Landes NW, (Hrsg.),1979: 3. Jugendbericht des Landes NW. Düsseldorf.

Minister für Arbeit, Gesundheit und Soziales des Landes NW, (Hrsg.),1982: Jugend in Nordrhein - Westfalen. Situationen - Leistungen - Tendenzen. 4. Jugendbericht des Landes NW. Düsseldorf.

Minister für Wirtschaft, Mittelstand und Verkehr/Kultusminister des Landes NW (Hrsg.),1985: Berufsbildungsbericht NW 1985. Düsseldorf.

Mühlfeld,C. u.a.,1981: Auswertungsprobleme offener Interviews. in: Soziale Welt 32. S. 325 - 352.

Müller,S./Olk,Th./Otto,H.- U.,(Hrsg.),1981: Sozialarbeit als kommunale Sozialpolitik. Neue Praxis. Sonderheft 6. Darmstadt, Neuwied: Luchterhand.

Müller-Schöll,A./Kleppel,J./Sommer,G.,1980: Jugend in Berufsnot. Stuttgart: Klett-Cotta.

Müller-Schöll,A./Priepke,M.,1978: Jugendberufshilfe. in: Deutsches Institut für Urbanistik,(Hrsg.), Arbeitsheft 5: Planung der Jugendhilfe. S. 4 - 12. Berlin.

Münder,J.,1983: Rahmenbedingungen und Perspektiven der Berufsausbildung als Jugendhilfeangebot. in: Furth,P. et al., (Hrsg.), Jugendhilfe und Berufsausbildung. S. 8 - 16. Frankfurt am Main: IGNF.

Narr,W.D./Offe,C.,1975: Wohlfahrtsstaat und Massenloyalität. Köln: Kiepenheuer & Witsch.

Naßmacher,K.H./Naßmacher,H.,1979: Kommunalpolitik in der Bundesrepublik. Möglichkeiten und Grenzen. Opladen: Leske & Budrich.

Nelles,W.,1977: Politsche Partizipation und kommunaler Planungsprozeß. Bonn: Universität - Philosophische Fakultät.

Nevermann,K.,(Hrsg.),1983: Lokal 2000 - Berlin als Testfall. Reinbek bei Hamburg: Rowohlt.

Nibbrig,B.,1977: Jugendarbeitslosigkeit. Trier: Spee-Verlag.

O'Connor,J.,1974: Die Finanzkrise des Staates. Frankfurt/M.: Suhrkamp.

OECD,(Hrsg.),1981: The Welfare State in Crisis. An Account of the Conference on Social Policies in the 1980s. Paris.

Offe,C.,1972: Strukturprobleme des kapitalistischen Staates. Aufsätze zur politischen Soziologie. Frankfurt/Main: Suhrkamp.

Offe,C.,1975: Zur Frage der 'Identität der kommunalen Ebene'. in: Grauhan,R.R.,(Hrsg.), Lokale Politikforschung. Band 2. S. 303 ff.. Frankfurt am Main: Campus.

Offe,C./Hinrichs,K./Wiesenthal,H.,(Hrsg.),1982: Arbeitszeitpolitik. Formen und Folgen einer Neuverteilung von Arbeitszeit. Frankfurt/M.: Campus.

Olk,Th./Heinze,R.G.,1985: Selbsthilfe im Sozialsektor. Perspektiven der informellen und freiwilligen Produktion sozialer Dienstleistungen. in: Olk, Th./ Otto,H.- U.,(Hrsg.), Gesellschaftliche Perspektiven der Sozialarbeit 4: Lokale Sozialpolitik und Selbsthilfe. S. 233 - 267. Neuwied: Luchterhand.

Olk,Th./Otto, H.- U.,1981: Wertewandel und Sozialarbeit. Entwicklungsperspektiven kommunaler Sozialarbeitspolitik. in: Neue Praxis 11. S. 99 - 146.

Olk,Th./Otto,H.- U.,(Hrsg.),1985: Gesellschaftliche Perspektiven der Sozialarbeit 4: Lokale Sozialpolitik und Selbsthilfe. Neuwied: Luchterhand.

Opaschowski,H.W.,1976: Soziale Arbeit mit arbeitslosen Jugendlichen. Street work und Aktionsforschung im Wohnbereich. Opladen: Westdeutscher Verlag.

Opielka,M.,(Hrsg.),1985: Die ökozoziale Frage. Entwürfe zum Sozialstaat. Frankfurt/M.: Fischer.

Pankoke,E.,1970: Soziale Bewegung - Soziale Frage - Soziale Politik. Grundfragen der deutschen Sozialwissenschaft im 19. Jahrhundert. Stuttgart: Klett-Cotta.

Pankoke,E.,1985: Kommunale Orientierung sozialer Politik. Zur "Mittlerstellung" kommunaler Selbstverwaltung. in: Krüger,J./ Pankoke,E.,(Hrsg.), Kommunale Sozialpolitik. S. 330 - 353. München: Oldenbourg.

Petzold,H.- J./Schlegel,W.,1983: Qual ohne Wahl. Jugend zwischen Schule und Beruf. Frankfurt/M.: Verlag Jugend und Politik.

Pfister,W./Osten-Sacken,A.v.d.,(Hrsg.),1985: Jugendhilfe zwischen Alltagsgeschäft und Gesellschaftspolitik. Neuwied: Luchterhand.

Praetorius,R.,1983: Systemrationalität und Systemintegration. Zu einigen Aspekten der Dezentralisierungsdiskussion. in: Pfaff,M.,(Hrsg.), Effizienz und Effektivität staatlicher Transferpolitik in der Wirtschaftskrise. S. 145 - 154. Berlin: Dunker & Humblot.

Projektgruppe Soziale Berufe (Hrsg.),1981: Sozialarbeit: Problemwandel und Institutionen. Expertisen II. München: Juventa.

Raab,E.,1985: Schulsozialarbeit: Bestandsaufnahme und Perspektive. in: Pfister, W./Osten-Sacken,A.v.d..(Hrsg.), Jugendhilfe zwischen Alltagsgeschäft und Gesellschaftspolitik. S. 57 - 68. Neuwied: Luchterhand.

Reckzeh,Th.,1985: Jugendarbeitslosigkeit und Berufsnot. Überlegungen zur Jugendsozialarbeit bei anhaltender Beschäftigungskrise. in: Jugend, Beruf, Gesellschaft 36. S. 241 - 253.

Reinbold,B.,1981: Entwicklungsbegleitende Beratung als Perspektive von Jugendhilfe im Problembereich Jugendarbeitslosigkeit. in: Jugend, Beruf, Gesellschaft 32. S. 217 - 223.

Rohe,K.,1982: Staatskulturen und Krise der Industriegesellschaft. Überlegungen zum Bedeutungszuwachs kommunaler Politik in der BR Deutschland. in: Sociologia Internationalis 20. Heft 1/2. S. 31 ff..

Rommelspacher,Th./Krummacher,M.,1986: Niedergang einer alten Industrieregion. in: Revier-Kultur 1. Heft 1. S. 33 - 46.

Rosen,R.,1981: Maßnahmen arbeitsweltbezogener Jugendarbeit. in: Jugend, Beruf, Gesellschaft 32. S. 211 - 223.

Savelsberg,J.J.,1979: Gemeindeautonomie. Versuch zur Klärung eines Konzeptes in seiner Nützlichkeit für das Verständnis kommunaler Machtstrukturen. in: Köser,H.,(Hrsg.), Der Bürger in der Gemeinde. S. 200 - 235. Bonn: Bundeszentrale für pol. Bildung.

Scharpf,F.W.,1978: Die Theorie der Politikverflechtung: Ein kurzgefaßter Leitfaden. in: Hesse,J.J.,(Hrsg.), Politikverflechtung im föderativen Staat. S. 21 - 32. Baden-Baden: Nomos.

Scharpf,F.W./Reissert,B./Schnabel,F.,1976/1977: Politikverflechtung. Theorie und Empirie des kooperativen Föderalismus in der Bundesrepublik. Kronenberg: Scripto.

Schelsky,H.,1978: Der selbständige und betreute Mensch. Frankfurt, Berlin, Wien: Seewald.

Schlottmann,R.,1979: Es ist endlich an der Zeit, unbürokratisch zu handeln. in: Ruhrgebiet - aktuell. Heft 3. S. 8 - 11.

Schmitter,Ph.C.,1979: Still the Century of Corporatism ? in: Schmitter, Ph.C./ Lehmbruch,G.,(eds.), Trends towards Corporatist Intermediation. S. 7 - 53. London: Sage.

Schultz,R.,1984: Aufgabenfelder der Gemeinden und ihre Finanzierung im Wandel. in: Andersen,U.(Hrsg.), Kommunalpolitik und Kommunalwahlen in Nordrhein-Westfalen. S. 33 - 58. Düsseldorf: Landeszentrale für pol. Bildung.

Sommerkorn,I.,(Hrsg.),1981: Beruflich-soziale Lebensperspektiven von Jugendlichen. Materialen zum 5. Jugendbericht. München: DT-Jugenddienst.

Stadt Dortmund (Hrsg.),1979: Kommunaler Jugendhilfeplan Dortmund. Beiträge zur Stadtentwicklung Nr. 5. Dortmund.

Stadt Dortmund (Hrsg.),1982: Steuereinnahmen und Schuldenstand 1980 im zwischengemeindlichen und zeitlichen Vergleich. Sonderheft 90 der Dortmunder Statistik. Dortmund.

Stadt Dortmund (Hrsg.),1985a: Entwicklungschancen örtlicher Beschäftigungsinitiativen in Zeiten hoher Arbeitslosigkeit in Dortmund. Abschlußbericht einer Tagung vom 10./11.6.1985 im Dietrich-Keuning-Haus. Beilage zum Jugendwohlfahrtsausschuss-Protokoll vom 17.9.1985. Dortmund.

Stadt Dortmund (Hrsg.),1985b: Strategien der Arbeitsplatzbeschaffung auf lokaler/regionaler Ebene im europäischen Ausland und Verwirklichungsmöglichkeiten in Dortmund. Schriftenreihe zur Stadtentwicklung, Heft 3. Dortmund.

Stadt Dortmund, Jugendamt (Hrsg.),lfd.: Geschäftsbericht des Jugendamtes 1975 - 1984. Dortmund.

Stadt Dortmund, Jugendamt (Hrsg.),lfd.: Protokolle der Sitzungen des Jugendwohlfahrtsausschusses. Dortmund.

Stadt Dortmund,lfd.: Amt für Statistik und Wahlen. Statistische Handbücher 1975 - 1981. Dortmund.

Stadt Dortmund,lfd.: Kommunale Haushaltspläne. Dortmund.

Stadt Duisburg,o.J.: Koordinierungsstelle "Jugendarbeitslosigkeit" der Stadt Duisburg. Maßnahmenkatalog der Hilfen für arbeitslose Jugendliche in Duisburg. Duisburg.

Stadt Duisburg,1986: Haushaltsentwurf 1986. Band 1. Duisburg.

Stadt Duisburg,lfd.: Amt für Statistik und Stadtforschung. Statistische Jahrbücher 1975 - 1980. Duisburg.

Stadt Duisburg, Jugendamt (Hrsg.),lfd.: Protokolle der Sitzungen des Jugendwohlfahrtsausschusses. Duisburg.

Stadt Duisburg,lfd.: Kommunale Haushaltspläne. Duisburg.

Stadt Essen,1980: Amt für Statistik und Wahlen. Handbuch der Essener Statistik 1975 - 1979. Essen.

Stadt Essen,lfd.: Kommunale Haushaltspläne. Essen.

Stadt Essen,lfd: Protokolle der Sitzungen des Jugendwohlfahrtsausschusses. Essen.

Stadt Hamm,1982: Jugendhilfeplan Hamm. Querschnittsprogramm zur Bekämpfung der Jugendarbeitslosigkeit. Hamm.

Stadt Hamm,lfd.: Statistisches Amt. Statistische Jahrbücher 1980 - 1983. Hamm.

Stadt Hamm,lfd.: Kommunale Haushaltspläne. Hamm.

Stadt Hamm, Jugendamt (Hrsg.),lfd.: Protokolle der Sitzungen des Jugendwohlfahrtsausschusses. Hamm.

Stadt Krefeld,lfd.: Amt für Statistik und Stadtentwicklung. Statistische Jahrbücher 1975 - 1984. Krefeld.

Stadt Krefeld,lfd.: Kommunale Haushaltspläne. Krefeld.

Stadt Krefeld, Jugendamt (Hrsg.),lfd.: Protokolle der Sitzungen des Jugendwohlfahrtsausschusses. Krefeld.

Stadt Oberhausen,lfd.: Amt für Statistik und Wahlen. Statistische Jahrbücher 1975 - 1984. Oberhausen.

Stadt Oberhausen,lfd.: Kommunale Haushaltspläne. Oberhausen.

Stadt Oberhausen, Jugendamt (Hrsg.),lfd.: Protokolle der Sitzungen des Jugendwohlfahrtsausschusses. Oberhausen.

Strasser,J.,1979: Grenzen des Sozialstaats ? Soziale Sicherung in der Wachstumskrise. Frankfurt am Main: EVA.

Tennstedt,F.,1977: Sozialwissenschaftliche Forschung in der Sozialversicherung. in: KZfSS 29. Sonderheft 19. S. 483 - 523.

Thränhardt,D.,1981: Kommunaler Korporatismus. Deutsche Tradition und moderne Tendenzen. in: Thränhardt,D./Uppendahl,H., (Hrsg.), Alternativen lokaler Demokratie. S. 5 - 34. Königstein/Ts.: Hain.

Thränhardt,D.,1984: Von Thron und Altar zur bürokratischen Verknüpfung. Die Entwicklung korporatistischer Beziehungen zwischen Wohlfahrtsverbänden und Staat in Deutschland. in: Bauer,R.,(Hrsg.), Die liebe Not. S. 164 - 171. Weinheim, Basel: Beltz.

Thränhardt,D.,u.a.,1986: Wohlfahrtsverbände und Sozialwissenschaften. in: Thränhardt,D. u.a.,(Hrsg.), Wohlfahrtsverbände zwischen Selbsthilfe und Sozialstaat. S. 9 - 36. Freiburg/Br.: Lambertus.

Thränhardt,D. u.a.,(Hrsg.),1986: Wohlfahrtsverbände zwischen Selbsthilfe und Sozialstaat. Freiburg/Br.: Lambertus.

Trenk-Hinterberger,P.,1986: Soziale Arbeit und Arbeitslosigkeit. in: Nachrichtendienst des Deutschen Vereins für öffentliche und private Fürsorge 66. S. 65 - 69.

Trojan,A./Halves,E.,1984: Selbsthilfegruppen - eine Alternative zu sozialstaatlichen Leistungen ? in: Bauer,R./Dießenbacher,H.,(Hrsg.), Organisierte Nächstenliebe. S. 148 - 161. Opladen: WDV.

Ueltzhöffer,J.,1975: Die kommunale Machtelite und der politische Willensbildungsprozeß in der Gemeinde. in: Wehling,H.G., (Hrsg.), Kommunalpolitik. S. 95 - 130. Hamburg: Hoffman & Campe.

Unland,B.,1981: Bildungsarbeit mit jugendlichen Arbeitslosen. Köln: Pahl Rugenstein.

Vilmar,F./Runge,B.,1986a: Auf dem Weg zur Selbsthilfegesellschaft ? 40.000 Selbsthilfegruppen: Politische Theorie und Handlungsvorschläge. Essen: Klartext-Verlag.

Vilmar,F./Runge,B.,1986b: Soziale Selbsthilfe - Privatisierung oder Vergesellschaftung des Sozialstaates? Soziale Selbsthilfegruppen in der Bundesrepublik. in: Aus Politik und Zeitgeschichte B 4. S. 3 - 18.

Vohland,U.,1980: Sozialpädagogische Aktivitäten für jugendliche Arbeitslose. in: Vohland,U.,(Hrsg.), Jugendarbeitslosigkeit. Sozial- und berufspädagogische Maßnahmen. S. 11 - 98. Rheinstetten: Schindele. Vohland,U.,(Hrsg.),1980: Jugendarbeitslosigkeit. Sozial- und berufspädagogische Maßnahmen. Rheinstetten: Schindele.

Voigt,R.,1979: Restriktionen kommunaler Sozialverwaltung. in: Köser,H.,(Hrsg.), Der Bürger in der Gemeinde. S. 64 ff.. Bonn: Bundeszentrale für pol. Bildung.

Wacker,A./Paul,G.,1975: Politische Bildung mit arbeitslosen Jugendlichen. in: Deutsche Jugend 23. S. 462 - 472.

Wagner,K.,1985: Jugend im Wartestand: Arbeitslosigkeit und Jugendhilfe. in: Pfister,W./Osten-Sacken,A.v.d.,(Hrsg.), Jugendhilfe zwischen Alltagsgeschäft und Gesellschaftpolitik. S. 84 - 94. Neuwied: Juventa.

Weidacher,A.,1981: Der Beitrag der Jugendhilfeorganisationen im Kontext von staatlich geförderten "Berufshilfen" gegen Probleme der Jugendarbeitslosigkeit. in: Sommerkorn,I., (Hrsg), Beruflich-soziale Lebensperspektiven von Jugendlichen. Materialien zum 5. Jugendbericht. S. 517 - 557. München: Deutscher Jugenddienst.

Wiemer,B.,1981: Soziale und psychische Situationen arbeitsloser Jugendlicher. in: Theorie und Praxis der sozialen Arbeit 32. S. 375 - 379.

Wildenmann,R.,1968: Eliten in der Bundesrepublik. Eine sozialwissenschaftliche Untersuchung über Einstellungen führender Positionsträger zur Politik und Demokratie. Manuskript. Mannheim.

Wilensky,H.L.,1981a: Democratic Corporatism, Consensus and Social Policy: Reflections on Changing Values and the "Crisis" of the Welfare State. in: OECD,(Hrsg), The Welfare State in Crisis. S. 185 ff.. Paris.

Wilensky,H.L.,1981b: Leftism, Catholicism, and Democratic Corporatism: The Role of Political Parties in Recent Welfare State Development. in: Flora,P./Heidenheimer,A.J.,(Hrsg.), The Development of Welfare States in Europe and America. New Brunswick. -

Will,H.D.,1979: Die verlorene Schlacht der Jugendhilfe. in: Lenhardt,G.,(Hrsg.), Der hilflose Sozialstaat. S. 130 - 172. Frankfurt am Main: Suhrkamp.

Willke,H.,1982: Systemtheorie. Stuttgart: Fischer.

Windhoff-Heritier,A.,1983a: Bedürfnisgerechtigkeit und Verteilungswirkungen kommunaler Sozialpolitik. in: Hesse,J.J./ Wollmann,H.,(Hrsg.), Probleme der Stadtpolitik in den 80er Jahren. S. 358 ff.. Frankfurt/M.: Campus.

Windhoff-Heritier,A.,1983b: Sozialpolitik der mageren Jahre. Politik- und Verwaltungswissenschaftliche Aspekte des Sparprozesses. in: Mäding,H.,(Hrsg.), Sparpolitik. Ökonomische Zwänge und politische Spielräume. S. 77 - 99. Opladen: WDV.

Wollmann,H.,1986: Stadtpolitik - Erosion oder Erneuerung des Sozialstaats "von unten" ? in: Blanke,B. u.a.,(Hrsg.), Die zweite Stadt. Neue Formen lokaler Arbeits- und Sozialpolitik. Leviathan Sonderheft 7. S. 79 - 101. Opladen: WDV.

Zoll,R.,1972: Gemeinde als Alibi. München: Juventa.

Fragebogen
Zum Projekt Jugendarbeitslosigkeit und kommunale Handlungsspielräume
(bitte beachten Sie den Erläuterungsbogen!)

	Spalte 1	Spalte 2	Spalte 3	Spalte 4	Spalte 5	Spalte 6	Spalte 7
Ziffer	AKTIVITÄT	INITIATOR	ZIELRICHTUNG	ZIELGRUPPE	FINANZIERUNG	PERSONAL	BIRSUNGEN
18	Ja ( ) Nein ( ) Wenn Ja: Titel/Namer der Aktivität ---------- Titel: ---------- ---------- ---------- ---------- ---------- ---------- ---------- ---------- Beginn ---------- Ende ----------	Bundesprogramm ( ) Landesprogramm ( ) Rat der Stadt ( ) Schulamt ( ) Jugendamt ( ) Jugendwohlfahrts-ausschuß ( ) "Kommunaler Arbeitskreis Jugendarbeitslosigkeit IHK ( ) Gewerkschaft ( ) Freie Träger der Wohlfahrtspflege ( ) welcher? VHS Arbeitsamt ( ) Eigeninitiative ( ) (siehe Spalte 1a) Sonstiger:	Freizeitpädagogische Angebote ( ) Außerschulische polit. Bildungsarbeit ( ) Sozialpäd. Beratung und Betreuung ( ) Sozialpädagogische Beratung im schulischen Bereich ( ) Nachholen schulischer Qualifikation ( ) Berufsvorbereitung/ Arbeitsmotivation ( ) Sozialpäd. orientierte Berufsausb. ( ) Außerbetriebliche Berufsausbildung ( ) Arbeitsbeschaffungsmaßnahmen f. arbl. Jugendl. ( ) Förderung von Selbsthilfeaktivitäten ( ) Sonstige: ---------- ----------	15 -u. 20 Jährige ( ) 20 -u. 25 Jährige ( ) Ausländer ( ) Mädchen ( ) Sonderschüler ( ) Ohne Hauptschulabschluß ( ) Berufsunreife Jugendliche ( ) Sozial benachteiligte Jugendliche Jugendliche Arbeitslose allgemein ( ) Sonstige: ---------- ---------- ---------- ---------- ---------- ----------	a.) überwiegend Fremdfinanzierung ( ) durch: Bundesmittel ( ) Landesmittel ( ) Komm. Zuschüsse ( ) Eigenanteil ca. ....% durch: zusätzl. Eigenmittel ( ) Umwidmung von Eigenmittel ( ) b.) Nur Eigenmittel ( ) durch: zusätzliche Eigenmittel ( ) Umwidmung von Eigenmitteln ( ) ---------- Sonstige: ---------- ---------- ---------- ---------- ----------	a.) Neue Stellen ( ) davon: Hauptamtliche...... Nebenamtliche...... Ehrenamtliche...... ABM-Stellen b.) Interne Stellenumwidmung ( ) Sonstige: ---------- ---------- ---------- ---------- ---------- ----------	a.) Wieviel Jugendliche in Ausbildung ( ) oder Arbeit ( ) gebracht? gemessen: abs. .... geschätzt: abs. .... nicht angebbar ( ) b.) Wieviel Jugendliche erreicht? gemessen abs. .... geschätzt: abs. .... nicht angebbar ( ) Erfahrungen: eher positiv ( ) eher negativ ( ) Begründung: ---------- ---------- ---------- ---------- ---------- ---------- ----------

Spalte 1a: bei E I G E N I N I T I A T I V E

a.) Unzufriedenheit mit den bisherigen kommunalen Aktivitäten und Handlungsmustern ? Ja ( ) Nein ( )

b.) Räumliche, stadtteilbezogene Problemkonzentration als Anlaß Ja ( ) Nein ( )

c.) Sonstige

----

d.) Neue jugendpolitische Wege (Innovation)? Ja ( ) Nein ( )

wenn ja: kurze Kennzeichnung

www.ingramcontent.com/pod-product-compliance
Lightning Source LLC
LaVergne TN
LVHW042237300926
849161LV00003B/379
* 9 7 8 3 4 8 6 5 5 7 8 1 7 *